図説 孫子

思想と実践

趙海軍 主編
孫遠方・孫兵 副主編
浅野裕一 監修
三浦吉明 翻訳

科学出版社東京
国書刊行会

目次

監修者はしがき

本書は、古代中国の兵法書である『孫子』について、作者である孫武の事蹟や、兵法の特色、その後の中国や世界に与えた影響など、多くの視点から解説を加えている。図版が豊富なことも手伝って、通俗読み物としては、かなり面白くできている。

しかし翻訳者の三浦吉明氏が「訳者あとがき」で述べているように、学問的正確さに関しては、いささか問題がある。孫武の伝記を叙述する際、著者は『新唐書』を用いるが、孫武が生きた春秋末（紀元前五世紀頃）と、唐（六一八～九〇七年）の歴史を記した『新唐書』の間には、千数百年の開きがあり、とても同時代の史料としては使えない代物である。著者は『東周列国史』を使ったりもするが、これもはるか後世の明代（一三六八～一六四四年）に作られた、しかも小説の類いで、全く信用に値しない。著者はこうした頗る怪しい書物を駆使して、孫武の伝記の空白を埋めようとしている。そこで読者は、これを史実としてではなく、面白く書かれた通俗読み物として受け取る必要がある。

また『孫子』が日本兵学に与えた影響についての記述にも、甚だしい誤りが見受けられる。戦国時代の武田家には、合戦を控えた本陣に日の丸を描いた御旗と楯無しの鎧を捉える作法があった。この本の著者は、武田家の軍旗の中には「孫子」の二文字を記す軍旗があったと述べるが、これは全くの誤解である。武田家ではいわゆる「風林火山の旗」を「孫子の旗」とも呼んだのであって、「風林火山の旗」とは別に「孫子の旗」があったわけではない。

さらに武田家の兵法書である『甲陽軍鑑』が『孫子』の兵法に基づくとの記述も、同様に全くの誤解である。『甲陽軍鑑』では、敵の城を攻め取って味方の城を取られず、他国の領内に侵入するも、自国内には侵入させず、他国の領地を削って自国の領地は奪われず、人質を取るも人質を出さず、他国の援軍を頼まず、敵に背を見せて退却しないことなどが、武門の誉れとされる。

また若年ながらも年長の敵将に戦いを挑み、寡兵で大敵を破り、敵国奥深く侵入し、短期間に連続して合戦を遂げることなども、誇るべき武功とされる。このように『甲陽軍鑑』を貫いているのは、東国武士の美学である。したがって、「兵とは詭道なり」（計篇）と、敵を欺く詭詐権謀を重視する『孫子』とは、根本精神がまるで異なっている。

また中国の場合は、軍隊は君主の所有であり、君主は戦争のたびに、臨時の官職として将軍を任命する。将軍とは、「軍を将いる」意味である。古代日本で、東北地方の蝦夷を討伐するため、坂上田村麻呂を征夷大将軍に任命したのは、律令に基づく中国式のやり方に倣ったものである。そのため前線で作戦行動中の将軍に対し、君主はしきりに使者を派遣して、進撃して戦えとか、そこに止まれとか、後方へ退却せよとか、命令を伝える。軍隊にも各種の官吏が随伴して、軍の規律維持や装備品・糧秣の管理などを行う。要するに古代中国の将軍は、雇われマダムのような存在で、決してオーナーではない。『孫子』はこうした状況を前提に、君主と将軍の在るべき関係を次のように語る。

○故に君の軍を患《わずら》わす所以の者は三なり。軍の以て進むべからざるを知らずして、之に進めと謂い、軍の以て退くべからざるを知らずして、之に退けと謂う。是を軍を縻《つな》ぐと謂う。三軍の事を知らずして、三軍の政を同じくすれば、則ち軍士は惑う。三軍の権を知らずして、三軍の任を同じくすれば、則ち軍士は疑う。三軍既に惑い疑わば、諸侯の難至る。是を軍を乱して勝を引くと謂う。(謀攻篇)

○将の能にして君の御せざるは勝つ。(謀攻篇)

○君命に受けざる所有り。(九変篇)

○卒の強くして吏の弱きは、弛《ゆる》むと曰う。吏の強くして卒の弱きは、陥《おちい》ると曰う。大吏怒りて服さず、敵に遭わば懟《うら》みて自ら戦い、将も其の能くするところを知らざるは、崩るると曰う。(地形篇)

○主は怒りを以て軍を興すべからず、将は慍りを以て戦うべからず。(火攻篇)

このように古代中国の将軍は、一方で敵と戦いながら、一方で軍事に無知な君主や、軍に同行する官吏との関係調整に腐心しなければならなかった。

ところが日本では、戦国大名は自らが領地と人民を治める君主であり、軍隊の招集権や指揮権を握る最高司令官でもある。武田信玄や上杉謙信は、平時には日常的に領国経営の行政を行いながら、戦時には自ら軍を率いて戦うのである。したがって『孫子』のように、君主と将軍の間に齟齬を生じる事態は、原理的に起こらない。

一六一五年の大坂夏の陣に際し、後藤又兵衛は移動中の家康本隊を急襲攻撃する策を、真田信繁は外郭陣地を築いて縦深防御を布く策を、それぞれ進言し意見が対立した。双方とも稀代の軍略家だけあって、どちらも形勢を一挙に逆転できる可能性を秘めた作戦計画であった。ところが豊臣秀頼はまだ若年で実戦経験がなく、君主の地位にありながら、どちらの案を採用すべきか判断を下せなかった。そこで大きな発言力を持ったのが、秀頼の母である淀君であった。軍事に無知な淀君は、どちらか一方の案を採用して、それに全兵力を集中する判断を避け、兵力を二分割して両案を実行するとの折衷案をとった。

そのため後藤又兵衛は奇襲部隊を率いて家康の本隊を攻撃し、旗本の軍勢を打ち破ったが、護衛に加わっていた伊達政宗の軍勢に反撃され、あと一歩のところで兵力が尽き家康を仕留められずに終わった。また真田信繁の縦深防御策も、真田丸に拠って奮戦はしたものの、結局は兵力不足が響いて目的を果たせず、信繁の部隊は家康の本陣に突撃して玉砕する。

作戦の遂行にはそれにのみ集中する徹底さが必要で、愚劣なバランス感覚は失敗の元となる。君主と将軍役が別人で、しかも将軍役が二人おり、その上軍事に無知な女性が軍議に口を出すといった分裂状態が、作戦の失敗を招いた。これは君主と将軍が同一人物である中世日本にあっては希有な事例で、通常は起こらない。この点が古代中国と中世日本との決定的な国情の違いである。

また古代中国の軍隊は、春秋時代までは卿・大夫・士といった貴族階層、身分戦士によって構成されていた。将軍はまだ専門の官職ではなく、主に卿・大夫の中から君主が随時任命した。このため動員できる兵力にも、おのずと限界が生ずる。春秋時代前半では、大会戦の場合でも兵力数はせいぜい二万人程度であり、春秋後半になっても三、四万から十万ほどに止まっている。

軍隊構成とならんで、戦争形態を決める大きな要素は、兵器の性格である。古代に中原で使用された主力兵器は、二頭ないし四頭の馬に引かせ、御者と戦闘員が乗り込んだ戦車・兵車であり、千乗の君とか万乗の国といったように、国力は保有する戦車の台数で表示された。このような戦車が、数百乗から千乗あまりも車列を組んで戦うのであるから、険しい地形は戦闘に適さず、戦場は必ず平坦な地形でなければならなかった。そのため平原で砂塵を巻き上げながらくり広げられる戦車戦が、当時の一般的な会戦の姿だったのである。

こうした兵器の性格は、軍隊が誇り高い身分戦士から成っていた点と並んで、貴族的倫理や儀礼に従った、戦闘の様式化をもたらす。あらかじめ会戦の日時と場所を取り決め(請戦)たり、両軍が車列を整え終わると、勇士が敵陣に進み出て、挑戦(致師)したりする様式が行われた。また戦闘開始後も、一方の車列が乱れて全軍が統制不能に陥ったり、指揮官が捕虜になったり、敵に背を見せて敗走したりすると、そこで勝敗は決したと判定され、勝者もそれ以上に追撃して、徹底的に敗者を打ちのめすような行動は取らなかった。要は外交上の紛争に戦場でけりが付けばそれでよかったのであり、何より大切なのは、双方の戦士によって演じられる、華麗にして勇壮な戦場の美学であった。

平原での戦車戦では、短期間に勝敗が決する。しかも多くの場合、一度の会戦がそのまま戦争全体でもあったため、戦争期間もきわめて短く、ほとんど二日か三日で終わった。もとよりこれは野戦の場合で、攻城戦になると長引く。だがそれでも、守備側は城郭の規模が小さく、防御兵器も未発達であり、一方の攻撃側も補給力が貧弱なため、長期の攻防戦はともに不可能で、だいたいは数日から数ヶ月内に決着が付いた。そのため戦争は、後の戦国時代のような、国家間の総力戦・消耗戦といった、苛烈な様相を呈してはいなかった。

このように春秋時代の中原地域での戦争が、一度の戦闘がそのまま戦争全体でもある単純な形を取ったため、勝敗を決める要因としては、戦士個人の武勇や伎倆が重んじられ、戦略や戦術が占める役割は、まだまだ低い段階に止まっていた。戦術の巧妙さによって勝利を得ようとする考えは、すでにこの時代にもあったが、それは主に、わざと退却して、追撃してきた敵の中央部隊を両翼から挟み撃ちにするといった類いの、戦場内での軍の駆け引きを意味した。当然のことながら、戦争全般の諸原理を追究する軍事思想は、いまだ体系化されるには至らなかったのである。

その後、戦国時代になると、勝敗の鍵を握るのは結局兵力の多寡だとの認識が各国に広まり、一般の農民を徴募して、大量の歩兵を軍隊に動員する風潮が広まった。歩兵中心の軍隊構成は、戦術の面でも一大変革をもたらした。戦車に比べ歩兵は地形の制約を受ける度合いがはるかに低く、それだけ作戦行動が自由になる。つまり歩兵は、戦車には越えられない森林・山岳・水沢などの険しい地形をも楽に突破できる。しかもそうした地形を利用して、行軍経路を敵の目から覆い隠せるのである。

そこでこの二つの利点を生かして、複雑な戦術を組み立てることが可能となる。兵力を数隊に分けて進撃させ、目的地を見破られぬように偽装しながら、あらかじめ打ち合わせた地点に急速に兵力を集中する、分進合撃法を用いた敵軍の分断と各個撃破、囮部隊によって本隊の攻撃目標を敵に誤認させる陽動作戦、険しい地形に兵力を潜ませての奇襲や待ち伏せ、進軍を秘匿した迂回による敵軍の包囲や背後遮断などがそれである。

その結果、それまでのような両軍対陣後の会戦といった様式以外に、戦闘そのものが完全な詭計によって仕組まれるといった、新たな戦闘形態が発生してくる。したがって、敵を欺く詭詐・権謀は、もはや一個の会戦内にのみ限定されることなく、開戦時期の選択から、各部隊の出撃や移動、敵軍の捕捉・攻撃、軍の撤収に至るまで、およそ軍事行動の一切を覆い尽くすことになる。『孫子』はこうした兵学の先駆けとして形成された。

また一般の農民から徴募された兵士は、貴族のような身分戦士ではないから、戦意に乏しく、戦闘伎倆も未熟で、嫌々従軍しているので、隙あらば脱走しようとする。こうしたやる気のない兵士を動員して戦わせようとすれば、彼等の個人的武勇に頼ることは期待できない。そこで『孫子』は、敵を欺いて勝つ戦術を重視するのである。

これに対して日本では、農民を徴募する中国式の軍隊構成が、律令制の崩壊とともに不可能になり、平安後期以降は、もっぱら武士と呼ばれる特殊な身分戦士によって軍隊が構成されてきた。そのため合戦に際しては、個人的武勇の発揮が賞賛されるとともに、武士道という形で、戦士の美学が追究された。したがって『孫子』の兵学は、日本兵学から激しい非難を浴びることとなる。

中国兵学への拒絶反応を公然と表明したのは、大江家所伝とされる軍書『闘戦経』である。そこでは、「漢の文には詭譎有り、倭の教えは真鋭を説く」（第八章）と、詭詐・権謀を重視する中国兵学が否定され、真っ向から敵と戦う日本兵学の優位が賞揚される。とりわけ『孫子』に対する非難は激越で、「孫子十三篇は、懼字を免れず」（第十三章）と、臆病者の兵学として否定され、「軍なる者には、進止有るも、奇正無し」（第十七章）と、「凡そ戦いは、正を以て合い、奇を以て勝つ」（勢篇）とする『孫子』が排斥される。

その一方で『闘戦経』は、「呉起書六篇は、常を説くに庶幾し」（第二十二章）と、『呉子』をまっとうな兵学として評価する。それは呉起が猛訓練を施した精鋭部隊で戦い、戦闘力の強さで勝つよう教えるからである。そのため『呉子』には、「呉子曰く、凡そ兵戦の場は、立ちながら屍となるの地なり。死を必すれば則ち生き、生を幸《ねが》わば則ち死す。其れ能く将たる者は、漏船の中に坐し、焼屋の下に伏せるが如し」、「三軍の災は狐疑より生ず」（治兵篇）とか、「師出ずるの日、死の栄《ほま》れ有りて、生の恥無し」（論将篇）と、勇猛果敢さを求める色彩が濃厚である。こうした『呉子』の特色が、勇戦奮闘を貴び、「兵道とは、能く戦うのみ」（第九章）とする『闘戦経』の思想と合致したため、『孫子』が否定されて『呉子』が高く評価されたのである。

この点は『甲陽軍鑑』も似たり寄ったりで、武田信玄は「唐より日本へわたりたる軍書を見聞たる斗《ばかり》にては、人数を賦《くばり》、陣取をとりしき、堺目の城構等の、よき軍法を定むる事、成がたくおぼえたり」（品第廿五）と語る。すなわち中国渡来の兵法書を読んだだけでは、軍を編制して部隊を配置したり、陣地を構築したり、国境近辺に城郭を築いたりする場合、最適の軍法を定めることは難しいというのである。

また信玄に軍師として仕えた京流の兵学者・山本勘助は、「唐の軍法、一に魚鱗、二に鶴翼、三に長蛇、四に偃月、五に鋒矢、六に方圓、七に衡軛、八に井雁行、是よきと申ても、日本にては皆合点仕らず候」(品第廿七)と、中国の兵法では、八種の陣形、八陣を尊ぶが、日本では納得がいかないと述べる。彼我の国情がが大きく異なるため、中国兵法をそのまま日本に適用しようとしても、うまくいかないというのである。『孫子』軍争篇の一節を軍旗に掲げる武田家にして、なお実態はかくのごとくであった。したがって、『甲陽軍鑑』が『孫子』に基づくとの記述は、『甲陽軍鑑』を読まずに、「風林火山の旗」から安易に連想した、全くの誤解に過ぎない。

本書の翻訳も、前回の『図説孔子』に引き続いて、東北大学文学部中国哲学研究室で机を並べた学友である三浦吉明氏にお願いした。私は大学二年の教養課程を終える頃、漠然と国史か西洋史に行って歴史学を専攻しようと考えていた。ところが事志に反し、ひょんな偶然から、心ならずも中国哲学の研究室に入る次第となった。その後、修士課程一年のとき、金谷治教授から『孫子』の一字索引を作製せよとの命を受け、三浦氏と作業を開始した。三浦氏は持ち前の几帳面な性格と緻密な頭脳でカードを作り続け、煩雑な仕事を正確に進めて行った。生来不真面目でずぼらだった私は、もっぱら予算の工面や、物品の調達、印刷所とのやり取りなど、あやしい手配師の役に終始した。

あれからすでに半世紀近くの時が過ぎた。今回再び三浦氏と『孫子』の仕事をする機会を得て、若かった院生時代を振り返れば、研究室の大机の上に二人でカードを並べていた光景が浮かんでくる。まさに光陰矢の如く、白駒の隙を過ぎるが如くである。

二〇一六年三月

浅野裕一

はじめに

『図説孫子』は、近年来、孫子を紹介した本としては得難い好著である。深く正確で理論的な叙述、清新で上品な表現、順序の整った章立て、素晴らしい図版、これら全てがこの書の独特な芸術的な風格を構成し、読んだ人を楽しませる。

この書全体で三〇〇余の図版を選んでおり、軍事上の人物、戦争戦例、兵書の書影、武器装備、実景の写真、必要なものは全て揃っていると言える。それに併せて精細で上品な解説文を組み合わせ、生き生きとして活発な形式をもって、読者に気楽に読みながら『孫子の兵法』の思想の精華を把握し、兵学発展の歴史的過程と学術研究の現状と未来とを理解させている。これは学術性と芸術性とを完全に結合した一つの試みであると言えるし、私の見たところ、成功した試みでもある。読者が兵法研究の専門家、学者あるいは普通の軍事愛好者であろうとも、この本を読む中で益を得ることは難しくはない。

ここではまず、その功績をその主編である趙海軍氏に帰さないわけにはいかない。趙海軍氏は古兵法研究に従事すること十余年、軍事科学院卒業の古代軍事思想を専攻した軍事学博士であり、彼の博士論文「孫子学通論」は優秀論文と評価され、国防大学出版社の『軍事学博士文庫』に収められている。「孫子学通論」は孫子学の淵源、変遷、兵学大系と伝統兵学と伝統文化との関係など諸方面の内容にわたっており、孫子学に対して多側面、多角度からの観察を行い、学会トップの孫子学の基礎体系構造を構成すると共に、この構造に対して多方面からの分析、論証を行っている。これは孫子研究を兵学発展の長い歴史の中と、伝統文化の大きな背景の下、そして中国と欧米の軍事文化の衝突と融合に置いた成功した試みであると言える。趙博士の指導によって書かれたこの本は、余裕を持って書かれているが、これはこの書物の学術的価値である。更に注意すべきは、濱州学院孫子研究所の孫遠方副院長と恵民県孫子文化研究院孫兵副院長とがこの本の副主編となっていることである。彼ら三人が一緒にこの書物を編集したことは、非常にすばらしい組み合わせである。図や写真の選択、資料の取捨選択、史実の考証、文字の選択など各方面から、この書物が彼ら各々の得意分野が上手く補い合った結晶であるということがはっきりと見て取れる。

書物が完成し、上梓するに当たって、趙氏が私に序文を書くように求めた。お断りするのも失礼なので、喜んでお言葉に従うこととした。ここに序文とする。

二〇〇八年三月七日　北京の寓所にて

呉　如嵩

呉如嵩近影

呉如嵩教授と彼の学生である趙海軍博士

凡例

・本書は、趙海軍主編、孫遠方・孫兵副主編『図説孫子』（世界人物遺産叢書、山東友誼出版社、二〇〇八年）の日本語版で、中国古代文学研究及び中国古代哲学研究、孫子研究の一助として出版するものである。
・掲載順は、原書のままである。
・監修は浅野裕一が、翻訳は三浦吉明が担当した。
・文中の（ ）内は、原書にある主編、副主編による注である。
・文中の〔 〕は、翻訳者による注である。
・書き下し文と解釈は、次のような原則に従い、本文の引用も改めてある。
①原文は、基本的に岩波文庫『孫子』（金谷治訳）の本文及び校訂に基づく。つまり、金谷本及びその引用する諸本と一致する場合はそのままとし、それと異なる場合は、金谷本によって訂正した。
②書き下し文は講談社学術文庫『孫子』（浅野裕一訳）を基本とする。ただし、浅野本は銀雀山出土の『孫子』を底本としているので、金谷本とは時々異同があり、引用された文と異なることもある。その場合は金谷本に基づき、翻訳者が手を加えて書き下し文にした。
③原典に当たることのできなかったものについては、そのまま書き下し文とした。
・引用文が漢文の場合は書き下し文とし、文字は新字に改めた。また、書き下し文の仮名遣いは読者の便宜を考え、現代仮名遣いで表記した。
・原書に出典が明記されていないものについては、翻訳者ができる限り補ったが、出典が分からなかったものについてはそのままにしてある。また、引用文はできるだけ原典に当たって確かめ、その上で文字を改めたところもある。
・原文及び引用文には往々として記憶違いによる誤りがある。訂正によって本文に影響のないところは訂正したが、訂正できないところは注記あるいはそのままにしてある。

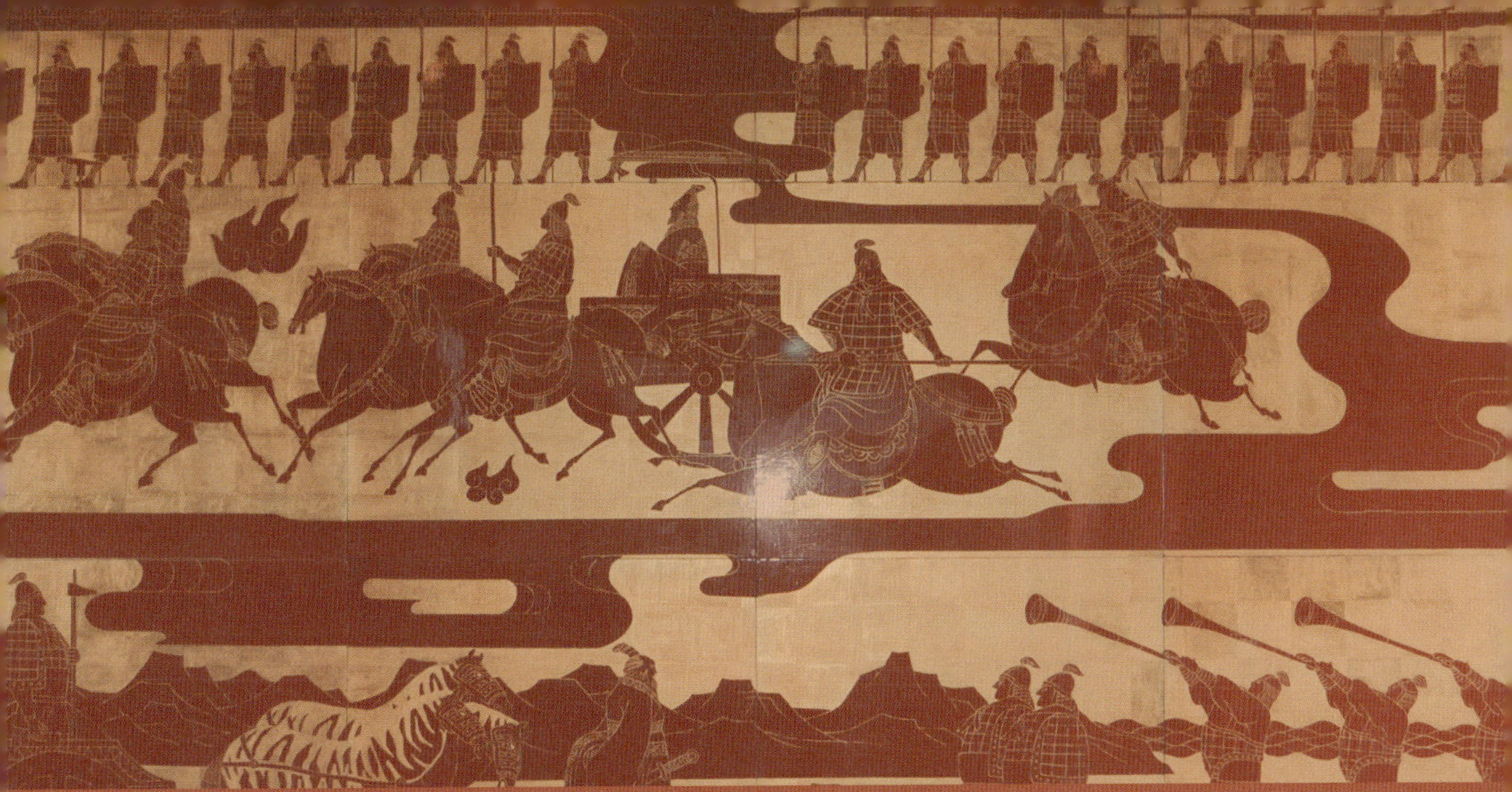

第一章

兵聖の遺跡

孫武その人、その事柄、その著作

孫武は、中国古代の傑出した軍事家あるいは軍事理論家であり、「兵聖」、「兵学の始祖」と呼ばれる。彼の書いた『孫子兵法』は中国古代の最も早く、最も偉大な兵学の経典である。宋代には「武経七書」（軍事学の最も神聖な七冊の兵書。「七書」と略称され、敬意をもって「武経」と称される）に入れられ、「武経」の最初と尊ばれており、中国古典軍事文化遺産の中の至宝であり、「兵経」、「百世の兵家の師」、「世界古代第一の兵書」の名声を得ている。孫武は孫子、孫武子、呉の孫子などと尊称されている。孫武、字は長卿《ちょうけい》、春秋時代末期の斉《せい》の人である。活動した時代は、だいたい孔子と同時代であるが、生没年についてはもはや分からなくなっている。資料が欠けており、孫武の境遇及び著作の真偽については、かつて長いこと深い霧に包まれていた。『孫子兵法』思想と智恵について展開する前に、まず千年に近い孫武その人とその著作に関する論争について理解しておくことにする。

孫武その人とその著作については、戦国、秦漢から隋唐に至るまで疑う人はいなかった。先秦時代の典籍『荀子《じゅんし》』、『韓非《かんび》子《し》』の中に孫武その人について述べている。孫武の生きている時の事績とその著作『孫子兵法』の記載については、最も早くは『史記』の孫子呉起列伝に見えるが、ただ詳しくはない。後漢の初期に書かれた『越絶書』、『呉越春秋』には、比較的多くの孫武の事跡と著作に関する記述がある。『史記』の中には、更に明確に孫武の子孫孫臏《そんぴん》に兵法書があり世に伝わっているということが書いてある。しかし、春秋時代の正史と認められている『春秋左氏伝』には、孫武については述べられていないのに、呉の闔閭《こうりょ》、伍子胥《ごししょ》、伯嚭《はくひ》などの人物及び呉が楚に攻め込んだ時の状況がみな詳しく記述されており、これが更に多くの疑問を引き起こしている。というのは、北宋の頃から疑古[1]の風潮が起こり、絶えず孫武及びその著作『孫子兵法』の真実性を疑う人が現れてきたのである。関連する研究資料に基づけば、孫子その人とその書に関しては、歴史上いくつかの代表的な観点が存在する。

その一番目は「偽人偽書」である。すなわち、孫武という人も『孫子兵法』という書物も根本的に存在しないというもの

清・孫星衍『呉将孫子像』碑●この碑は清の嘉慶 11 年（1806）に作られた。もともと蘇州市虚丘山孫武子祠内にあったが、1860 年に祠が壊された後に散逸していた。1985 年呉県文化芸術管理会が収集して所蔵し、その後孫武苑〔12 頁写真参照〕に移した。

である。この観点を持つ主な人は、南宋の葉適《しょうてき》〔一一五〇～一二二三〕と清代の全祖望《ぜんそぼう》〔一七〇五～一七五五〕である。葉適は「左伝に記されていない」ということを理由として、歴史上に孫武という人はおらず、世に伝わる『孫子兵法』はすなわち「春秋末戦国初期の山林にいて仕えていなかった人が作ったもの」と考えていた。清代の全祖望は葉適の観点に賛成しており、併せて一歩進んで本書は戦国時代の縦横家(2)の偽託したものであると考えている。

二番目は「偽書真人」である。すなわち孫武という人は存在したが、『孫子兵法』は彼の書いたものではない。この説を採る人としては、主な人に北宋の梅堯臣《ばいぎょうしん》〔一〇〇二～一〇六〇〕、清代の姚鼐《ようだい》〔一七三一～一八一五〕と近代の梁啓超《りょうけいちょう》〔一八七三～一九二九〕などがいる。

梅堯臣は『孫子注』を書いたが、彼はこの書物は孫武の書いたものではなく、「戦国時代にお互いに議論を戦わせて作った説」であるとする。姚鼐と梁啓超は『孫子兵法』に述べているのはみな戦国時代のことなので、春秋時代の呉に孫武という人はいたであろうが、『孫子兵法』は戦国時代の偽託の書であると主張している。

三番目は、「武臏合一《ぶひんごういつ》」である。すなわち孫武と孫臏は一人の人であり、『孫子兵法』は孫臏の書いたものである。この説を採るものには日本の学者斎藤拙堂〔一七九七～一八六五〕と中国現代の学者銭穆《せんぼく》〔一八九五～一九九〇〕などがいる。斎藤は『孫子辯』を書いて、「今の『孫子』一書は孫臏の著したものである。孫武と孫臏とは結局同一人物であり、武はその名前であり、臏はその別号である。」と主張した。銭穆は、『孫子』は春秋時代の著作ではなく、伝わってきた途中で後人が間違い、

『孫子兵法』外国語版

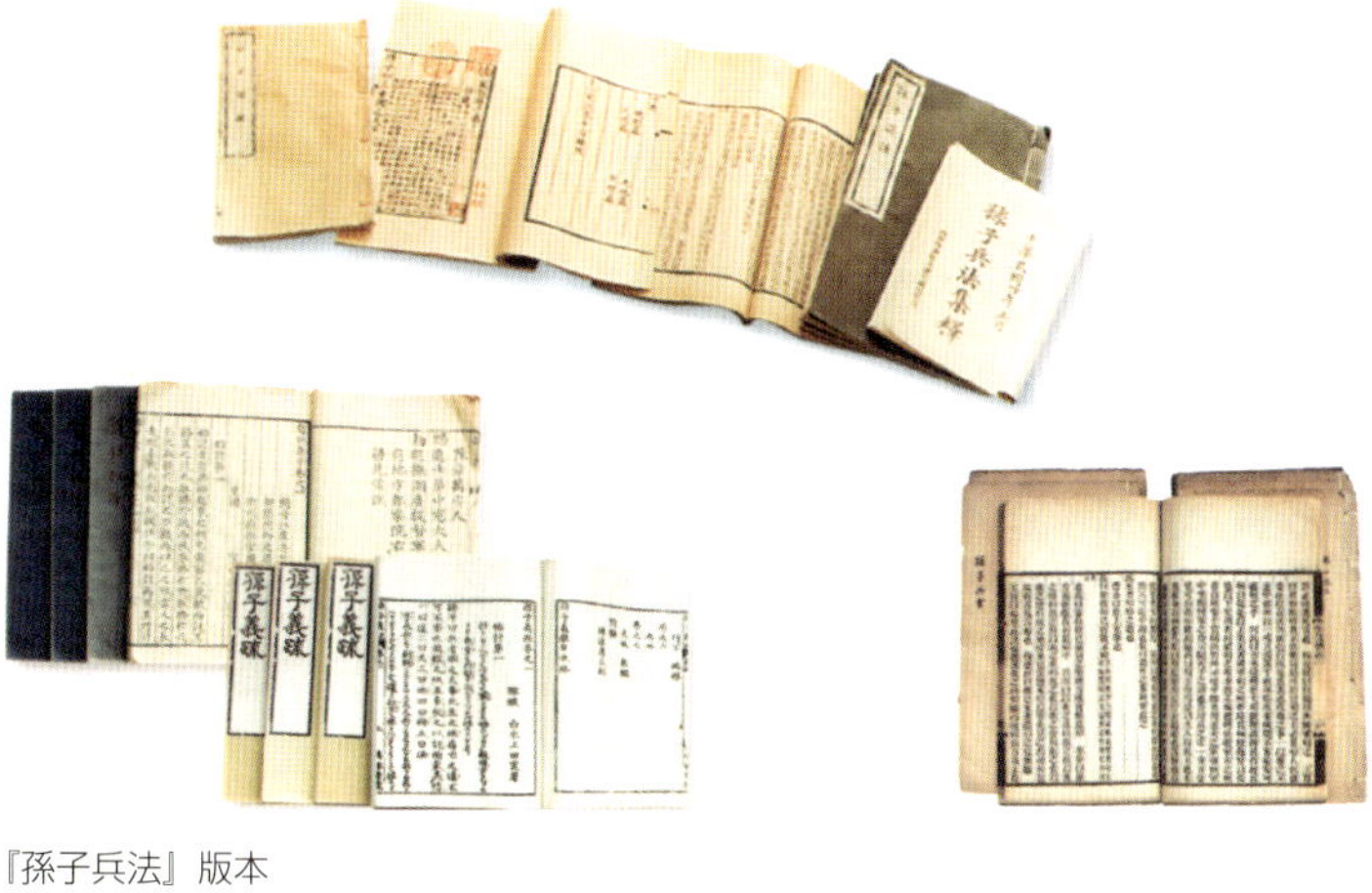
『孫子兵法』版本

1995年『孫子兵法』特殊切手の1——孫子●孫子は中国古代の偉大なる軍事評論家、戦略家で、兵聖と称されている。

銀雀山漢墓の竹簡が出土した時の現場

銀雀山漢墓竹簡博物館●臨沂市区の東南に位置し、東西の二つの丘の間に位置する。古代には、この二つの丘には広く一種の灌木が生えていたと伝えられている。春から夏の頃には花が競って咲き、東の岡は黄色、西の岡は白色だったので、金雀山と銀雀山と名づけられた。二つの丘は共に漢代の重要な墓地であった。この博物館は 1981 年に建設が始められ、1989 年に落成した。

銀雀山漢墓竹簡博物館一、二号前漢墓

孫臏を間違って孫武としたのであると考えている。

四番目は「武伍一人」である。すなわち、孫武と同時期の伍子胥は同一人物である。清代の人牟庭《ぼうてい》は『校正孫子』の中で、孫武と伍子胥の事績が似ている。彼ら二人とも呉に亡命した後、呉の将軍となり、呉の軍を率いて楚を破って郢《えい》(3)に攻め込んだ。二人とも兵法について著作している。これらから、伍子胥は彼の息子を斉の鮑氏に託したが、彼の子孫が斉で姓を孫と改め、百年後に孫臏が現れた。孫臏の先輩は孫武であるが、実際は伍子胥であると大胆に断言している。

これらをまとめると、宋代から孫武その人の存在、十三篇の著作が伝わっているのか否か、その人及びその書への疑いから始まって、存在すべての否定に至り、問題に対する疑問難問が絶えず提出された。しかしながら、中国古代軍事思想の最高の作品として、『孫子兵法』の研究は先秦軍事史と軍事理論の研究に直接影響し、孫武その人が存在したか否か、及び『孫子兵法』の真偽の問題は避けて通ることのできない問題となった。

幸運なことは、孫武と『孫子兵法』に対するあらゆる様々な疑問が、世界をあっと言わせる考古学的な発見によって、天下に明らかになり、一気に明白になった。一九七二年四月一〇日、山東省臨沂《りんぎ》市銀雀山《ぎんじゃくざん》漢墓から四九四二枚の漢代の竹簡が出土した。竹簡の内容は全部で『孫子兵法』十三篇の残文と五篇の佚文、『孫臏兵法』十六篇、『尉繚子《うつりょうじ》』(4)五篇、『晏子春秋《あんししゅんじゅう》』(5)十六篇、論政論兵の類五十篇などである。文化財専門家の調査研究によれば、竹簡が書かれたのは秦漢交代の頃であり、およそ紀元前二〇六年頃である。この長年議論されてきた懸案は、竹簡によって解決された。それは世間に対して疑いを抱くことのできない歴史的な結論を示した。歴史上に確かに孫武という人が存在し、『孫子兵法』は孫武の書いたものである。孫武、孫臏はそれぞれ存在しており、各々兵法があって世に伝わっていた。これは人々を疑古の雰囲気から抜け出させただけでなく、人々に先秦時代の戦争と軍事思想を研究する上で確実な基礎を与えたのである。

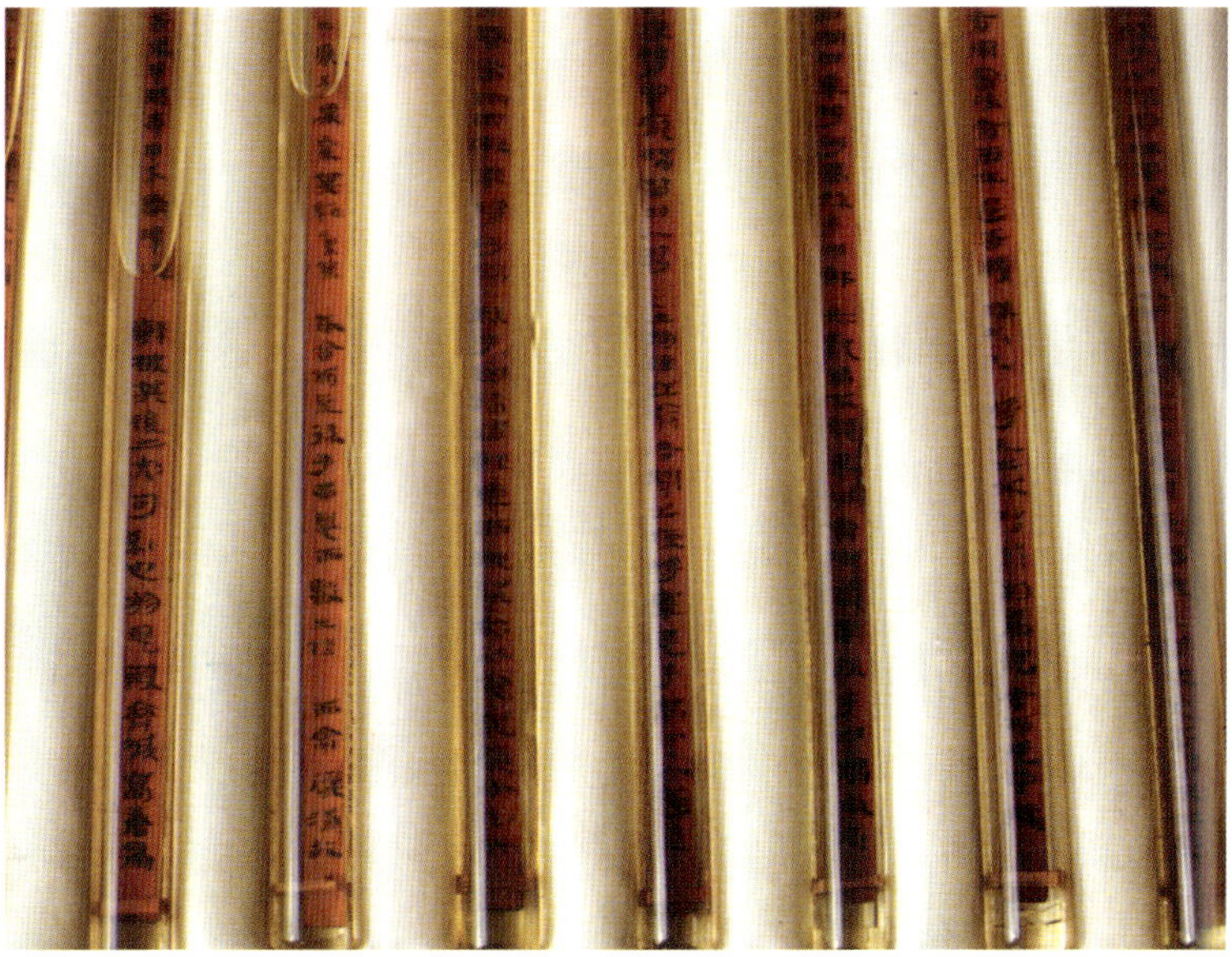

孫子兵法と孫臏兵法の竹簡● 2000年以上伝承が途絶えていた『孫子兵法』と『孫臏兵法』の竹簡が銀雀山漢墓一号墓から同時に掘り出され、孫子その人その書に関する1000年以上にわたる論争が終了した。孫武、孫臏それぞれが存在し、各々兵法書が伝えられていたことが証明された。

孫武の家系

孫武の活動年代は、ほぼ孔子と同じ（孔子は紀元前五五一年に生まれ、紀元前四七九年に死んでいる）である。彼の祖先は陳の公子で、姓は陳、陳完と言った。更にその前を遡ってみると、陳姓は嬀《き》姓から出ており、虞舜[6]の子孫である。『史記』田敬仲完世家の記載によると、陳完は陳の厲公佗《れいこうた》の息子で、陳の内乱によって、紀元前六七二年斉に逃れた。人の耳目を避けるため、姓を陳から発音の近い「田」に改めた。斉の桓公は前から田完に賢徳があるということを聞いており、彼を封じて客卿としようとしたが、田完は高い地位に居ようとは思わず、ずっと卿[7]になることを断り、百工[8]のことを管理する基層の官吏「工正」となった。

これによって、陳（田）氏の一族は斉に根を下ろした。『新唐書』宰相世系表の記載によると、陳完から孫武まですべてで八世で、世系の順に従うと次の通りである。

稺孟夷《ちもうい》
湣孟庄《びんもうそう》
文子須無〔この三人は『史記』田敬仲世家による〕
桓子無宇《むう》
　無宇は男子二人を産んだ。恒と書である。
書、字は子占、斉の大夫（孫の姓を賜わり、陳氏の家族から分かれた）。
孫憑《そんひょう》、字は起宗、斉の卿。
孫武、字は長卿。

孫武●浙江省余桃市の孫氏宗譜より。

田氏の家族は各国で基礎を置いた後、新しい家族の歩みを始めた。孫武の先祖は封建貴族であったため、良好な貴族教育を受け、文武両面の力を備え、また積極的に斉で力を尽くしたので、数代の人の努力を経て、家運は復興し、家勢はあっという間に壮大になり、斉の名門豪族となった。四世の孫無宇（桓子）の時になると、すでに官は〝上大夫〟に至っていた。田無宇は田氏家族の尚武の遺風を継承しており、勇武をもって称されていた。「斉の荘公に事《つか》え、甚だ寵有り。」〈『史記』田敬仲完世家〉彼の息子田乞《でんきつ》は穀物を民衆に貸し与える時は、自分が準備した容量の大きな器で貸し出した。すなわち「大斗を以てし」〈『史記』田敬仲完世家〉たが、人びとから税を受け取る時には小さな器を用いた。すなわち「小斗を以て之を受く」〈『史記』田敬仲完世家〉である。田氏の家族は、このように「陰徳を民に行う」〈『史記』田敬仲完世家〉心術を用いて人心を籠絡した。「此によりて田氏は斉の衆心を得て、宗族益々強く、民は田氏を思い」〈『史記』田敬仲完世家〉、斉の民衆は「之を愛すること父母のごとく、之に帰すること流水のごとし」〈『春秋左氏伝』昭公三年〉であった。田氏の家族は姜《きょう》姓の斉国の統治の基礎を掘り崩しており、その家族の力はすぐに盛大になり始めていた。斉の大臣の晏子はこっそりと晋の大臣の叔向に向かって言ったことがある、「斉の国は遅かれ早かれ田氏のものになるはずです。」〈『史記』斉世家〉紀元前五六七年、斉は東方の莱《らい》を滅ぼしたが、孫武の曽祖父陳無宇はこのたびの莱を滅亡させる戦争で大功を建てた。『左伝』襄公六年の記載では、「陳無宇は莱の宗器を襄宮に献ず」とあり、莱の統治権を象徴する祭祀用の礼品をすべて斉の宮室に献上し、陳氏の家族はこれによって斉の政治舞台上での新興の今をときめく貴族となった。その後、陳無宇は斉の景公の母穆孟姫を通して自分のために封地—高唐を得た。『左伝』の記載によれば、「陳氏始めて大なり」〈『左伝』昭公一〇年〉、すなわち陳氏の家族の勢力はこれによって強大になり始めたのである。

孫武の家の系譜と発展から、孫武の祖先が斉ではみな高い位におり、あるいは卿となり、相〈大臣クラス〉となり、あるいは将軍となったのを見いだすのは難しくない。祖父の田書は斉の大夫となり、兵を率いて莒《きょ》を征伐し、突出した軍事的才能を現した。「文は能く衆を附《なつ》け、武は能く敵を威《おど》す」〈『史記』司馬穰苴列伝〉叔父の田穰苴《じょうしょ》は更に斉の有名な軍事家で、斉の将軍に任じられ、斉軍を率いて燕と晋の連合軍の斉への侵入を撃破し、最後には一挙に失地を回復した。孫武は家学の積み重なった貴族の家柄に生まれ、小さい頃から軍事文化と文化的知恵に育てられ、感化薫陶を受けた。これは後に不朽の『孫子兵法』を著すことの深い淵源である。

孫武は元の姓が田であるのに、どうして孫に改めなければならなかったのか？これについては、孫武の祖父の田書が莒を

恵民県孫子故園外景●孫子故園は北宋の孫氏の家祠の跡に建てられた大型の記念庭園で、現在は国家の AA 級の景勝地であり、中国人民解放軍国防大学の訓練教学基地でもある。〔補注 国家景勝地の最高級は AAAAA 級〕

伐ったことから話さなければならない。斉の南隣に莒と呼ばれる小国があり、かつては斉に臣服しており、斉の属国であった。後に斉と楚の両国が覇権を争ううちに莒はだんだんと斉と疎遠になって楚につき、三年続けて斉に貢ぎ物を献上しなかった。紀元前五二三年、斉の景公は再び田書を任命して、軍を率いて莒の紀鄣《きしょう》を攻撃させた。この戦いの中で、田書は自分の軍事的な才能を十分に発揮した。彼は内応を利用して、血を流さずに紀鄣を占領し、莒の共公を追い出した。斉の景公は彼の赫赫《かくかく》たる武功を表彰するために、楽安を食采の邑として田書を封じただけでなく、併せて「姓孫氏を賜」[9]〔『新唐書』宰相世系表〕った。姓を賜うことは、当時最高の宗法上の礼遇であった。これから、田書の家族は孫を姓とし、田書は孫書と改め、孫武の父田憑は孫憑と改めた。春秋時代、姓はすべての氏族の共同の称号であるが、氏はただある一族の称号である。田書の一族はそこで田をもって姓とし、そしてまた孫を氏としたのである。後に姓と氏は分けられなくなり、人びとも孫武の氏を彼の姓としたのである。

孫書●浙江省余桃市の孫氏宗譜より。

斉の東周時代の殉馬坑●臨淄区の斉都鎮にある。

大型の木彫「孫子聖跡図」●木彫は高さ 3m、長さ 33.47m、面積は 110.5㎡である。彫刻された絵は緻密で、人物はあたかも生きているようであり、場面は広大で、気勢は雄壮であり、中国の絶品と言える。

春秋の車馬坑●臨淄区域の東北にある。

内乱を避けて呉に逃れる

史書に載っている孫武は呉で功績を挙げており、彼の主な事績も呉で発生している。それでは、彼はなぜ斉から遙か離れた南方の呉に行ったのであろうか。これについてはすでに証明するものがない。我々は孫武の置かれた特定の歴史的環境から原因を探せるだけである。春秋時代の政治的な局面は錯綜しており複雑である。周王室の衰微と王権の崩壊に従い、宗法と等級の統治秩序は混乱しており、各国間では戦争が続き、諸侯の国内の君主と貴族の間、卿大夫の間にも権力闘争が進行しつつあり、はなはだしくは弱肉強食、生きるか死ぬかの混戦が発生していた。孫武の家族は、斉でちょうどこのような激しく動揺する政治の渦中にいた。景公が統治していた時期の斉は、国内の政治は腐敗し、刑罰は残酷で、賦税は重く、人々は安心して生活はできなかった。この頃卿大夫間の闘争は白熱化しており、その中で田、鮑、欒《らん》、高の四大家族の闘争が最も激烈であった。斉の景公初年、左相慶封が右相崔杼《さいちょ》を打ち破った（春秋の後期、斉は右相、左相を設けており、国政を掌握していた）。

紀元前五四五年、田、鮑、高、欒の四家族は連合し、共同して大臣の慶封を攻めたので、慶封は呉に逃亡し、四家族は勝利を得た。その後、四大家族相互の利権争いがますます激しくなり、歴史書に言われる「四族謀りて乱を為す」の序幕が開かれた。斉景公の十六年、すなわち紀元前五三二年、孫武の曽祖父の陳無宇は陳と鮑の両家族を連合し、執政の欒氏と高氏の宴たけなわの時を見はからって突然攻撃した。数度の激戦を経て、欒、高両家の主要人物欒施と高強は魯に逃げた。これが、斉の「四姓の乱」である。陳氏の家族の勝利とその勢力の拡大は君主とその他の家族を脅かし、朝野に衝撃を与えた。斉の姜氏の貴族はその他の卿大夫と連合して陳氏を滅亡させる可能性があり、諸侯もこの機会を借りて斉を攻撃する可能性があり、政治的危機がまもなく訪れそうであった。斉国内の動揺した政治的局面と数多くの矛盾に面して、陳無宇はこの危機を解消し、旧貴族を分解し勢力を弱めて、更に人心を獲得するために、また万が一の事態の発生を防ぐために、戦いに勝って得た欒、高家の財産を「尽く諸《これ》を公に致し」、斉の景公の政権を擁護することを示しただけでなく、また「老を莒に請い」〔莒で隠居し〕たいと願って、景公の母親〔穆孟姫《ぼくもうき》〕を通して、景公に向かって高唐を封地にと願い、斉の政権を継続して握る気持ちはないことを示し、斉の政界から退きたいと願った。孫武はまさに、この政治内乱によって斉から離れることを選択することを迫られたのである。

しかし、どこに行くべきであろうか？

『新唐書』の記載では、孫武は「田、鮑四族の乱を為すを謀るを以て、呉に奔《はし》り……」とある。「奔る」とは、ある突発の事件により危険が身に及ぶことで取った自分を守る行為である。史料には詳細な記載がないので、我々は当時の混乱した天下の情勢から孫武が呉を選んだ動機を推測するしかない。

当時の大国晋の卿大夫は斉と同様にお互いに争い合っており、韓、趙、魏、智伯、中行、范の六家族が「六卿専政」を行っており、もし晋国に行ったとしても、そこの政局もまた不安定であった。

魯では、政権は実際には季氏をトップとする三家族の手に落ちており、「三桓魯を分ける」状況が発生していた。季孫・叔

兵聖の少年期●孫武の祖先は莒を伐つのに功績があり、斉の景公は「孫氏と食采を楽安（古代の楽安は現在の山東省恵民県）に賜った」。孫武は将軍の家柄の家庭教育の薫陶を深く受け、またいやというほど戦争動乱の苦痛を受けて、「治国平天下」の偉大な抱負を立てた。この絵は波が天まで届く大海を背景とし、海岸の岩の上に立つ兵聖の少年時代のはつらつとした英姿と大海のように大きな抱負を現している。（李学輝画）

孫・孟孫の三家は各々自分の封地に兵を抱え城壁を築き、それによって魯の君主と対抗していた。しかもそこは最も保守的であり、文を重んじて武を軽んじ、権力を握った臣下が政権を握り、孔子のような賢人でさえも新たに用いられることはなかった。

楚に行こうか。あそこは君主が愚かで凡庸、「陪臣命を執り」、政権は権勢のある高官によって握られ、英才は排斥され、政局も危機が潜伏している。賢臣の伍奢は殺され、彼の息子の伍子胥は亡命したのがその証拠、だからそこも行けない。

秦に行こうか。あそこは比較的遅れており、しかもへんぴな所にある。自分はあそこではおそらく何もできないだろう。宋、鄭、衛などの国に至っては、更に行くのにふさわしい所ではない。

当時の各国の形勢を見ると、東海の海辺に位置した新興国の呉が、孫武が最も自分の才能を発揮し、自分の理想を実現できそうな場所であった。

当時の呉は、周の太王[10]の子泰伯《たいはく》と仲雍《ちゅうよう》が国を建てた地で、東部の沿海と長江の下流一帯に建国し、東は大海に面し、南は越に接し、西は強国の楚と隣り合わせ、北は斉・晋の各国と向かい合っており、土地は広々とし、物産は豊富、春秋時代後期に急速に興隆した南方の強国でもある。寿夢《じゅぼう》（紀元前五八五年～紀元前五一六年在位）が王を称して以来、晋と連合して楚を伐ち、国の勢いはだんだんと盛んになり、政治も比較的整っており、新興の気風が満ちていた。まさに志のある士が才能を発揮し、功績を挙げるのにふさわしいところであった。歴史の舞台はまさに、彼が春秋時代の覇を争う最後の一幕の重要な役を演じるのを待っていたのである。

窮窿山に隠れ住む

『呉越春秋』闔閭《こうりょ》内伝に言う。「孫子は、名は武、呉人なり。善く兵法を為し、辟（避）隠して深く居し、世人其の能を知るもの莫し。」すなわち、孫武が斉から南に逃げた後、まずどの土地に落ち着いたのか人々は分からなくなっていたのである。明代の馮夢龍《ふうぼうりょう》（一五七四～一六四六）はその著『東周列国志』[11]の中で、孫武は「羅浮山の東に隠る」〔第七十五回〕と言うが、江蘇省呉県の地方志の記載によると、孫武は呉に逃げた後、呉の都の西の窮窿《きゅうりゅう》山の中に隠居している。明の崇禎一五年〔一六三二〕の『呉県志』人物巻の中で孫武を紹介し、「因りて内乱を避けて呉国に奔り、呉県西部の山里に隠居し、『兵法』十三篇を著就す。後伍子胥と相識り、呉王に薦めらる。」これらの記載や伝説は、孫子が呉に着いてからの一時期山野にひそみ、隠居生活を送ったことを表している。しかも、彼の才能を理解する人の数は少なかった。現在、窮窿山にはたくさんの孫武の遺跡がある。例えば、孫武が兵を演習したという場所、呉王が彼を将軍に拝したという壇、二妃墓、二妃廟などである。

孫武は雨の日も風の日も休まずに奔走し、各地を転々としながら呉にやってきて、都である姑蘇付近の山林に住まいを定めたのである。孫武が身を落ち着けた窮窿山は現在の蘇州の町の西二十数㎞のところにあり、太湖東岸の山々の最高峰で、もともと「呉中第一峰」の称があった。山中には緑の木々が盛んに茂り、青々とした竹が生い茂り、泉の水はさらさらと流れている。高みに登って眺望すると、太湖の波が上がり、水面が広々と広がっていて、気持ちのよい環境である。窮窿山の中には茅《ぼう》蓬塢《ほうお》〔塢とは四面が高く中央の窪んだところ〕があり、塢から道が山頂から下に向かって折れ曲がって伸び、谷間や平地では野菜や果物を植えることができる。ここは隠れ住み修養し、山間で耕すことができるし、外界と接触し交際するのにも便利である。孫武はここで、農作業を行い、兵書を著し、良友と交わりながら、呉国の政治の動向を専心して観察して、自作農の生活を行っていた。

孫武の生きた春秋末期は、中国歴史上変化が複雑で激しく動揺した、大変革の時代であった。諸侯の各国は強大になろうと

窮窿《きゅうりゅう》山遠景

茅蓬塢《ぼうほうお》孫武苑の門楼

覇を争い、強国は弱国を兼併し、勝敗は常無く、戦争が頻繁に起こった。闘争の勝利を得るために、新興の進歩的勢力は絶えず戦争の経験をまとめる必要があり、系統的で深い軍事理論を運用することによって実際の戦争を指導し、社会制度の変革を完成する必要に迫られていた。これは歴史の要求でもあり、時代の呼び声でもあった。これが『孫子兵法』誕生のために時代的な契機を提供した。孫武は伝統的な軍事の家柄に成長したが、家族は栄枯盛衰の政治闘争を経験しており、観察と臨機応変に対応することに優れた才能を養った。このような家族は、孫武が先人の軍事知識を継承し学習するのに疑いもなく良好な条件を提供し、孫武が更に一歩軍事思想を形成するのに必然的に影響を与えた。見なれ聞きなれ自然と覚えている家学の薫陶と冷酷な戦争の現実は、孫武の視野を広げた。政治・経済・軍事・文化の発達した斉も、孫子の軍事思想形成に客観的な条件を提供した。

孫武は隠棲した日々にしきりに思索した。少年の時期に読んだことのある兵書と各大家の軍事思想、そして黄帝が炎帝と蚩《し》尤《ゆう》の連合軍を打ち破った伝説上の涿鹿《たくろく》の戦いから、殷が夏を滅ぼした鳴条の戦い、武王が殷を滅ぼした牧野の戦い[12]、春秋の覇権を争う戦争まで、みな深く研究を行った。彼は青年時代に訪ねた古戦場で耳にした戦争の話を結びつけ、戦略家の大所高所からものを見る眼光をもって、複雑繁多な戦争の現実の中から戦争の基本的法則を考えだし、各々特徴のある兵法の中から戦争の基本原則を総括した。当時は学術文化が下にも広がり、私人が人々を集めて学問を教えるという風潮が起こり、社会思想が空前に解放されたという歴史的な大きな背景の下で、孫武は老子や孔子などの諸子の学説の合理的な内容を吸収し、時代の巨人の思想のエキスを汲み取った。最後に、『孫子兵法』というこのいまだかつて誰も書かなかった類のない著作には、彼の考えが一篇一篇ごとに現れてきている。史書の記載によると、孫武が初めて呉王に会った時には十三篇をもって謁見しており、十三篇の最初の形はすでに完成していた。

茅蓬塢の孫武隠居茅屋

伍子胥の七度にわたる推挙

春秋の末期、天下は乱れ、諸国は覇を争っていた。孫武が隠棲して兵書を書いていたその時、彼が自分の抱負を展開する歴史的な機会がついにやってきた。紀元前五一六年、呉の宮廷で一つの政変が起きた。呉の公子闔閭が楚国から亡命してきた臣下である伍子胥[13]の入念な計画の下で、刺客専諸《せんしょ》[14]を使って家での宴会中に魚の腸に隠しておいた剣で呉王僚《りょう》を殺害して王となった。すなわち、呉王闔閭である。闔閭は覇王となるため、一心に国を良く治めようと精励した。そこで、朝から晩まで勤勉につとめ、農業と養蚕を奨励し、賢者を尊び民衆を愛し、気力をふるって国を強くしようとしていたが、内心では楚を攻めようという欲望が沸き返っていた。

伍子胥は楚の平王に父や兄を殺された仇を伐つことを急ぎ、常に呉王の情緒の変化を観察し、闔閭の面前で何度も楚を伐つ重任を引き受けたいと自ら名乗り出ていた。闔閭はしかし、伍子胥が楚を伐つことを積極的に主張するのは個人的な動機から出ていることを心配していた。とりわけ伍子胥は楚の人であり、楚の人を使って楚を伐てば、楚の人はきっと不義の行動であるとみなすであろう。呉王は心中ずっと気がかりで決まらず、「台に登り南風に向かいて嘯き、頃《けい》有りて嘆ず」(『呉越春秋』闔閭内伝)、たびたび高台に登って溜息をつき、心の中はためらいで一杯であった。大臣たちは呉王の心を推測できなかったが、伍子胥だけは、自分が呉王が王位を簒奪するために大きな力を発揮し、重く用いられているが、結局のところ楚国から亡命してきた臣であり、現在楚を伐つのには、呉王が相応しいと考え

馬踏飛燕銅像●馬は中国古代にあっては、生産労働の道具でもあり、また戦争中の征伐と運送の道具でもあった。孫陽は馬を上手に見分けられるので世に名を知られ、後の人びとは彼を伯楽と呼んだ。「伯楽が馬を見分ける」というのは中国文化の常用語となった。
写真は甘満堂著の『孫姓』（東方出版社）より。

石彫駿馬図●春秋戦国時代に、秦の人に孫陽という人がおり、伯楽と号し、馬を見分けるのに優れていたと伝えられている。伯楽孫陽の出現によって、馬を言い人を言う時には必ず伯楽を言うようになった。これは孫一族の文化の重大な貢献である。
写真は甘満堂著の『孫姓』（東方出版社）より。

る将軍を見つけなければならないということをよく分かっていた。そこで、「乃《すなわ》ち孫子を王に薦む」（『呉越春秋』闔閭内伝）、呉王に孫武を推薦したのである。最初呉王はこの外国からやって来た青年については耳にしたことがなかったので、全く気にも留めなかった。伍子胥が二度目に孫武を推薦した時、呉王はまた伍子胥が「朋を連ね党を結び以て羽翼を壮にす」のではと疑った。しかし、伍子胥はその他の参謀たちよりは呉王の心の悩み─楚を破って覇を称する─をはっきりと理解していた。そこでひとたび呉王と兵を論ずる機会を得ると、何度も何度も呉王に向かって孫武を推薦し、それは七回の多きに至った。闔閭はとうとう心を動かされた。『呉越春秋』の記載によると、「子胥深く王の定まらざるを知り、乃《すなわ》ち孫子を王に薦む。」（闔閭内伝）呉王は孫武が「以て折衝して敵を銷《け》すべき」（『呉越春秋』闔閭内伝）であるのを聞いて、すぐに喜んで聞いた。「但だ此の人を知らず、専諸の勇、要離《ようり》[15]の智有るべきか。」伍子胥は言った。「孫武は韜《とう》略［六韜三略］に精通し、鬼人も不測の機、天地包蔵の妙有り、自ら『兵法』十三篇を著す。……誠に此の人を得て軍師と為さば、天下と雖も敵する莫し。何ぞ楚を論ぜんや。」（『東周列国志』第七十五回）伍子胥は更に、もしこの人を

孫武と伍子胥●二人は知り合いとなると、闔閭を一緒に補佐して国を統治し軍を治め、楚を打ち破る大計を立てて、呉が覇業を成し遂げるのを助けた。（李学輝画）

得れば、あたかも周の武王が姜尚［＝太公望呂尚］を得、殷の湯王が伊尹を得、斉の桓公が管仲を得たようなもので、楚を伐って覇を称するは言うまでもなく、列国を併呑し、天下を統一するのも難しいことではないと言った。呉王は伍子胥の紹介を聞くと大喜びし、感嘆して止まなかった。しかし、また「子胥は言を士を進むるに托して、以て自ら納れんと欲す」〔『呉越春秋』闔閭内伝〕、人材を推薦するという口実を借りて自己の勢力を拡大しようとしているのではと疑った。そこで、自ら孫武を召見して、面と向かって試し、兵法を問うことに決定した。

銀雀山漢墓から出土した『孫子兵法』の残簡の記載によると、孫武は伍子胥の付き添いの下、兵法十三篇を携え、呉王の離宮（現在の蘇州市の胥口あたり）に行き、近くの宿泊所に宿泊して休んだ。伍子胥はそのまま兵法十三篇を呉王に呈上した。呉王闔閭は伍子胥の案内の下、自ら孫武の宿泊しているところに至り、賢者を礼し士にへりくだり、王自ら訪問するという並々ならぬ風格を示した。『史記』孫子呉起列伝によると、「兵法を以て呉王闔閭に見ゆ。闔閭曰わく、『子の十三篇、吾尽く之を観る』と。」この時の会見では、闔閭と孫武はまず兵法を討論し、質問されるたびに、孫武は流れるように答え、しかも歴史上の有名な戦争の例を挙げて、詳細に分析し、その勝敗の原因を説明した。闔閭はその言葉のそれぞれが理にかなっているのを聞いて、「口は之れ善を称するを知らざるも、其の意大いに悦」〔『呉越春秋』闔閭内伝〕んだ。

呉王計を問う

一九七二年四月に銀雀山から出土した漢代の竹簡には、『孫子兵法』と『孫臏兵法』以外に、更に『呉問』、『黄帝伐赤帝』、『四変』、『地形二』、『見呉王』などの五篇の佚文及びその他の兵書や戦略があった。五篇の佚文を通して、孫武が当時呉王との対話の形式を通して詳述した軍事思想を理解することができる。

闔閭は、最初に孫武に向かって古代以来の帝王が国を治め天下を平定した経験と教訓とを尋ねた。孫武は黄帝[16]が赤帝を伐ったという歴史的経験を通して、呉王闔閭に「民を休め、穀物を植え、罪を赦す」〔銀雀山漢墓出土『孫子兵法』黄帝伐赤帝篇に「休民、□穀、赦罪」という言葉がある。□は文字が欠損しているが、著者は「藝（＝植）」の字と考えている〕という王覇の道を詳しく述べた。これらの佚文の対話の中で、孫武は呉の闔閭に向かって歴史的な経験を総括している。「黄帝が四帝を伐ったということから申しましょう。黄帝は当時中央を治めていましたが、四方の首領は悪事をし残虐のし放題でした。黄帝は南に向かって赤帝を伐ち、阪泉〔地名〕で戦闘を行いましたが、天の道、地の利、人の情に順いましたので敵を殲滅し、その土地を自分のものとしました。数年の休養を経て、民の力を回復し、五穀を植え、大いに罪人を赦しました。東に向かって青帝を伐ち、北に向かって黒帝を伐ち、西に向かって白帝を伐つ時には、みな前に述べた方法を用い、最終的に四帝を打ち破って天下を統一しました。暴虐な帝王が滅ぼされたのは天下の人びとにとって良いことですから、天下あまねく、四方八方の人がみな黄帝に帰服したのです。その後、殷の湯王が夏の桀を伐ち滅ぼし、九州〔天下〕を占有しました。周の武王が殷の紂を除くのに、牧野で一戦すると、四海〔天下〕は一に帰しました。この一帝二王はみな天の道を得、また地の利を得、更に民の情をも得たので、往くとして勝たざることはなかったのです。今、呉と楚の形勢もちょうどこれと同じです。我が方が天の道、地の利、人の情を得ております。好機を逃すべきではございません。」〔以上は銀雀山出土『孫子兵法』の黄帝伐赤帝篇を脚色して書かれている〕

　呉王は聞いて少し悟るところがあり、孫武に向かって言った。「先生は古代の帝王が国を治め、天下を平定した経験や教訓について非常に研究しておられる。私は先生の観点にとても賛成します。しかし三皇五帝[17]のような神聖なことに対しては望んでも及ぶことはできませんが、先生は現在の天下の大事に対してどのようなお考えをお持ちでしょうか。晋について言えば、あの国は覇を称してすでに百年に近くなりますが、後になると六卿が権力を専らにし、晋の范氏、中行氏、智氏と韓、魏、趙六家の世襲の貴族が各々晋の土地を占有し、互いに力を争い利益を奪い合っています。先生から見て、その中でどれが最初に滅亡し、どれが最後の成功を得ることができるでしょうか。」

「范氏と中行氏のこの二家が最初に滅亡します。」孫武は考えることもなく答えた。

　闔閭は続けて追求して言った。「先生はどうしてそうお答えになるのでしょうか？」

　孫武は落ち着き払って答えた。「私は彼らの田畑の制度の大小、租税徴収の多寡、及び士卒の多少、官吏の清廉さをもって判断します。范氏と中行氏で言うと、彼らは八十歩〔この場合の歩は面積の単位〕を畹《えん》とし、百六十歩を畝としています。六卿の中で、この二家の畝の制度が一番小さいのですが、取り立てる税は最も重いのです。五分の一の田畝税を取ります。公が税を徴収するのに節度がなければ、人びとは谷や溝に転がり落ちて死ぬようなものです。官吏の数がはなはだ多い上にまた贅沢、軍隊が膨大な上にまたしばしば戦争を起こす、このままでいったら、当然人びとに背かれ、近親者からも見捨てられ、瓦解してしまいます。亡びる以外に何がありましょう。」

　孫武の分析が両家の急所にぴったりと合い、言っていることはすべてその通りだったので、呉王はまた続けて質問した。「范氏と中行氏が滅んだ後は、次はどの家でしょうか？」

　孫武は続けて悠然として語った。「同様な根拠で推論して行けば、范氏と中行氏が滅亡した後は、智氏の番になります。智

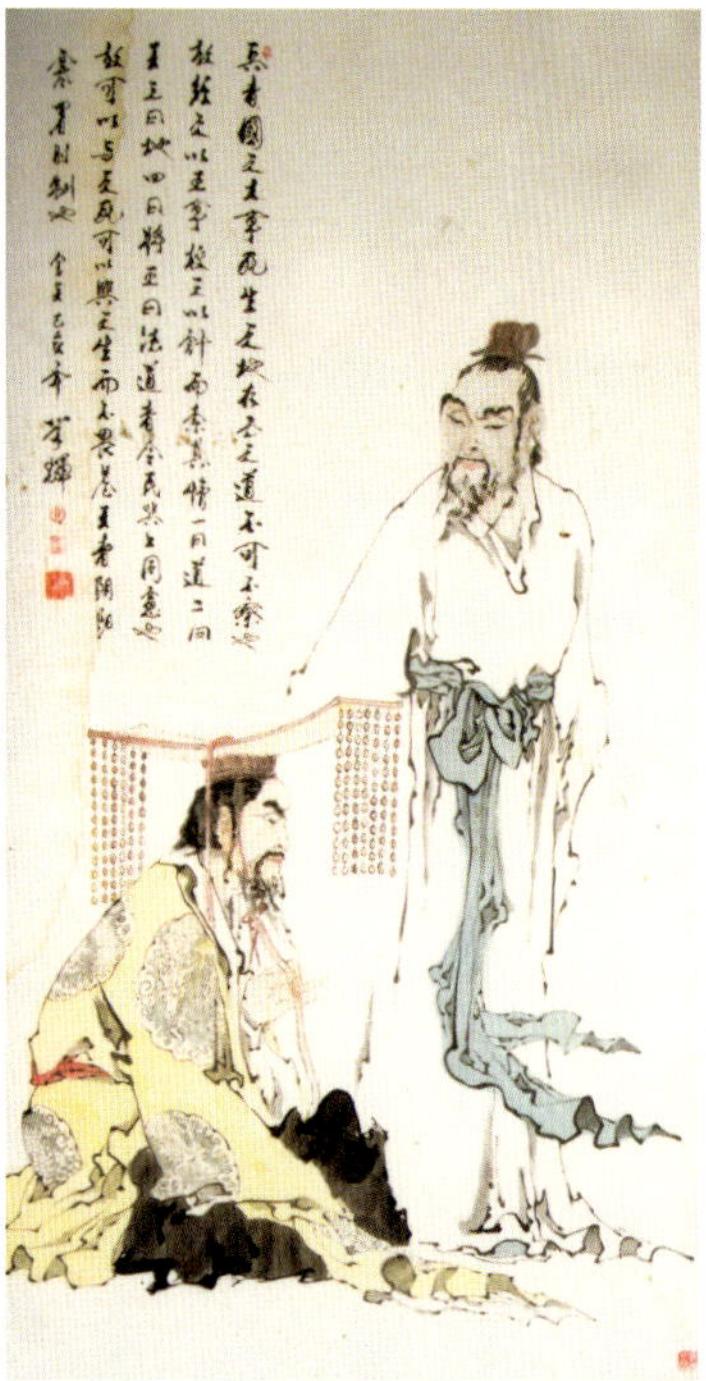

孫武と呉王●孫武は斉に生まれ育ち、呉で功業を成し遂げた。呉王闔閭は一代の君主として賢者を招き、他人の言葉を聞き入れ、孫武を拝して将軍とし、孫武にその才能を発揮する機会を与えた。孫武は呉王が覇業を成し遂げるために戦場での功績を挙げ、歴史に一つの佳話を残したのである。(李学輝画)

孫子兵法城俯瞰全景

大型木彫呉王問計の情景

氏の一族の田畝制度は、范氏・中行氏の田畝制度に比べるとちょっと大きいだけであって、九十歩を畹とし、百八十歩を畝としており、租税は同様に苛酷で重く、五分の一でもあります。智氏は范氏・中行氏とやり方が同じで、違いはありません。みな畝は小さいのに税は重く、公家は富裕ですが、人びとは窮乏し惨めな思いをしています。官吏が多く兵が多くて、殿様は驕り高ぶり、臣下は奢侈で、功名心にとらわれていますので、その結果はただ范氏や中行氏の二の舞になるに過ぎません。」

呉王はこらえきれずに、続けて質問した。「智氏が滅んだ後は、次はどこになるでしょうか?」

孫武は自信たっぷりに答えた。「それは当然韓と魏の両家です。韓と魏の両家は百歩を以て畹とし、二百歩を畝とし、税率はやはり五分の一です。彼ら両家はやはり畝は小さいのに税は重く、公家は税を取り立て、人びとは貧苦の状態にあります。官吏が多く兵が多く、功を焦ってしばしば戦っています。ただその田畝の制度がいささか大きいので、人びとの負担は少し軽く、かろうじてちょっと長く生き残り、滅亡するのは三家の後になるはずです。」

「最後の一家になるのはきっと趙氏の一族でしょう。」孫武は呉王が口を開いて更に質問するのを待たずに言った。「趙氏一族の状況は、今述べた五家族とはちょっと違います。晋の現在の実権を握っている六卿のうちで、趙氏の田畝の制度が最も広く、百二十歩で畹とし、二百四十歩で畝としています。それだけではなく、趙氏の租税の取り立ては、これまで重くはありませんでした。畝が広く、税が軽く、公が民衆から税を取るのに節度があり、暴虐なことをせず、官吏と兵は少なく、上に在る者は倹約を重んじ、下に在る者も政治を行うさいには慎み深く振る舞っています。むごい政治は民心を失いますが、寛大な政治は人心を得ます。これをもって見れば、趙氏の家族はきっと盛んになり、晋の政権は将来、最後には趙氏の手に落ちるでしょう。」〔以上は銀雀山漢墓出土の『孫子兵法』呉問篇に基づいて脚色している〕。

呉王闔閭は軍事について続けて孫武に教えを請うた。「先生の書いた十三篇は全部読みました。あなたの学問にとても敬服いたします。ただまだ分からない問題が少しあります。我々の軍隊がもし国境を出て戦い、敵国に駐留したとします。この時に敵が四方八方から包囲してきて、我が軍を幾重にも包囲しました。我が軍は幾重もの囲みを突破しようと思いますが、しかし四方は危険で通って行くことはできません。もし士気を鼓舞して彼らを命がけで囲みを突破させようとするとしたら、どんな方法を用いたらよいでしょうか?」

孫武はちょっと考えて答えて言った。「こういう状況に面した時には、まず溝を深くし塀を高くし、敵に対して自分たちは陣地を固く守るという様子を見せて、我が軍の企みを隠す必要があります。その後、こっそりと全軍の兵士に対して、我々すべてはすでに絶体絶命の状況にあり、ただ命をかけて戦うことだけで生きる可能性が生じると告げます。軍に従ってきた牛馬を殺して全軍の将軍と兵士に腹一杯食べさせ、残った食糧はすべて焼き捨て、将軍と兵士に必死の信念を持たせ、気持ちと力を合わせ、兵士を二組に分けて敵に向かって突然進撃させます。進撃する時には太鼓の音は天を震わせ、攻撃の叫び声は野を震わせ、心理的に敵を恐れさせなければなりません。突撃していった部隊は敵の背後にまわり、もう一つの次の突撃してくる部隊を導きます。これが、我が軍隊の形勢が不利の状況の下で生き残ることを求める時に採用する方法です。」

　孫武が言い終わるとすぐに、呉王闔閭は続けてまた質問した。「もし状況がその反対で、我が軍が敵を包囲した時には、どのようにして敵を殲滅すべきでしょうか?」

　孫武は答えた。「それには何の難しいこともありません。山や谷が険しく敵軍の越えにくいところは、兵書では窮寇と称しています。敵を殲滅する方法は、兵士を潜伏させて、敵の逃げやすい道を選び、見せかけの一本の逃げ道を残しておいて、彼らに生きることを求めて逃げることだけを考えさせ、そうして必死の決心を失わせるのです。もし戦闘力を失ってしまえば、そんな軍隊はもっと人数が多いとしても打ち破られるはずです。」

　呉王は聞き終わると言った。「私はもう一つの問題を伺いたい。もし敵が山や川の要害の地を占拠し、食糧も十分であるとした時、敵軍をおびき出して戦いたいと思っても、敵軍は騙されなかったとしたらどうしたらよいでしょうか? 我が軍はまたどうやったら敵軍がうかつにしているところを探し出して進撃することができるでしょうか?」

　孫武は答えた。「そういう状況に遇ったとしてもおやすいことです。我が軍はただ兵力を分けて要害の地を守り、高度の警戒心を保ち、少しの気の緩みもあってはなりません。その後、こっそりとスパイを放って敵軍の守備の状況を探らせ、入念に敵の警戒の緩む時間を注視させ、小さな利益をもって敵を出撃させます。同時に、敵にその他のあらゆる外に出ての活動をさせないようにします。そのうち自然に、敵は堅く守るという方針を変えます。敵が一旦気が緩んだ時になって、我が軍は全戦線で出撃します。これが敵が要害の地を守っていても、我が軍が必ず敵を打ち破ることができる方法であります。」

孫子書院院標●恵民県孫子故園の兵聖殿前の院標は孫子書院の院標である。古代の兵器を組み合わせて作られており、羽を広げて飛び立とうとしている古代の吉祥の鳥の形をし、戦争と平和を象徴し、矛盾していながら統一しているという弁証法的唯物主義の思想を表現し、『孫子兵法』の智恵を高度に概括している。

孫子兵法城軍争殿中庭の景観　双剣

呉王はまた続けて質問した。「あなたの書かれた兵法十三篇の中のいくつかの言葉については、私はまだその深い意味が理解できていないところがあります。例えば『途《みち》に由《よ》らざる所有り、軍に撃たざる所有り、城に攻めざる所有り、地に争わざる所有り、君命に受けざる所有り』〔九変篇〕について、言っていることをもう少し具体的話していただけませんか?」

孫武は言った。「よろしゅうございます。通るとは限らない道路とは、軍隊がその地区に入った時、ちょっと進入したのでは前進の目的を達することができず、深く進入した時には後方が補給をするのに不利である、軍隊が行動すれば不利な要素が生まれ、行動しないと包囲される危険があるようなところを指します。このような道路は絶対に通ってはいけません。必ずしも攻撃する必要のない敵とは、我が軍の軍事的な力が敵の軍を撃破し、敵の将軍を捕虜にすることができると見積もられてはいるとしても、しかし長期的な利益から考えると、更にその他の巧妙な方法があって、敵と面と向かって勝負をしないということを指します。このような形勢の下では、敵軍は打ち破ることができるとしても、それとは戦いません。必ずしも攻め落とす必要のない町とは、我が軍の軍事的力が完全にその町を攻め落とすことができても、攻め落とした後、我が軍が続けて進軍するのに取り立ててよいところがなく、またその町を守ることができないものを指します。しかし、もし我が軍がそこを攻撃し占拠せずにその町の前方に進出し、一種の有利な形勢を作れば、その町を守っている敵はそれによって絶望して自から投降してくるでしょう。このような町に対しては、それを攻め落とすことができるとしても、それを攻撃する必要はありません。必ずしも争う必要のない土地とは、山や谷と沼沢地を指し、軍隊が生存することのできないところを指します。このようなところは争う必要はありません。所謂君主の命令が必ずしも執行されないこととは、その命令が上述の「四変」の原則に違反している時は、君主の命令を執行しなくてもよろしいのです。一人の司令官としてこの四変を知っていれば、どのように兵を用いるかを知っていると言えるのです。」

君主と臣下はこのようにして一問一答し、討論した話題は大は国を治め安定させることから、小は軍事上の戦術に至った。孫武は呉王の発問の中から、呉王が確かに一つの事業を成し遂げる君主になろうと考えていると見抜いた。そして、呉王は続けざまの質問を通して、孫武が確かにきわめて優れた才能を持っているということを発見した。彼が問題を分析するのは鋭く透徹しており、冷静で緻密、問いには流れるように答える。まことに得難い文武両道に優れた大将の器である。孫武の言葉はいちいち理にかなっていたが、しかし呉王はやはり孫武の本領を試してみようと思った。

呉の宮廷で戦いを教える

『史記』孫子呉起列伝から『呉越春秋』闔閭内伝まで、その中で孫武の生涯に関する記載はほんの少しで、その他はすべて孫武が呉王の宮廷で宮女を訓練したことを記している。すなわち多くの人がよく知っており人口に膾炙している「呉宮で戦いを教える」の故事である。この話は現在の胥口鎮付近の香山里で起こった。清代の呉県の『香山小志』には、「教場山は、即ち呉宮にて美人に戦いを教えし処。」と記載されている。教場山

教場山●孫武の練兵場の跡。蘇州市呉中胥口香山里教場山に位置する。海抜はわずか30m。『史記』が記述している呉宮教戦の故事はここで起きた。

『孫子兵法』特殊切手の2——呉宮教戦
●漢代の歴史家司馬遷が『史記』の中に記した故事。呉王闔閭が孫武に宮廷の婦人を訓練させて、孫武の軍事的才能を探ろうとした。

は太湖に臨み、山頂には平に開けたところがあり、山の麓には更に孫武に斬られた二妃の墓がある。

なぜ呉王は宮女たちを使って孫武に訓練をさせなければならなかったのか。実は強国となって覇を争おうと志を立て、日夜有能な将軍や優れた補佐を求めていた闔閭は遊びのような訓練の中で、孫武の本当の腕前と能力を試そうと思ったのである。闔閭は内心で孫武に非常に敬服していたと同時に、また心に疑いも生じていた。諸侯の国の間には雄弁で口の上手い説客が非常に多いが、彼らには往々にして秀でた才能と学識が欠けていた。孫武の軍事的才能を試すために、呉王は孫武に向かって言った。「あなたの書いた〔兵法〕十三篇は全部読みました。ちょっと試すことができますか?」孫武は待ってましたとばかりに答えた。「大丈夫です。」闔閭は聞いた。「婦人を使って試すことができますか?」孫武は呉王の意図を見抜き、肯定して言った。「全く大丈夫です。」呉王はそこで後宮から百八十名の宮女を選び（『呉越春秋』闔閭内伝では三百名）、練兵場に連れて行って、孫武に与えて訓練をさせた。孫武は彼女たちを左右の二隊に分け、二名の呉王の寵妃を指名して隊長とし、それぞれ長い戟《げき》〔四七頁写真参照〕を持って前導させた。同時に兵法に則り執法官を指定し、斧鉞《ふえつ》〔九十頁写真参照〕を練兵場の傍らに立てた。孫武は重々しく真剣に宣言した。「みんなは前の胸、後ろの背、左右の手を知っているであろう。私が持っている令旗を見、銅鑼や太鼓の音を聞き、『前』には胸を見、『左』には左手を見、『右』には右手を見、『後ろ』には背を見る。みんな分かったか?」これらの普段は甘やかされている宮女たちはみな「ハイ」「ハイ」「ハイ」と答えた。「分かったわ。」練兵が始まった。ひとしきり太鼓が鳴り、右を向くように伝えたが、そ

胥口二妃墓●胥口香山里教場山の南にある。清の『香山小志』の記載には、「二妃の墓、即ち孫子の宮女に戦いを教え、呉王の二妃を殺す。呉王厚く之を葬る。教場山の南、実相寺の後に在り。俗に美女墳と称する者是なり。」と記す。

の結果は「婦人たちは大笑いをした」であった。宮女たちはいまだかつてこのような場面を見たことがなかったので、嬉しくてたまらず、隊伍は乱れた。孫武はこれに対してまず自分を責めた。「約束明らかならず、申令熟せず」〔軍令が明白ではなく、申し渡したことがみんなに行き渡らないのは〕、これは将軍である私の罪である。そこで再び訓練の要求することを説明し、何度も繰り返し軍令の説明をした後、再び太鼓を打ち隊伍に左に向くように命令したが、宮女たちは「笑うこと故《もと》のごとし」で、やはり先ほどと同じで笑い声が絶えず、「将軍」の孫武を何とも思っていなかった。突然、「孫子大いに怒り、両目忽《たちま》ち張り、声は駭虎のごとく、髪は上りて冠を衝き」、大声で「斧鑕《しつ》を取れ」と言いつつしかりつけた。「要求が明白ではなく、命令がよく知られていないというのは、これは将軍の過ちである。すでにはっきりと説明しているのに、お前たちが命令の通りに行動しないというのは、これは隊長の過ちである。何度も繰り返し軍令の説明をした。軍法はどうなっているか？」執法官は大声で答えた。「斬罪です。」台の上で陣を見ていた呉王はこの情景を見て、慌てて言葉を伝えさせた。「私はすでに将軍が良く兵を使うということが分かった。この二人の美人がいなければ、私は食事がのどを通らず、ぐっすりと眠れない。殺すことはできない。」孫武はきっぱりと答えた。「大王様に申し上げてくれ。私が命令を受けて将軍となったからには、将軍は軍にあっては、君主の命令も受けなくてよいのであると。」そこできっぱりと軍法に従って処置し、二人の隊長を斬り、また別に隊長を選んだ。その他の宮女は、その様子を見ると、各々驚いて色を失った。再度訓練をすると、恐怖にかられた宮女たちのあらゆる動作は完全に指揮通りになり、「夫人は前後左右跪起皆規矩縄墨に中り」〔夫人たちは前後左右、跪いたり立ち上がったりするのも規則通りで〕、声を出そうとするものもなく、みんな要求通りに行動し、あたかも合格した隊伍のようであった。孫武は呉王に向かって報告した。大王さまご検閲ください。この隊伍はすでに王様がお使いになれます。兵はすでに整い、水火をも辞しませんし、退却も致しません。〔大部分は『呉越春秋』闔閭内伝に基づいて脚色している。〕

歴史学者たちはこの故事を通して、人びとに対して「将の軍に在りては、君命も受けざる所有り」〔『史記』孫子列伝〕の将軍としての道と信賞必罰と法をもって軍を治める精神を伝えようとしていると理解している。

羽翼を斬断し、三軍楚に疲れさす

紀元前五一二年（闔閭三年）、呉王闔閭は正式に孫武を将軍とした。この年、孫武は初めて兵を率い、呉が徐と鍾吾を征伐する戦争を指揮した。今回軍を興し討伐したのは楚の属国である。というのは闔閭の兄である呉王僚の在位している時に、掩《えん》余《よ》と燭庸《しょくよう》の二人の公子に軍を率いて出征し、楚と戦わせた。二公子は外にあって闔閭が政変を起こして王位を奪ったと聞くと、徐（現在の安徽省泗県）と鍾吾（現在の江蘇省宿遷市の東北）に逃亡した。この両国は楚の後押しで、二公子を逃がし、彼らを楚に身を寄せさせたからである。楚の昭王は非常に満足し、至宝を手にしたようにして大事にし、二公子を「養」と言われる土地（現在の河南省沈丘県）に住まわせ、かつ兵を派遣して改めて町を作り修復し、養の町の東の城父と東南のあたりの胡の土地を二公子に与え、それを楚の国の東部の牆壁とし、呉の侵犯を防ごうとした。

呉王闔閭は楚のこの行動の意図を十分に承知して、養の町を攻め落とそうと決心した。この戦いが孫武の司令官として最初の戦役である。そこで、孫武は戦争前に彼我双方の形勢を深く分析し、この戦いは、一つには公子掩余と燭庸を虜にし殺して、呉の政治統治における隠れた災いを取り除くこと、二つ目には淮河北岸の楚軍の勢力を取り除き、楚の外囲の力をそぎ落とし、淮河下流を抑えて、後々に楚を破るための準備ができるようにすることだと考えた。

この年の一二月、孫武は軍を率いて鍾吾を攻撃した。鍾吾は国は小さく民は貧しく、一撃に堪えなかった。呉軍は鍾吾に攻め込むと、その君主を虜にした。続けて、孫武はまた軍を移動して徐を攻めた。徐はその地形の険しいのを恃んで、堅く守って防ぐことで呉軍と対抗した。孫武は兵を派遣して山や丘を削り、水を引いて町を水攻めにするという戦法で、徐に降伏するように迫り、更に勢いに乗って楚の舒《じょ》の地を攻め破り、二公子を虜にして殺した。『呉越春秋』では「孫武将と為《な》り、舒を抜き、呉の亡将二公子掩余・燭庸を殺す」（闔閭内伝）と記載している。呉王闔閭は軍旗を掲げたとたんに勝利を収めたのを見て、思わず得意満面になり、「因りて郢に至らんと欲す」（『呉越春秋』闔閭内伝）。この勝利に乗じて一挙に楚の郢の都を攻め落とそうと思った。孫武は呉軍が長く戦って疲れているのに、楚はまだその活力がそがれておらず、また力を集結していると考え、そこで呉王に勧めて言った。「民労せり、未だ可ならず、之を待たん。」彼に焦って功を求める必要はなく、冷静に時期を待つ、今は重要な時期だと呉軍のむやみな行動を制止した。

呉王闔閭の四年、呉は再び「孫武、伍子胥、伯嚭をして楚を伐たしめ」（『呉越春秋』闔閭内伝）た。孫武は伍子胥の提出した「三師以て肄《つかれ》さす」の楚を疲労させる戦略に従って、その「既に罷めて後三軍を以て之に継ぐ」を俟《ま》つの方針を採用し、呉軍を三つの精鋭部隊に編成し、順番に楚を攻撃した。まず最初の兵力が敵をかき乱し、突然楚を襲撃すると、その後急いで撤収する。楚軍が引き上げると、もう一つの部隊が突然出動した。「彼出づれば則ち帰り、彼帰れば則ち出づ。」このようにして楚の軍を奔走に疲れさせた。呉軍はまず楚の夷の町を攻めると偽り、楚の援軍が到着するのを待って、また軍の向きを変え、南下して淮河を渡り、真っ直ぐ五百里[18]急いで、楚の戦略上の中心—潜と六の二つの土地を素早く攻めた。楚の援軍が到着しそうになった時、呉軍は楚と正面から戦おうとはせず、急いで撤退して機会を待っことにした。楚軍は呉の軍隊が撤退して逃げるのを見ると、軍隊を南岡（現在の安徽省潜山県）に駐屯させた。孫武はこの時別の軍を動員して淮河に沿って上り、船で数百里進んで楚の戦略的要地—弦邑を直接攻撃し、弦邑を攻撃占領しようとする姿勢を示した。楚軍はその形勢を見てすぐに救援に駆けつけたが、楚軍が豫章に到着した時には、呉軍はまた撤退して兵を帰していた。この奇妙な戦略は非常に有効に実施され、呉軍は楚の城父、潜、六、弦などの地を連続して攻撃占領し、楚軍を奔走させ疲れさせた。

紀元前五〇八年、則ち闔閭の七年、楚は呉に報復するために、この年の秋に令尹[19]子常と嚢瓦《のうが》を派遣し、大軍を率いて呉を伐たせた。孫武と伍子胥は命を受け、兵を率いて敵を迎えた。孫武と伍子胥は楚に対して亡国の怨みを持つ舒鳩の人を利用して、偽の情報を作り楚を招き寄せた。楚は果たして舒鳩の人の嘘を信じた。呉は大がかりに水軍と軍艦を寄せ集め、豫章の南部の長江の上に並べ、楚が呉を攻撃するのを恐れて、楚に代わって桐を伐とうとする様子を示して、楚軍に疑いを起こさせないで

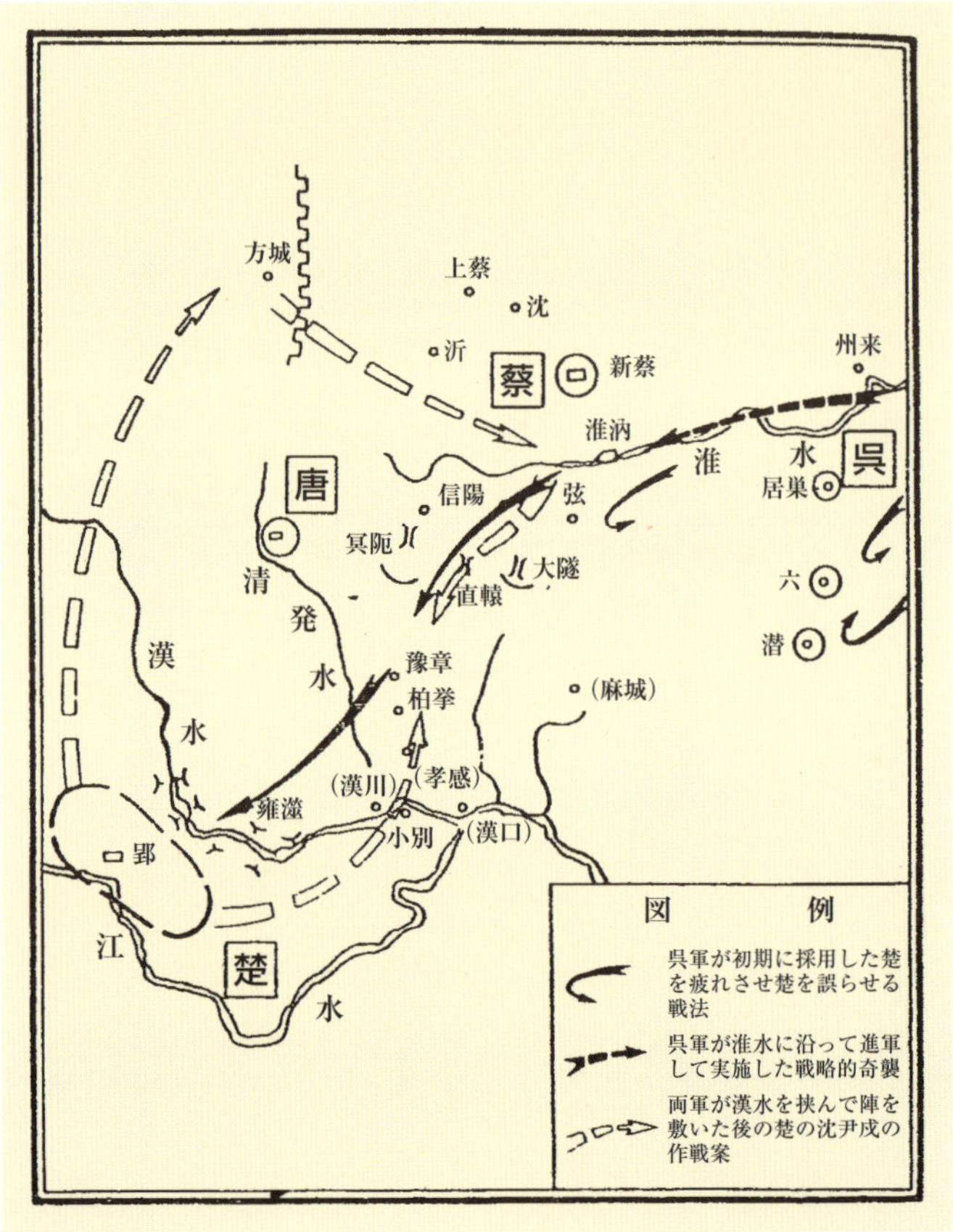

呉楚両軍戦略意図略図

孫武と呉王の問答（孫子兵法城の情景）●重臣伍子胥の何度もの推薦の下、呉王闔閭は孫武を接見し、孫武に国を治め軍を治める道を尋ね、孫武が詳述した軍事思想をきわめて称賛した。

春秋時代の呉の大翼船

おきながら、またこっそりと巣の地に別の軍隊を集め、兵力を移し、楚の地巣の町を奪い取る戦機を待った。楚の将軍子常は舒鳩の人の嘘の情報を信じ、呉軍の戦艦が桐より南の長江の上に一杯に並んでいるのを見て、やはり呉軍は恐れて、桐を伐つことで楚軍の歓心を買おうとしていると考え、そこで大軍を豫章の地に駐留し、呉が桐を伐つのを静観した。こうして楚軍は秋から冬までずっと駐留したが、時間が長くなるに従って、士気は日々低くなり、防御が緩みだした。孫武は時期をつかむと、呉軍を率いて突然楚軍を包囲し、楚軍は虚を突かれて対応できなかった。巣の町は陥落し、楚の公子繁も呉の捕虜になった。

今回の楚に対する作戦の勝利は、呉王の楚の国都に攻め込もうとする欲望に火をつけた。しかし、孫武と伍子胥は楚を攻撃する時期はまだ熟していないと考え、呉王に「郢は未だ入るべからず」と、忍耐して時期を待ち、軽率にことを行ってはいけないと勧めたので、呉王は仕方なく諦めた。豫章の戦いでは、孫武は楚を疲れさせ誤らせるという謀略でもって、楚に向かう天然の牆壁―大別山の東の大門を開き、呉のために楚を破って郢に入る戦略的配置を完成した。このたびの戦役の後、呉は戦略上の主導権を徹底して取り、この後は戦略的な攻撃に入る。

孫子兵法特殊切手の 3――5 戦して郢に入る●郢は楚の都である。紀元前 506 年、孫武が指揮に参与した楚を伐つ大戦の中で、呉軍は５戦５勝し、最後には一挙にして楚の都を攻め落とした。この呉楚の大戦が歴史上有名な「五戦して郢に入る」となった。

西に強楚を破る

紀元前五〇六年、楚は軍を起こして蔡を攻撃した。危急の中で、蔡は晋に対して救援を求める望みのない中で、呉に救いを求めた。呉が楚に致命的な一撃を与える時期がとうとう出現した。蔡の他に唐の君主も楚が絶えずゆすり取るのを不満として、その屈辱の仕返しをすると誓いを立て、自分から呉と同盟した。唐と蔡は小国ではあるが、土地は楚の北の角に位置し、地理的な位置はかなり重要であった。呉王闔閭は楚を攻めることを決めると、そこで「三国が謀を合わせて楚を攻める」（『呉越春秋』闔閭内伝）こととし、連合軍を結成して淮河の南に集結した。その年の冬、呉王闔閭は兵を率いて親征し、孫武を大将、伍子胥を副将とし、国中の兵力水陸三万人以上の兵力を大挙して楚を伐ち、楚軍と広々とした長江と淮河の間の地で戦略的決戦を行おうとした。ここで殷周以来最大規模で、かつ戦場が最も広く、戦線の最も長い柏挙の戦いの幕が切って落とされた。呉、蔡、唐の三国の連合軍は、まず孫武の「迂を以て直と為す（迂回路を直進の近道に変える）」（軍争篇）、「其の必ず救う所を攻む」（虚実篇）の戦略に従って、「師を興して蔡を救うを以て明（大義名分）と為し虚と為し、楚を破りて郢に入るを以て暗（本来の隠された目的）と為し実と為し」た。表面上は楚軍に包囲されて苦しんでいる蔡を救いに行き、楚が戻って郢の都を防御した時に、呉軍は淮河を遡って西に進み、こっそりと淮汭《わいぜい》地区（現在の河南省の潢川《こうせん》県）に達し、唐と蔡の軍隊と一緒になると、重装備を捨て、船を置いて道を進んだ。主力軍は豫章を通り、楚の北部の三つの険要な関所大隧《すい》、直轅《ちょくえん》、冥阨《めいやく》を通り抜け、

楚の内部に深く入り込み、敵中深く進んで真っ直ぐ漢水の東岸に至った。受け身に立たされた楚軍は慌ただしく応戦に迫られ、漢水の西岸に布陣して防御した。

楚軍の左司馬沈尹戌《しんいんじゅ》は長期にわたって呉軍と戦ってきており、深思熟慮し、呉は「悉く師を興」して遠くからやって来たのだから、敵を分散する戦術を採用すべきであると考え、令尹囊瓦《のうが》が兵を率いて東進し、漢水を挟んで呉軍と対峙して呉軍を引き留める。自分は少量の人馬を率いて、方城に北上し、晋を防御している主力を移動し、兵を率いて呉軍の船を破壊し、淮

太湖西山　呉と越の夫椒古戦場●夫椒山は蘇州市太湖西山島に位置する。

柏挙の戦い●柏挙の戦いは孫武が自ら指揮に参与した最も重要な戦争であり、この大戦は長期に覇を唱えてきた楚に非常に大きな打撃を与え、これによって春秋時代後期の戦略的な構造を大きく変え、呉が興隆し覇を争うために堅固な基礎を定めた。（李学輝画）

汭を奇襲し、呉軍の背後を襲撃し、迂回して呉軍を包囲する行動を完成し、併せて壊滅的な打撃を与えることを提案した。しかし、楚の統帥であった嚢瓦は、腹を探り合って暗闘したり、権力闘争したりするのには長けていたが、軍事的には全くの無能な輩であった。彼は左司馬の沈尹戌が「独り呉に克」って手柄を独占するのではと疑い、そこでもともと定めていた作戦計画を勝手に改め、主力軍を率いて漢水を渡って呉軍に向かって進攻した。呉軍はその情勢に合わせて自分は後退して敵を疲れさせ決戦する時期を求めるという計略を用い、漢水の東岸を後退した。楚軍は呉軍が怯えたのだと誤解し、一歩一歩と接近し、呉軍の後を追った。小別（現在の湖北省漢川市の東南）から大別（現在の湖南省内にある大別山脈）までの間で、呉と楚の両国は三度矛を交え、楚軍は非常に疲労した。一一月一九日、呉軍は柏挙地区（現在の湖北省の麻城市の境）で陣勢を整え、楚軍を迎え撃った。呉軍の将士は長期的に厳格な訓練を受けており、一人ひとり力を振るって勇敢に戦い、一をもって十に当たった。楚軍は人数が多いとはいえども、最高司令官が愚かなので、呉軍の攻撃を支えきれず、楚の将軍嚢瓦は敗れると、慌てて鄭に逃げ、楚軍は慌てて西に向かって敗走した。呉軍は追尾し続けて、柏挙西南の清発水（すなわち溳《いん》水、今の湖北省安陸市の西にある）に楚軍を追撃し、楚軍が恐れて先を争って船に乗ろうとする時に、「半ば済《わた》らしめて之を撃つ」〔行軍篇〕戦法を採用し、河を渡っていた楚軍に不意打ちをかけ、楚軍に重大な打撃を与えた。幸いにも河を渡った楚軍が雍澨《ようぜい》（現在の湖北省京山県の西南）に至った後、空腹に堪えられず、急いで穴を掘ってかまどを作り、食事を作っていた時、追撃していた呉軍に激

西に強楚を破る●紀元前 506 年、呉は唐、蔡の両国と連合して楚を伐ち、呉王闔閭は軍を率いて親征し、孫武を大将として、楚軍を大破し、都の郢を攻め落とし、楚を破って全勝を得た。（李学輝画）

呉越をはらむ（1995 年の切手）●絵の中には霧にかすんで広く果てしない湖水と、天に接した広々とした太湖の風光が描かれている。春秋時代、呉と越の両国は太湖を境界としており、ここではかつて両国の命がけの戦いが行われた。

しい攻撃を加えられた。呉軍はそこで息城から兵を回して救援に来た楚の沈尹戌の軍隊と遭遇した。激しい戦闘の後、楚軍は大敗し、主将の沈尹戌は深い傷を受けて死亡した。呉軍は五戦五勝、長駆して真っ直ぐ郢の都に迫った。楚の昭王はどうしようもなく、随に出奔した。呉軍は一挙して郢を攻め落とし、楚との戦いで全勝を勝ち取ったのである。楚は建国以来はじめて首都を敵軍の手に陥落させられてしまった。

呉王夫差の矛● 1983年11月、湖北省荊州市江陵県の馬山出土。矛先は青銅で作られ、正面に「呉王夫差自作〔＝作〕用矛」の銘文があり、呉の兵器の中の珍品であり、非常に貴重な価値がある。（図左）

越王の矛●湖北省襄陽市出土。春秋時代、呉と越の間の征戦討伐は絶えず、双方は天下に名の知られた鋭利な刃物を生産した。越王の矛もその中の一つである。（図中）

越王勾践の剣● 1965年12月湖北省荊州市江陵県の望山出土。出土した時まだ切れ味が比べものがないほどで、髪の毛を切ることができた。剣身には黒の模様があり、正面に「越王勾践自ら用いる剣」の銘文がある。剣の正面と背面には藍色の瑠璃とトルコ石の模様があり、中国古代の優れた青銅の鋳造技術を示している。（図右）

孫武が参与したこの呉楚の戦いは歴史上に有名な「五戦して郢に入る」結果となった。柏挙の戦いは孫武の軍事思想の最も良い実践であり、世界の戦争史上での少をもって多に勝つの有名な戦役の一つである。それは『孫子兵法』のいくつかの理論的原則、例えば「兵は詭道なり〔戦争とは敵を騙す行為である〕」〔計篇〕、「上兵は謀を伐つ〔軍事力の最高の運用法は、敵の策謀を未然に打ち破ることである〕」〔謀攻篇〕、「実を避けて虚を撃つ〔敵の兵力が優勢な実の地点を回避し、敵の備えが手薄な虚の地を攻撃して勝利する〕」〔虚実篇〕、「敵に因りて勝ちを制す〔敵の態勢に従って勝利を決定する〕」〔虚実篇〕、「形を示して敵を動かす」、「勢を造り勢に任す」、等々を証明した。このたびの大戦は長期にわたって覇を称していた楚に非常に重大な打撃を与え、春秋時代の覇を争う構造を徹底的に改変したので、孫武はこの戦いで有名になったのである。

師を興して越を伐つ

楚が柏挙の戦いでひどい失敗を蒙った後、短い時間のうちでは国力を回復して呉を脅しようがなく、呉楚の間の八十年にわたる戦いが基本的には落ち着いた。呉はそれからは越・斉・晋の諸国と戦い、覇権を争った。まず呉越の両国がまた戦闘を続けた。越は現在の浙江省一帯に位置し、都は会稽（現在の浙江省紹興市）にあった。呉と越は太湖を境とし、両国の言語は通じ、風俗も近かった。まさに『呉越春秋』に記載する通りであった。「呉と越とは音を同じくし律を共にし、上は星宿を合わせ、下は一理を共にす。」〔『呉越春秋』夫差内伝〕しかし、後になると互いに憎しみ合い、越は呉楚の争いの中では楚と同盟して呉を牽制した。だんだんと強大になってきた越は北上して中原で覇を争おうと考え、そこで呉というこの北上する時の障害を取り除こうとしたので、呉と越の「三江五湖の利を争う」局面が出現したのである。楚は呉越が江湖河沢の利を争う局面を利用して、越と連盟し、越の威嚇を助け利用して呉を牽制した。紀元前五一〇年、越王允常《いんじょう》が即位した。呉は、この時にはすでに楚を全面的に攻撃する準備ができていたが、越が背後から虚に乗じて侵入してくるのを恐れたので、闔閭が自ら兵を率いて越を伐ち、まず後顧の憂いを除いた。『左伝』の記載によれば、この年、「呉越を伐つ、始めて師を越に用いるなり。」（昭公三二年）これによって呉越の間相互の戦いが始まったのである。紀元前五〇五年、越は呉の大軍が楚を攻めているのに乗じて、呉に対する進攻を行い、呉の都に迫ったが、呉軍は楚を放棄して国に戻り、越軍は敗退した。

呉楚の両国の間で行われた二回の重要な戦争は、檇李《すいり》の戦いと夫椒《ふしょう》の戦いである。

檇李の戦いは紀元前四九六年に起こった。この年、呉王闔閭は越王允常が死に、允常の跡継ぎの息子勾践《こうせん》が年若く幼く、越がちょうど喪に服している時だと聞き、越を征服する良い機会と考え、伍子胥の止めるのも聞かず、突然兵を興して、越を攻撃した。越はちょうど大喪の時で、人びとは呉の侵略に直面して、それを共通の仇として敵愾心を燃やし、国中が一心となった。呉越の両軍は両国の境の檇李、すなわち現在の浙江省嘉興市一帯で対峙した。最初に戦った時、勾践は呉軍の気を緩めさせようと計画したが、予期した進攻の結果が得られなかった。呉軍の戦陣には「奇」と「正」の区別がある。呉軍の「奇兵」は陣に攻撃を仕掛けてきた越軍を捕虜とし、「正兵」の主戦陣はしっかりとして微動だにせず、勾践はみすみす五百の人員を失った。越の二回目の攻撃も同様の運命にあった。呉王闔閭は有頂天になり、呉軍に命令して攻撃をかけさせた。呉軍が越軍の軍陣の前に至った時、越王は数百人の犯罪人に呉軍の陣の前で揃って「呉軍が越軍を攻撃しているが、我々は軍令を破ったので、刑を逃れようとは思わない、軍の前で自決して謝罪したい。」と叫ばせ、彼らは大声で叫び終わると自刎し、即座に血は四方に飛び散った。第一列が倒れるのを待たず、第二、第三列が同様な方法で自刎して死んだ（『春秋左氏伝』定公一四年）。この突然の場面に震え上がった呉軍は、一人ひとりあっけにとられ、軍の歩みが乱れた。越の軍隊は呉軍が驚いている機に乗じて、太鼓を敲いて突撃した。呉軍は虚を突かれて対応できず、動揺し惨敗して退却した。混戦の中で闔閭は越の大夫霊姑浮《れいこふ》に戈で刺され、靴と足の指を切り落とされて重傷を受け、軍を引き返す途中で、傷が重くて死亡し、呉軍は大敗した。闔閭の息子夫差《ふさ》は即位すると、勾践が父親を殺した怨みを深く心に刻み、仇を報いることを誓った。檇李の戦いは、呉越三十年の生きるか死ぬかの大攻防の幕を切って落としたのである。

『孫子兵法』特殊切手の4——艾《がい》陵の戦い●周の敬王の36年（紀元前484年）、呉と魯の連合軍が艾陵（現在の山東省莱蕪市の東北）で斉の軍隊に重大な打撃を与えた重要な戦い。

紀元前四九三年、呉は兵を興して越を伐つ準備をした。勾践は聞くと機先を制して、范蠡《はんれい》たちの諫めも聞かず、一か八か、越の歩兵と水軍を率いて、先に呉を攻めた。自ら呉の打撃を逃れようとしたのである。夫差も「悉く精兵十万を発して抵御す〔精兵十万を全て動員して防御した〕。」呉越の両軍は夫椒（現在の蘇州市西南の太湖の中）でぶつかった。戦闘は非常に激烈で、夫差は自ら船の先頭に立ち、太鼓を敲いて加勢した。呉軍は少数の兵力を出して応戦させ、戦いながら退き、敵軍を西山島西北の湖面におびきよせて決戦した。越軍の船がすべて包囲の中に入った後、呉は水軍を三方面に分けて囲み、越の水軍を殲滅した。呉軍は強大であり、地形にも詳しく、また越の後援と退却の道も絶ったので、越軍はあっという間に敗れた。最後、越王勾践は五千の敗残兵を率いて越の都の城外会稽山の上（現在の浙江省紹興市）に逃れ、呉軍にぐるぐると取り囲まれた。長い間包囲されて苦しみ、越軍はしばしば囲みを突破しようとしたが、すべて呉軍に撃退された。勾践はしかたがなく、文種や范蠡などの大臣の建議の下、言葉遣いを丁寧にして手厚い贈り物をし、越の宝器と美女を献上し、かつ勾践夫婦を人質として呉に差し出して夫差に仕え、呉に臣下として服従し、毎年呉に対して貢ぎ物をするという条件で、呉に降伏して和議を求める

紹興の越王台●春秋時代、越の都は会稽（現在の浙江省紹興市）にあった。越王台は越王勾践が閲兵をしたところと伝えられている。

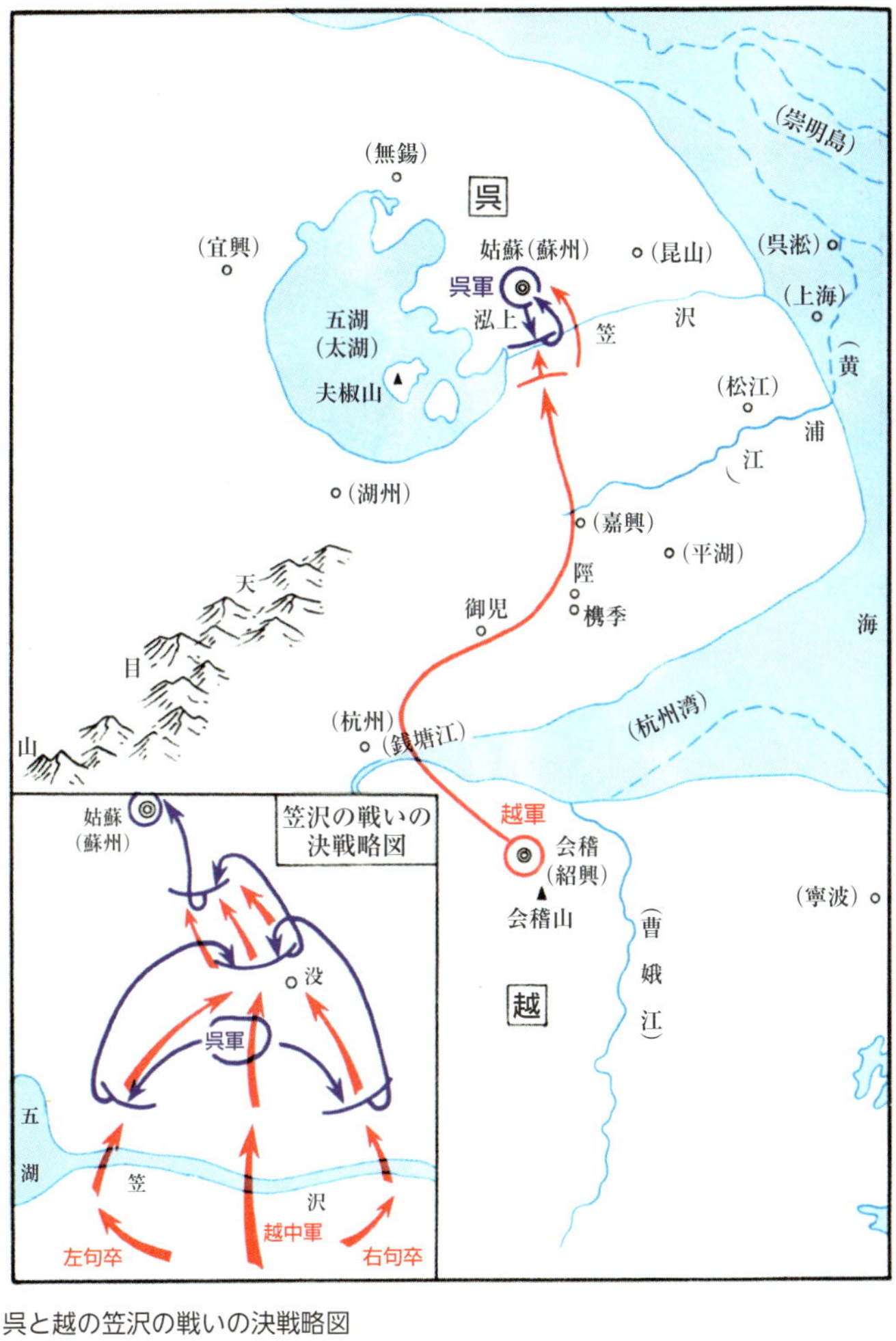

呉と越の笠沢の戦いの決戦略図

しかなかった。このたびの「五湖（太湖）に戦」った「夫椒の大戦」は、越に重大な打撃を与えた。呉はいまだかつてなかった大勝利を得、呉は長い時間にわたって越の宗主国となったのである。司馬遷は、孫武が「南に越人を服す」ために建てた功績を称賛している（『史記』伍子胥列伝）。しかし、史籍の中には、柏挙の戦いの後に孫武が引き続き呉王闔閭を補佐したという形跡はない。そんなわけで、司馬遷のこの評価の言葉は、もしかすると孫武が越との戦争の中で発揮した実際の作用を指しているのかもしれないが、もしかすると孫武が呉王闔閭を補佐して、軍備を整え、戦争に備え覇を争うことによって、充実した国力をもって呉が越との戦争の中で勝利を得ることを保証したという間接的な働きを発揮したと言っているのかもしれないと我々は推測している。

北上して覇を争い、斉と晋を威嚇する

夫差が王位を継承して南の越人を服従させてからは、呉は東南の強国となり、北に向かって拡張し、覇を中原に争おうと決心した。彼らはまず魯（現在の山東省南部）を征服し、斉に背いて呉に従った魯に呉との城下の盟を行わせた。また陳（現在の河南省東部と安徽省の一部分）を征服した。紀元前四八四年春、呉軍の船団は越の三千の援軍と一緒に太湖から出発し、大河を越え、邗溝《かんこう》［古代の川の名。今の江南運河の江都より淮安に至る間］を経て、淮河に至って北上し、魯と連合軍を組織して、博地（現在の山東省泰安市の南）を攻め下して、嬴《えい》地（現在の山東省莱蕪市の西北）に達し、その後長勺（現在の山東省莱蕪市の西北）を経て、斉の軍と遭遇した。両軍は艾陵《がいりょう》に戦陣を敷き、激戦を展開した。斉軍は戦いに敗れ、斉の簡公は呉と城下の盟を締結させられた。

『史記』孫子呉起列伝の記載に言う。「闔閭は孫子の能く兵を用いるを知り、卒に以て将と為す。……北の方斉・晋を威し、名を諸侯に顕すには、孫子与りて力有り。」大意は呉は強大になったことで、斉と晋の二つの諸侯国を恐れさせたと言うのである。『呂氏春秋』簡選篇にも言う。「呉の闔閭……北は斉・晋に迫り、令は中国に行わる。」『越絶書』記呉地伝に言う。「闔閭斉を伐ち、大いに克つ。」『左伝』哀公一一年には、「呉大いに斉を艾陵（現在の山東省莱蕪市の東北）に敗り、斉に迫りて和を求む。」（「斉に迫りて和を求む」の部分は哀公一一年にはない。）と記されている。これらはすべて呉が艾陵の戦いの中で大いに斉を敗り、斉に和平を求めざるを得なくさせたということを言っている。東方の大国斉はかつては春秋の五覇の中の最初の覇者であった。斉の桓公の死後、斉は君位を争う争乱に陥

『孫子兵法』特殊切手の 5――黄池の会盟●紀元前 482 年、呉王夫差は呉軍の主力を率いて黄池（現在の河南省封丘市）に至り、晋及び中原の諸侯と会盟し、「中国に覇たらんと欲し」た。この時、呉の覇業は頂点に達した。

り、覇業もそれによって水泡に帰した。この時の斉の景公は呉の軍事的な圧力を恐れ、自分の愛娘を人質として遠く呉に嫁がせ、闔閭が斉を伐つのを止めるのに換えるしかなかった。

まさに斉の覇業が終焉を迎えた時、晋の君主文公が覇者の地位を奪おうとした。晋と楚の城濮《じょうぼく》の戦いを経て、晋と斉は戦い、晋が大勝して春秋の覇者となった。その後、晋は卿大夫間の対立が重なって、争いが止まず、これによって呉の覇を争う行為に対応できなくなったのである。

紀元前四八二年、呉王夫差は呉軍を率いて晋を伐った。大軍は太湖を出発し、邗溝に沿って北上し、宋・衛・鄭・晋の四国の境である黄池（現在の河南省封丘県の東南）に到達した。呉軍は三つの方陣を編成して、晋の陣地に挑戦した。晋の定公は呉軍が国境を制圧したのを恐れ、呉王夫差、魯の哀公と黄池で会盟の儀式を行い、覇者の地位を拱手して譲り渡した。呉王夫差は大夫を派遣して周の天子（周の敬王）に覇業の功績を報告させた。周の敬王は呉王を褒め称え、呉に上等な弓や弩とその他の礼物を贈った。北の方斉と晋を威圧した結果、呉王夫差は名実備わった春秋の覇主となり、呉も威を天下に振るう春秋列国の覇となったのである。これらの重大な歴史的事件の中で、孫武及び彼の兵法原理は共に呉が覇を称する上で一定の働きをした可能性がある。『漢書』の記載によると、「闔閭は伍子胥、孫武を挙げて将と為し、戦勝して攻取し、伯（覇）名を諸侯に興す。」（『漢書』地理志下）歴史家司馬遷の批評に言う。「西は強楚を破りて郢に入り、北は斉晋を威し、名を諸侯に顕すには、孫子与りて力有り。」（『史記』孫子呉起列伝）これは孫子の一生の輝かしい功績に対する高い評価である。

孫武子亭●蘇州市の虎丘山の上にある。1955年に建てられたが、後に壊され、1984年に再建された。

飄然として隠居する

孫武の晩年の状況については、史書に記載がないため千古の謎となっている。『越絶書』記呉地伝には、「巫門外の大冢《ちょう》（墳墓）は、呉王の客斉の孫武の冢なり。県を去ること十里、善く兵法を為す。」とある。これから孫武の死後現在の蘇州市付近に葬られた可能性がある。学者の調査によれば、孫武の墓は現在の蘇州市相城区虎嘯《しょう》村孫墩《とん》浜にある。史籍にはまた、孫武「後に闔閭の荒游度無きを見て、官を辞して斉に帰り、数年にして亡す。」とあり、すなわち故国の斉に帰ったというのである。明代の小説『東周列国志』では次のように記す。孫武は、呉王夫差に向かっては、「官に居るを願わず、固く山に還らんことを請う」（第七十七回）と口実を述べたが、こっそりと伍子胥に向かって勧めて言った。「君は天道とはどんなものか知っているか？　大王は今、国家が強く盛ん、四方が安泰なので、きっと贅沢で享楽にふける心が生じるに違いない。功成りて隠退しなければ、将来必ず後患が起きるだろう。私は単に自己を保全せんと思っているだけではなく、また君も自分の生命を保全するように考えているのだ。」しかし、この時の先見の明に満ち

呉王の客斉の孫武の墓●現在の蘇州市の相城区元和鎮にある。『越絶書』の記載によると、「巫門の外の大冢、呉王の客斉の孫武の冢なり。県を去ること十里、善く兵法を為す。」

『孫子聖蹟図』飄然として高く隠る。

た言葉を、伍子胥は聞き入れることができなかった。その後、伍子胥はやはり奸臣に中傷され、自刃させられてしまった。上の言葉は歴史小説の虚構かもしれないが、民間の伝承より出たのかもしれず、今となっては調べようがない。

孫武の一生は、赫赫たる戦功以外、最も重要なものは彼が残した比類のない不朽の名著『孫子兵法』であり、中国古典兵学の理論体系を打ち建て、孫武の春秋末期の思想界における老子・孔子と肩を並べる地位を確立したのである。

孫子の故郷について

歴史的な理由で、一代の兵聖孫武の家系と生涯については明確な資料の記載が欠けている。歴史上の人物をよく理解しその時代背景を論ずるために、孫子の故郷について考察を行うことは、孫子の研究を行う上で避けることのできない重要な問題である。孫武の故郷の問題は、ここ数年来提示されている一つの新しい問題である。この問題が提示されたことは、孫子研究が深いレベルに発展していることを示していると共に、孫子の影響が日々増大していることも示している。

文献の不足と資料の欠乏により、孫武の境遇と経歴にはたくさんの歴史的な空白が残っており、彼の故郷と家系の問題は千年以上の歴史的な懸案になっている。春秋時代の末年に活動した孫武は、すでに現存のあらゆる春秋時代の史書と文献の中から彼に関する記載を探し出すことはできない。先秦時代の書籍『春秋』、『春秋左氏伝』、『国語』のすべてに孫武その人やその活動について記したものはない。戦国時代の著作『荀子』、『韓非子』、『尉繚子』、『呂氏春秋』などには孫武に関するちょっとした情報は現れているが、孫武のことが述べられているだけで、彼の故郷にまでは言及されていない。漢代の司馬遷の『史記』孫子呉起列伝の中で、我々は「孫子武は斉人なり。」と知るのである。三国時代の曹操は『孫子十家注』魏武帝策の中で言う。「孫子は斉人なり。名は武。……」〔「注孫子序」、但しこの部分は『太平御覧』によって補われた部分〕後漢の趙曄《よう》の書いた『呉越春秋』闔閭内伝では、「孫子は、名は武、呉人なり」と言い、孫武は呉の人であると言っている。以上の関連する文献には孫武が楚を伐ったり、呉の宮殿で兵を訓練したなどの重要な事績は記載されているが、孫武の境遇や家系については記載が詳しくない。魏晋南北朝数百年間の門閥制度の確立と盛行は、多くの人に知られていない私家の家系図をその機運に乗じて生ま

恵民県の大郭遺跡から出土した殷代青銅製虎紋の鼎

れさせ、世の中に続々と出現させた。これらの資料が世間に現れ、孫武の境遇や家系が明らかになり、『史記』などの資料の不足を補った。しかし残念なことは、唐代以前の私家の族譜は、現在一部も完全な形で保存されているものはない。唐宋時代になって、いくつかの書籍や文献にわずかに現在の人のため孫武の家柄に関する貴重な資料を提供していて、人びとの残念な気持ちを埋め合わせているだけである。

唐の元和七年、すなわち西暦八一二年、管朝議郎太常博士林宝が憲宗の勅令を奉じ、宰相李吉甫の起草制定した「綱紀」（社会秩序と国家の法規）に従い、史料文献や私家の族譜を大量に調べ、各姓受氏の源及び諸家系譜を考証し訂正するという基礎の上に、中国で最初の官の編集による姓氏典籍―『元和姓纂』を作った。『元和姓纂』はたくさんの珍しい著作を参考とし使用している。これは権威のある官選の系図専門書であり、清代の『四庫全書』[20]にも入れられている。この系図専門書の「孫」姓の条には、「孫武の子孫」の六ヶ所の郡内の名望家、すなわち楽安、東宛（東莞とすべきである）、呉郡富春、富陽、清河、洛陽が詳しく記されている。書物の中で楽安を初めに置いているのは、孫武の故郷の本当の場所を示しており、後世の人が孫武の家柄を理解するために重要な根拠を提供している。それが現在に至るまでの我々が見ることのできる孫武の故郷についての最も早い記載である。

北宋の嘉祐五年、すなわち西暦一〇六〇年、歴史家の欧陽《おうよう》脩《しゅう》（一〇〇七～一〇七二）や宋祁《そうき》などの人たちは『新唐書』を編集した。これは中国の重要な歴史書で、『二十四史』[21]の中に入っている。『新唐書』宰相世系表の中に孫氏の家柄について総合的な分析と考証がなされている。唐代に二人の孫姓の宰相、一人は高宗の時の孫処約、もう一人は昭宗の時の孫偓《あく》が出たので、孫武の境遇、家系、系譜などの考証が大々的に行われ、そこから孫武の故郷楽安がはじめて中国の官選の史書に記されたのである。『新唐書』は孫武が田完の子孫であり、その祖父の田書

壁画　古代の練兵図

孫子兵法城序庁の孫子の故郷

恵民県出土の殷周時代の古い兵器

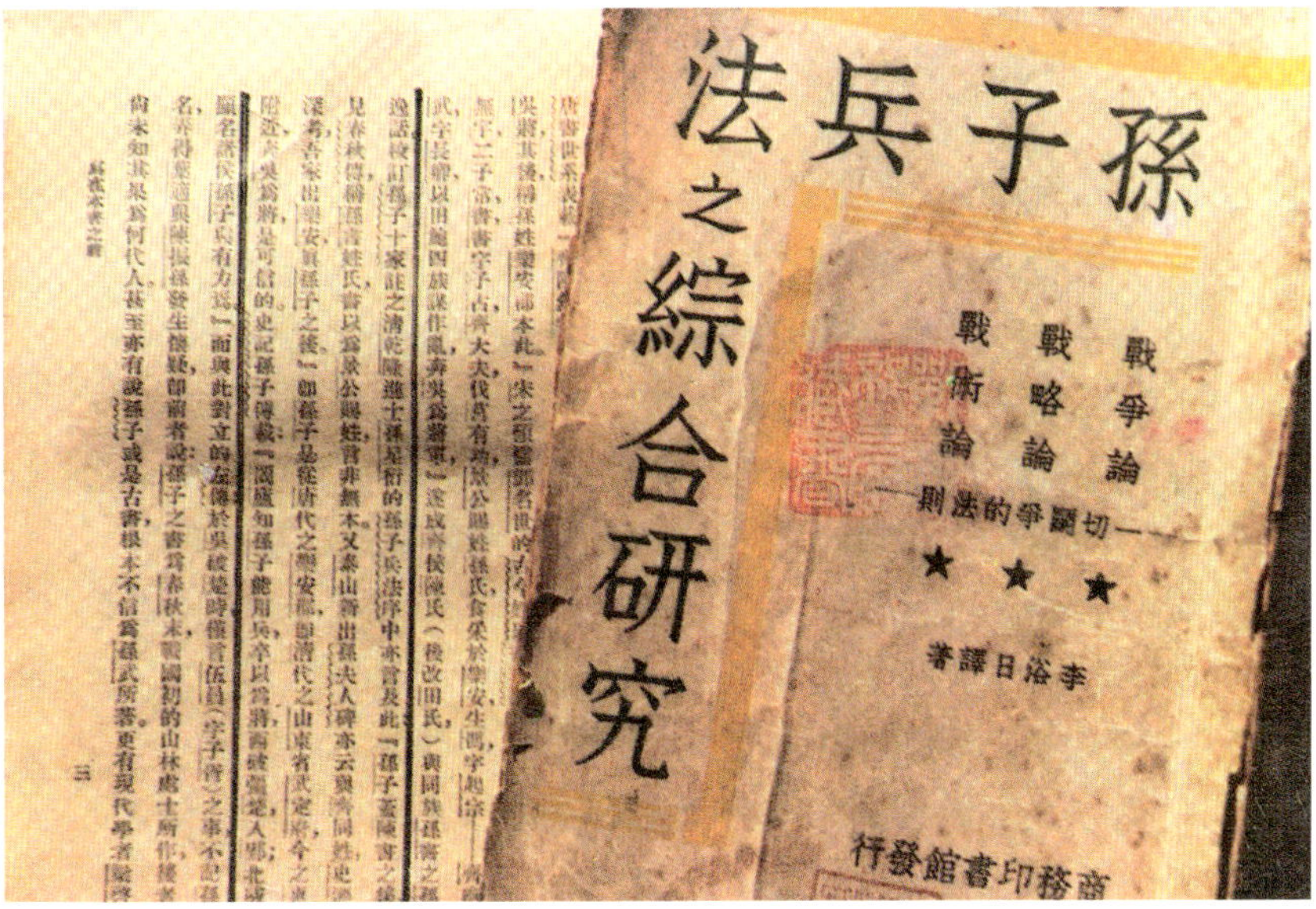

李浴日の『孫子兵法の総合研究』

が「莒《きょ》を伐ちて功有り、景公姓孫氏を賜い、采を楽安に食む」〔世系表〕と明確に指摘しただけではなく、上は春秋の田完から、下は唐末の孫偓まで、一つひとつ記録して、千八百年以上の長きにわたる孫氏の家族の世世代代の姓名、官職と居所を記している。

南宋の紹興二四年、すなわち西暦一一五四年、著名な学者である鄧名世とその息子の鄧椿は『古今姓氏書弁証』を記した。当時各種の公的私的家系図が非常に流行していたので、再度『風俗通』などの大量の諸家の家系図に対して大規模な真偽の識別と考証を行ったが、その考証は非常に詳細ではっきりしていた。考証の結果は『新唐書』や『元和姓纂』の孫武の故郷と家柄に対する記載と完全に一致しており、かつ関連する内容を再び『古今姓氏書弁証』の中に記録している。

以上の簡単で要領を得た歴史は、孫子の故郷という千年以来の謎を解明したのが、唐代と宋代の人の三百年の長きにわたる苦難に満ちた探索と研究の結果なのであるということを説明している。孫子の故郷が「楽安」にあるというこの答は、孫子の故郷の問題上を覆っていた千三百年の歴史的深い霧を蹴散らした。では唐宋時代の文献中の「楽安」とは現在のどこであろうか？

一九三八年、著名な学者李浴日は、その著した『孫子兵法の総合的研究』の中で、「……孫子は唐代の楽安郡、すなわち清代の山東省武定府、今の恵民県付近から、呉に行って将軍となったということは信じることができる」と言っている。

一九三九年一一月、著名な理論家郭化《かくか》若《じゃく》は『八路軍軍政雑誌』第一巻第十一期に「孫子兵法の初歩的研究」の一文を載せ、「孫子の歴史的記載に関して」の一段の中で、『新唐書』宰相世

城壁の東南角にある魁星楼（1936年撮影）

系表、『古今姓氏書弁証』と孫星衍の『孫子兵法序』などの史料を裏付けとした後に次のように述べている。「孫武の先祖は斉の人である。元の姓は陳氏、後に田氏と改め、更に孫氏を賜った。楽安（今の山東省恵民県）におり、乱によって呉に行ったというのは信頼できる事実である。」一九三〇年代に、二人の専門家が考証の後に「楽安」はすなわち山東省の恵民県であると言っているのである。

孫子の故郷の問題は唐と宋二代の三百年を経た研究の結果であり、「恵民県説」は唐と宋の考証の結果に基づいて得られたもので、現在の多くの孫子研究者の共通の認識でもある。

訳注

（1）**疑古**　古来、経書や『史記』、『漢書』などに書かれていたことはすべて真実と信じられてきたが、それを全面的に疑った運動で、特に一九二〇年代後半から一九四〇年代前半に出版された『古史弁』（全七冊）がその中心であった。

（2）**縦横家**　戦国時代の諸子百家の一つ。六国の合従を説く蘇秦と、秦との連衡を説く張儀が有名である。

（3）**郢**　楚の都。現在の湖北省荊州市。

（4）**尉繚子**　戦国時代の人、尉繚が書いたとされる兵法書。武経七書の一つ。

（5）**晏子春秋**　春秋時代、斉の霊公・荘公・景公に仕えた賢臣晏嬰《あんえい》の言行を伝えた書物。

（6）**虞舜**　中国上古の伝説上の聖王舜のこと。有虞氏なので虞舜とも呼ばれる。位を自分の息子ではなく、黄河の治水に功績のあった禹に禅譲した。

（7）**卿**　天子や諸侯の臣下で、国政を司る最高位の官。あるいは諸侯に仕える大夫の中の上大夫を言う。

（8）**百工**　「工」は「士農工商」の「工」で、手工業者・職人。「百」は「たくさんの」の意味で、多くの職人・手工業者の意味。

（9）**宗法**　宗族（一族）に秩序を与える規則。特に宗家（本家）の祭祀をどう継続させるかについての法。

（10）**周の太王**　周の文王の祖父。太王は息子の季歴《きれき》が賢明で、その子の昌（後の文王）が聖なる相をしていたので、位を季歴から昌に譲りたいと考えた。それを知った季歴の兄の泰伯と仲雍は出奔して呉に行き、そこで建国した。

（11）**『東周列国志』**　明の馮夢龍著で、清の蔡元放によって改編された長編の歴史小説。二十三巻百五回。『三国志演義』を除くと最もよく読まれ、影響の最も大きい通俗歴史演義である。

（12）**牧野の戦い**　紀元前一一世紀に、殷の紂王と周の武王が牧野で争った戦い。周が勝利し約六百年続いた殷王朝は倒れた。

（13）**伍子胥**　生年未詳～紀元前四八四年。春秋時代の呉の政治家で軍人。名前は員《うん》、子胥は字。楚の名門の家柄の出である。父の伍奢《しゃ》と兄の伍尚が平王に殺されたため呉に亡命し、その仇を伐つことを誓った。後、復讐に成功して楚に攻め入ると、すでに亡くなっていた平王の墓を暴き、その死骸に鞭打った。

（14）**専諸**　自分を認めてくれた呉の公子光（闔閭）のために呉王僚を暗殺しようとし、料理の腹の中に剣を隠して、呉王僚に近づいて刺し殺したが、自らは呉王僚の護衛に殺された。『史記』刺客列伝に伝がある。

（15）**要離**　呉王闔閭即位後、派遣されて呉王僚の子公子慶忌を刺殺した。

（16）**黄帝**　中国の神話伝説上の皇帝。五帝の最初であり、多くの文物制度を定めたとされる。

（17）**三皇五帝**　中国古代の伝説上の帝王たち。三皇と五帝が誰かということには、いくつかの説がある。

（18）**里**　当時の一里は約四百五ｍ。

（19）**令尹**　戦国時代の楚の最上位の大臣。

（20）**四庫全書**　一七七二年、清の乾隆帝の勅命で、国内の書籍を収集した叢書。

（21）**二十四史**　清の乾隆年間に選定された、『史記』から『明史』までの歴代二十四の正史のこと。

第二章

兵学の奥義

所謂兵学は、現代の軍事用語で言えば、すなわち軍事理論であり、あるいは軍事学とも称する。その意味するところは人びとの戦争を核心とする軍事問題に対する理性的認識である。

　氏族が復讐をすることから土地の併合、政権の交代、更には大国が覇を争い、世界大戦に至るまで、人類社会の発展過程の中で、それに伴ってきたのが、ますます残酷になる戦争であった。三千年以上前の殷と周の牧野の戦いに対して、歴史家は「血流漂杵〔血流杵を漂わす〕」〔『尚書』武成〕の四文字で、戦争後の悲惨な情景を描写している。戦国時代の秦と趙の長平の戦い(1)では、四十万の趙の降参した兵がすべて穴埋めにされて殺された。そして一九三〇年代に勃発した第二次世界大戦は、史上例のない悲惨さで、千や万をもって数える生命が戦火の中に飲み込まれ、単に日本の侵略者の起こした「南京大虐殺」だけで死者は三十万人(2)に達した。第二次世界大戦の後、世界は相対的に平和な時代に入ったが、しかし局部的な戦争はずっと止んではいない。大規模殺傷性を持つ武器の絶えざる進化によって、戦争というこの高く掲げられたダモクレスの剣(3)は、依然として人類の生存と発展を深刻に脅かしている。

　戦争というこの悪魔に対して、ある人は恐れ、ある人は呪詛するが、またある人は崇め尊ぶ。そして、兵家は理性的な態度でそれを研究して、その法則を明らかにする。『孫子兵法』はすなわち戦争の法則を明らかにした古典的作品である。

殷代の獣面銅盾の飾り ●陝西省岐山県出土。

人面銅盾の飾り ●陝西省岐山県出土。

勝ちを知るには道あり

戦争とは従うことのできる法則があるものであり、認識できるものである。これが孫子が人びとに告げる簡単に見えていながら深い意味を持つ道理なのである。西洋の歴史上では、長期にわたって戦争不可知論の観点が広がっていた。たとえ科学と技術がすでに明らかな進歩をした後でも、戦争は依然として芸術であって、科学とは見なされていなかった。例えば、ジョミニ(4)は自分の軍事的著作を『戦争芸術概論』と命名していた。中国兵学の早熟は、その戦争問題上の可知論と直接関係していると言うべきなのである。

　いかに戦争の形勢を分析し、戦争の勝敗を予知するのか。これについて、異なる人、異なる学派はみなそれぞれの異なる見方を持っている。

　陰陽家(5)の分析方法は最も原始的であり、最も神秘的でもある。彼らの見方によると、自然の上に一種の超自然的な力が存在し

牧野の戦い●周の武王が殷を伐った戦いの時、戦闘中に殷の軍隊の先鋒が矛を返して殷軍を攻撃したので、周は大勝した。

殷の武丁の代に方国を征伐した時のことを記した甲骨文。

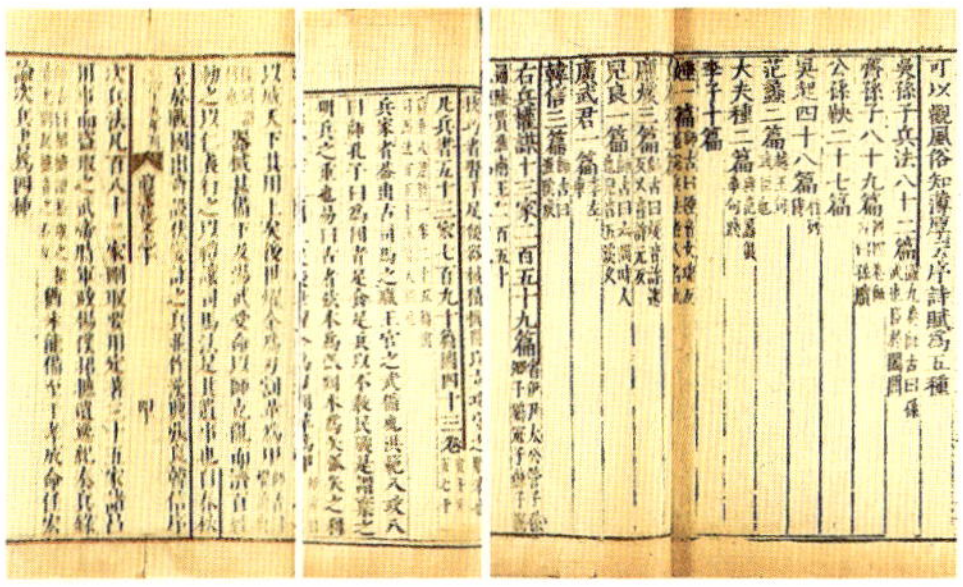

『漢書』芸文志の兵書の著録（書影）●書中では兵家を兵権謀、兵形勢、兵技巧、兵陰陽の四種類に分けている。

て世の中のすべてを主宰しており、戦争も例外ではない。亀甲やヨモギとかを通して占いを行うことによって、上天の意志を予知し、戦争の吉凶を予知することができ、人々は上天の意志に基づいて凶を避けて吉に赴けばよいのである。占いの法はかつて上古の時代には戦争をするかしないかを決める上で支配的な地位にあった。春秋時代以降は二度と主導的な地位にはなかったが、しかし依然として大いに行われ、兵陰陽家は厳然として兵家の四大派閥の一つである。

儒家は戦争の予測に対して最も正義感に富んだものであり、また最も滑稽なものでもあった。彼らの見方によれば、戦争の勝ち負けは完全に戦争の性質によって決まるもので、所謂「仁者は敵無し」（『孟子』梁恵王上）である。統治者は『仁政』という大きな旗を高く掲げてさえいれば、向かうところはみな敗走し天下に敵なしなのである。これは当然夢物語で、歴史上いまだかつて完全に道義によって戦争に勝った例はない。

儒家と反対に、法家の予測は純粋に力による計算である。農業をきちんと行っているところが強大な軍隊を作り上げることができる。強大な軍隊があり、更に厳しい法律の拘束と金銭と官爵の激励を加えれば、打ち破ることのできない敵は存在せず、征服できない国家は存在しない。法家の予測は一定の合理性を持っているが、真理は一歩誤ると誤謬になってしまうはずだと言わなければならない。法家は実力を重視して単純に暴力を迷信したため、戦争の勝敗を決定するその他の要素をおろそかにしたのである。

比較をすることによって、孫子の戦争に対する予測と分析は全面的、弁証法的でかつ深刻なものであるということに気がつく。彼は鬼神に助けを求めても役に立たず、簡単に以前の経験に従うのも取るに足らないと考える。正確な方法は、五つの方面から分析を行い、敵対する双方の七種類の状況について比較を行うことである。これがすなわち「五事七計」である。

「五事」とは、道・天・地・将・法の五方面を指す。

道とはすなわち政治であり、清く明るい政治は君主と民衆の意志を同じくし、上下が心を揃えて協力する。

天とはすなわち天の時であり、時節と気候の変化を指す。

地とはすなわち地の利であり、地勢の高低、道の遠近、地勢が険しいか平坦であるか、攻めやすいか守りやすいかなどの異なる地形条件である。

将とは将軍の道であり、将軍は知謀に長けていて、賞罰はきちんと行われ、士卒を慈しみ、決断力があって勇敢、軍の規律は厳正であることが求められる。

法とは法制であり、軍隊の組織編成、軍需の管理などを指す。

以上の五種類の方面について、軍を統率する将軍は十分に理解していなければならず、そうしてはじめて軍隊を指揮して勝利を奪うことができる。

「七計」とは七つの方面から比較を行い、敵と自分の置かれている状況を分析して、戦争の勝ち負けを予測することを指す。

　どちらの君主の政治が公明正大であるか？

　どちらの将軍がより才能があるか？

　どちらが天の時、地の利に基づいているか？

　どちらの法令が貫徹して行うことができるか？

　どちらの武器や装備が優れているか？

　どちらの士卒が普段から訓練されているか？

　どちらの軍隊の賞罰が厳正であるか？

比較を通して、どちらが勝ちどちらが負けるかは簡単に分かる。

「五事七計」は現代的意味での軍事・政治・経済・文化及び自然条件などの諸々の要素を含んでおり、素朴な総合的国力論と言うことができる。これらの要素は戦略計画などを行う時の基礎である。これらの計画や戦略の決定は廟堂〔霊廟〕で行われるので、「廟算」[6]と呼ばれる。

戦う前に勝利を得ることができると予測するのは、計画が周到で、勝利する条件が多いからであり、勝利を得ることができないと予測するのは、計画が周到でなく、勝利を得る条件が少ないからであると孫子は考えている。

以上の総合的な比較・分析・判断を経れば、正確な戦略的意志決定を行うのは難しくない。戦争はいかなる社会現象とも同じであり、真剣に考察をしさえすれば、その法則性を掌握しそれを制御することができるのである。

秦始皇帝の兵馬俑一号坑の兵陣の全貌。

玉製の剣の柄の頭部●春秋末期。

玉製の剣●春秋末期。

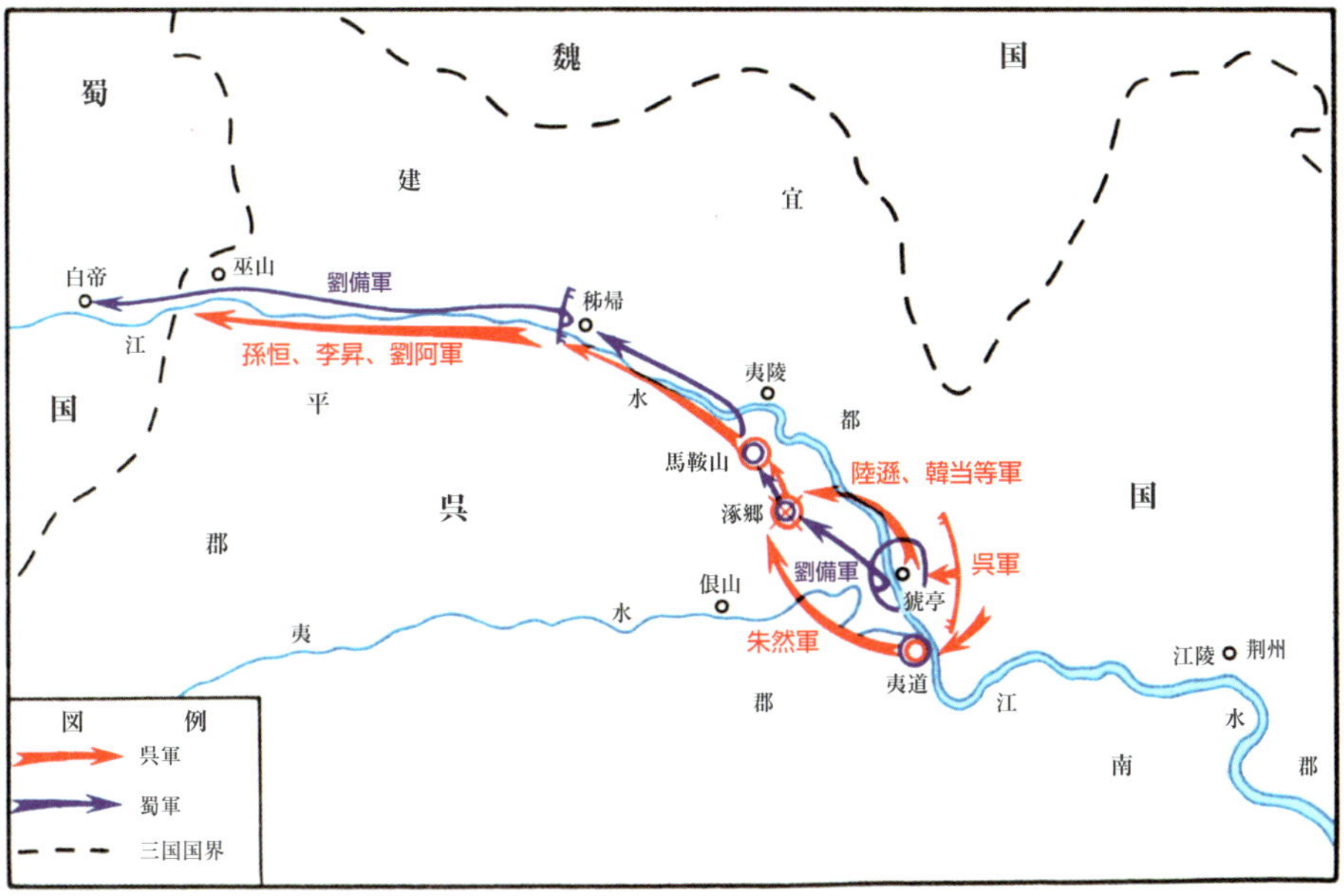

夷陵の戦いの概略図。

戦いを慎むことと戦いに備えること

戦争に対する態度では、先秦の諸子は二つの異なる立場に明確に分かれる。儒家・道家と墨家は一般的な意味において戦争に対しては否定的な態度を取る。道家は「兵は不祥の器なり」〔『老子』第三十一章〕と考え、歴史的な角度から戦争に反対する。儒家は「仁者は敵無し」と主張し、道徳的な面から反戦の態度を取る。墨家は「非攻」を主張し、仁愛的な立場から出発して、積極的に反戦事業に従事した。彼らは反戦のレベルには異なるところがあったが、しかし反戦には違いはなかった。これと反対に、法家は戦争のはっきりした支持者であり、かつ封建的併合戦争の合理性のために理論的な論証を積極的に行った。兵家の戦争観の代表は、孫子の提出した慎戦観〔戦争に慎重な観点〕である。『孫子兵法』の第一篇「計篇」の冒頭で書全体の主旨を明確に言っている。「兵とは国の大事なり。死生の道、存亡の道は、察せざるべからざるなり。」

孫子は我々に、戦争は避けることのできない客観的存在であり、人々の好悪で変わるものではないということを告げているのである。それは国家の存亡、人々の生死に関わるものであるから、慎重に対応しなければならず、戦争の法則を積極的に探し求め、それによって戦争を制御し、「国を安んじ軍を全うする」〔火攻篇〕の目的に到達する。孫子の慎戦観は二方面の内容を含んでいる。

一つ目は、戦争の意志決定は慎重でなければならない。孫子は指摘している。「主は怒りを以て師を興こすべからず、将は慍《いきどお》りを以て戦いを致すべからず。利に合わば而《すなわ》ち動き、利に合わざれば而ち止む」〔火攻篇〕。戦争の意志決定は客観的な分析を根拠とし、利害関係をもって原則とし、感情でことを行ったり、盲目的に行動することは絶対にできない。軍を興すか、交戦するかは、みな国家利益に合致するかを基本原則としなければならず、こうであってはじめて「国を安んじ軍を全うする」という目的に達することができるのである。

中国史上、盲目的に戦争を行って失敗をもたらした例はみなそうであると言える。

二二一年、劉備[7]は東の呉が荊州《けいしゅう》を奪い、関羽[8]を殺した恨みによって、諸葛亮[9]などの人の諫めをも聞き入れず、国中の力を傾けて、自ら大軍を率いて呉を征伐した。その結果、夷陵〔現在の湖北省宜都市〕で呉の将陸遜に打ち破られ、軍はほとんど壊滅した。劉備自身は夜に乗じて白帝城〔現在の四川省奉節県の東〕に逃れ、まもなく憂鬱の中で死んだ。この一戦で、蜀の国力は大いに失われた。その後諸葛亮が精励して国を治めたが、三国鼎立のバランスはすでに崩れ、蜀の滅亡はただその時が早

郵便切手「火連営を焼く」 ● 222年、劉備は関羽を殺害した呉に復讐するため、多くの大臣の諫めも聞かず、大挙して呉に進攻した。夷陵で陸遜《りくそん》に火で連営を焼かれ、大部分の兵力を失った。これ以後蜀は再起不能になった。

いか遅いかのみであった。夷陵の敗戦は、劉備が感情でことを行い、盲目的に戦争を行ったことに基づいており、孫子の「主は怒りを以て師を興こすべからず」の原則に違反したことから作り出されたのである。

これと反対に、同様に三国時代、諸葛亮が軍を率いて北伐した時、魏の将軍司馬懿《しばい》(10)は蜀の軍が食糧運送が困難で、速戦が得意であるという特徴に基づき、塀を高くして固く守り、敵の変化を待つという方針で敵と渡り合った。敵が出てきて戦うように、諸葛亮は様々な方策を設け、司馬懿に女性の衣服を送って彼を辱めることまでした。魏の将軍と兵士も憤りを抑えきれず、次々と出撃して戦うように要求したが、しかし司馬懿はそれに動かされず、依然として規定の方針を堅持し、ついに蜀軍の北伐を何の功績もなくて引き帰らせたのである。孫子は「将は慍りを以て戦いを致すべからず」と言うが、司馬懿はこの点をきちんと守ったのである。

二つ目は作戦や行動を慎重に実施しなければならないということである。平時は戦争を忘れれば必ず危機が起こるという危機意識を持たなければならず、敵は攻めてこないということに希望を托してはならず、自己が十分に戦争への備えができているということに依拠しなければならない。敵が進攻してこないということに希望を托してはならず、敵が進攻してこようとはしない強大な実力を自分が持っていることに依拠しなければならない。作戦の案は子細に研究し、できる限り綿密で詳細にしなければならず、できるだけ「未だ戦わざるに廟算して勝つ「ま

諸葛亮●三国時代の蜀の丞相諸葛亮は中国の智恵の化身であり、孫子の要求した五徳兼備の典型である。

司馬懿●司馬懿の家系は豪族の出身であり、若い時には郡で小吏となったが、後に曹操に召し出されて文章掾《えん》となった。その子は魏の政権を握って、晋を建国したので、後に晋の皇帝に追封された。

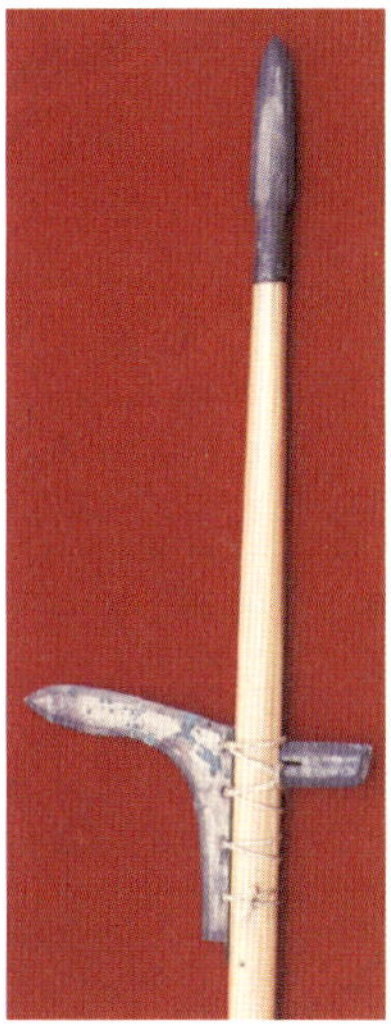

秦代の銅戟《どうげき》

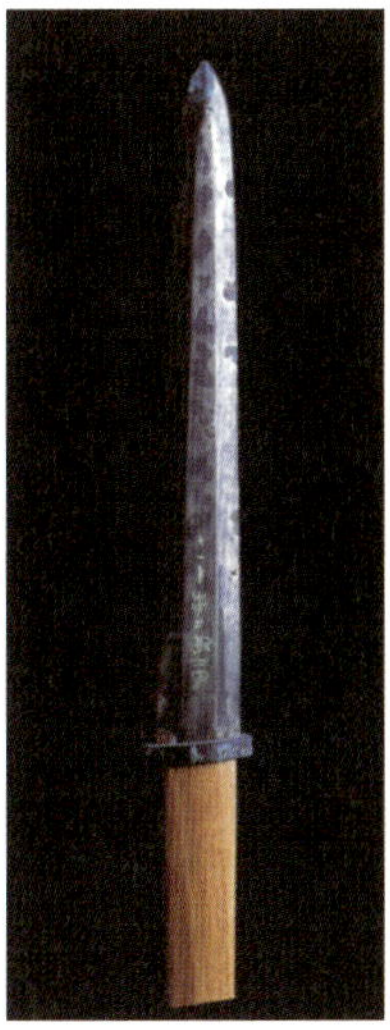

秦代の銅鈹《ひ》〔剣〕

秦代の銅剣

秦代の銅鈎《こう》〔鈎はかぎ〕

だ開戦しないうちから、廟堂で籌策して勝つ」〔計篇〕ようにする。作戦行動を展開する時には、できるだけ積極的で穏当であるようにする。まず自分のほうは不敗の地に立ち、その後は辛抱強く敵を打ち破る時期を待ったり作り出したりする。このような点に至るには、兵を率いる司令官は「戦争の道」、すなわち戦争の法則性を把握し、それに従って戦争をコントロールし、勝利を勝ち取らなければならない。

このことから、我々は孫子の慎戦・備戦の思想は、一切の戦争に反対する純粋なる平和主義者とは異なるが、また好戦的な戦争狂とも違い、戦争及びその社会的効用の客観的認識の基礎の上に打ち立てられた、理性的分析を通して得られた正確な結論であり、その軍事学術史上の地位と価値は十分に肯定されるべきであるということが分かる。

1937年9月25日、八路軍は平型関の戦いで勝利を得た。これは全中国の抗日戦争での最初の勝利である。八路軍はこの戦いで大いに名声を得た。写真は115師団の指揮所。

兵は詐を以て立つ

「軍争篇」の中で、孫子は当時では奇想天外な命題――「兵は詐を以て立つ」を提示した。仁と兵との対立は儒学と兵学とが衝突する矛盾の焦点ともなった。後世の儒者は、多くは詭詐《きさ》〔偽り〕は仁義道徳と異なるということを理由として、孫子に対して批難や批評を加えている。それでは、孫子の「兵は詐を以て立つ」の思想はどのように理解したらよいのであろうか？

まず、孫子の詭道理論は一定の歴史的条件の中での産物、当時の歴史的環境の中で提出された一種の兵学理論であるということを考えなければならない。西周建国の初めに奴隷制文明が成熟した制度建設に向かうことを示す二つのことが行われた。封建して国を作ることと礼楽を作ることである。周の礼の制度の規範の下では、かりに戦争を行っても、往々として情愛細やかな傾向が現れた。古い軍礼の要求に依れば、征伐の大権は周の天子の手に握られており、所謂「礼楽征伐は天子より出づ」〔『論語』季氏〕である。軍を興し戦争をするには喪の状態であってはならず（すなわち敵国の君主あるいは重要人物の服喪の時期でない時に戦争をする）、凶事に依ってはならず（敵国に災害の発生していない時に戦争をする）、「偏戦」（堂々とした陣

孫臏●生卒年不詳。斉の阿（現在の山東省陽谷市の東北）の人で、孫武の子孫。かつて龐涓《ほうけん》と一緒に鬼谷子に学び、その後龐涓に陥れられて、臏刑（膝蓋骨〔ひざ小僧〕を斬られる）になったので、臏と言う。斉の威王は孫臏に兵法の教えを請い、深くその才能を愛して軍師とした。

退きて三舎を避く●春秋時代、晋の公子重耳〔後の文公〕は逃れて楚に入った。楚の成王がもし国に帰ったらどのようにしてこの恩に答えるかと問うと、彼は両国が一戦交える時になりましたら、私はまずあなたから三舎（一舎は 30 里〔当時の 1 里は 405m〕）避けましょうと答えた。紀元前 632 年、晋と楚の両軍が城濮〔現在の今山東省濮県〕に戦うことになり、晋の文公は自ら「退いて三舎を避けた」楚王はそれが計画とも知らず、厳重な包囲に囲まれ、その結果大敗した。

形を以て正面から戦う）を実施して、迂回・脇から攻める・奇襲などの戦術をとることはできない。勝利を得た後は、その国を滅亡させることはできず、「亡国を存し、絶世を継ぐ」（『史記』太史公自序）を重視した。敵国に侵入してからは、「二毛を擒にせず」（白髪になった老人は捕虜にしない）（『春秋左氏伝』僖公二二年）等々である。古い軍の礼制度の基礎は、周の天子の絶対的な支配と奴隷制の血縁関係であった。平王が東遷[11]した後、周の天子の権威が落ちていくのに従い、各諸侯は覇権を争ってお互いに征伐し合い、軍の礼の制度もそれに従って衰えた。春秋時代の末期に至ると、軍礼を遵守するという伝統はついに退けられ、「変詐の兵並び作《おこ》る」（『漢書』芸文志）という新時代がやってきた。孫子の「兵は詐を以て立つ」の命題はまさにこのような歴史的な背景の下に提出されたのである。理論的に言えば、これは古い軍礼によってねじ曲げれられた軍事規律が正しい状態に戻ったものであり、戦争の本質的な属性を深く明らかにしたものである。

孫子が自ら参与した呉と楚の柏挙の戦いは、その詭詐の理論運用の一つの典型である。楚の国土が広く、政令が一定していないという特徴に焦点を合わせて、呉は「楚を疲労させ楚を誤らせる」という策略を立てた。すなわち軍隊を三つに分け、代わる代わる出撃させて、楚のいくつかの戦略的な要地を攻撃させ、楚軍が大量に集合すると、すぐに離れさせてこれとは戦わせなかった。このようにして、楚軍を疲労させ、闘志を弱らせた。更に重要なのは、それが楚の政策決定者に、呉が襲ってかき乱しても、それはいつものことであってそれを大したこととは思わないという致命的な錯覚を懐かせたことである。紀元前五〇六年、呉の数万の精鋭が国境付近の重要な関所を突破し、素早く漢水の東岸に到達した時になって、楚はどういうことが起きたのかに気がつき、すぐにあわただしく兵力を集めて応戦したが、結局柏挙で大敗した。呉軍は素早く追撃し、連戦連勝、最後には楚の都─郢を陥れて軍事上完全な勝利を得たのである。

その次に、孫子の言う詭詐とは、兵を用いて戦争をする時に敵に対して取る欺きの行動をさす。戦場で交戦する時には決まった規則はない。比較するのはどちらが騙し方が上手いか、騙し方が巧妙であるかである。具体的に言えば、孫子はその詭道の方法を以下のいくつかの方面にまとめている。攻めることができるのに、攻めることができないようなふりをする。攻める必要があるのに、その必要がないようなふりをする。近づかなければならないのに、遠ざかっていくようなふりをする。遠ざからなければならないのに近づくふりをする。敵が利益をむさぼろうとすれば、その利益で敵を誘導する。敵が混乱すれば、その混乱に乗じて敵を攻め取る。敵の力が充実していれば、それを防ぎ守る。敵の戦闘力が強ければ、それを避ける。敵が怒りやすければ、いろいろな方法で敵を刺激する。敵が言葉遣い

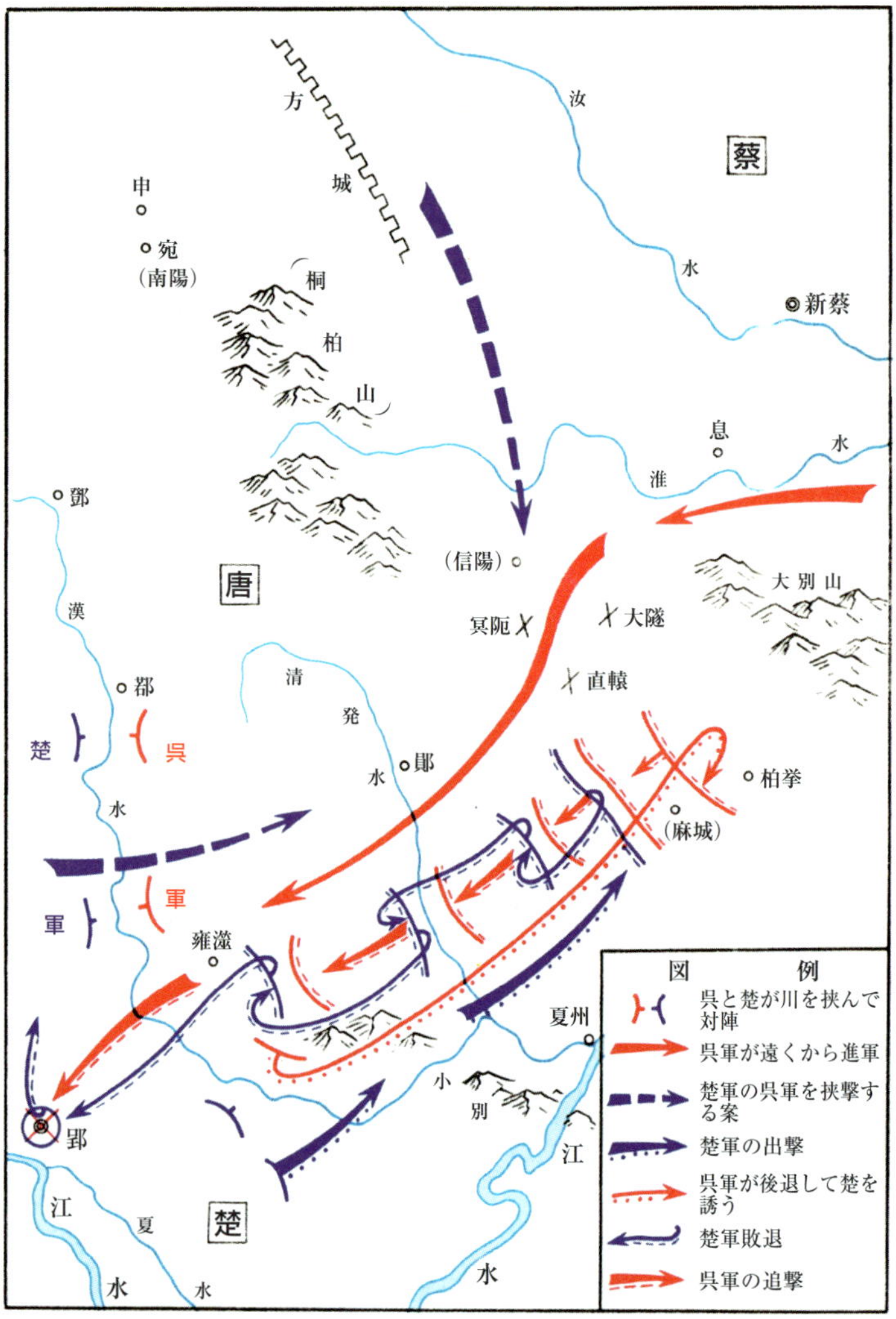

呉と楚の柏挙の戦いの概略図

を丁寧にして行動を慎めば、いろいろな方法で敵を慢心させる。敵がきちんと休養を取っていれば、彼らを疲労させる。敵の内部がまとまっていれば、彼らを仲違いさせる。これらが所謂詭道十二法である。詭道の理論の核心は、すなわち「其の無備を攻め、其の不意に出づ」〔計篇〕であり、すなわち敵の防備していないところで攻撃を開始し、敵の予想もしていなかった時に行動を開始する。これが兵家の戦いに勝つ奥深いところで、前もって決められないものであり、完全に指揮者によって戦場で弾力的に運用され、時に合わせて変わるものであると孫子は考えている。

詭道の理論は戦争の本質の属性を徹底的に明らかにしたものであり、詭道の用兵も戦争の分野で大きく異彩を放っており、戦争史上最も精彩を放つ内容の一つである。古代の戦争でもいいし、現代の戦争でもいいが、戦場で騙すというのは、常に軍事家が勝利を得るための重要な宝物である。技術の進歩に従い、

南京堂子街の太平天国壁画——防江望楼●『大百科全書軍事巻』の彩色挿絵全集より。

四面楚歌●前漢の策士張良が、楚軍の闘志を崩すために、歌を歌うのが上手い人を探させ、漢軍の士卒に教えさせた。夜になって項羽がちょうど寝ついた時に、急に四面の漢軍のすべての陣営で楚の歌がわき起こると、楚の士卒は故郷を恋しく思い、士気は低下し、兵士の心は動揺した。

欺く手段は絶えず更新されてきているが、しかしその実質は永遠のものであり、すなわち孫子の言う「其の無備を攻め、其の不意に出づ」である。斉と魏の馬陵の戦い[12]で、孫臏は竈の数を減らして敵を誘い、伏兵を設けて龐涓の率いる魏軍を打ち破ったのは、すでに人びとによく知られた故事になっている。

最後に指摘しなければならないのは、孫子の詭道の理論は戦争の分野での特殊な規律を指しており、この規律はその他の領域では完全には適用できないということである。かりに軍事の分野そのものであっても、対象が異なると、異なった方法を採用して対処しなければならない。例えば軍隊内部では、孫子は軍を率いる将軍が誠実であり、士卒を大切に保護し、「衆と相い得る〔兵士たちと心が一つに結ばれている〕」〔行軍篇〕ようになり、それによって内部の団結を守り、軍全体の戦闘能力を高めることを強調した。国家内部では、政治を清く明らかにし、「民をして上と意を同じうせしめ」〔計篇〕、一つの調和の取れた内部環境を創造することを求めた。同盟する国家に対処する時も、誠意を重んじ素晴らしい信望を得て、盟友の支持を得ることを重視した。明代の哲学者李贄[13]は、『孫子』の思想は仁と詐の統一で、儒家の「六経[14]」の「仁義一源の理と同じ」であると考えているが、これは非常に道理のあることである。

知の智恵

孫子は優秀な将軍の五つの基本条件を示している。智・信・仁・勇・厳、すなわち所謂「五徳」である。智をトップに置いているのには、彼の将軍の智恵に対する高度な重視が十分に見て取れる。孫子がここで述べている「智」は、後世の文学作品の中で描かれる「錦嚢《きんのう》妙計[15]」、「眉頭一皺《びとういっしゅう》、計上心来[16]」の類ではなく、敵と味方の双方及び自然条件を十分に理解しているという基礎の上に立てられるものである。

孫子は、賢明な君主と優秀な将軍が戦うと必ず勝つことができ、非凡な成功を得るのは、あらかじめ敵情を洞察し、各方面の状況を全面的に掌握したからであると指摘している。すなわち情報が軍事行動の基礎であり、戦場で勝ちを決める先決条件なのである。

戦争を行う上での情報を全面的に掌握するために、孫子は情報の任務を非常に重視し、『孫子兵法』の中にわざわざ「用間篇」を入れて詳細に述べている。孫子は間諜を因間・内間・反間・死間・生間の五種類に分け、広く間諜を派遣して、敵の状況を十分に理解するように求めている。情報任務の中で、孫子は資本を惜しまなかった。彼はあの爵位と金銭を惜しみ、それらを敵を理解する情報の上に用いようとしない人は不仁の極点にあると考えている。このような人は軍隊の統帥となる資格はないし、また根本的に勝利の主宰者となることもできないのである。間諜を通して敵情を理解する以外に、孫子は更に敵を相《み》るの法、すなわち各種の兆候、状況を観察理解することを通して、敵情を正確に分析し判断する方法を打ち出している。

当然、孫子は将軍に情報を把握することを求めているが、それは単に敵情ばかりではなく、更に自分の方の状況と天の時、地の利などの自然現象も含んでいる。ただタイムリーに全面的に情報を把握して、はじめて正確な戦略を決定し、進んでは戦争での勝利を得ることができる。そこで有名な論断「彼を知り己を知らば、勝ちは乃ち殆からず。天を知り地を知らば、勝ちは乃ち全うすべし。」〔地形篇〕が現れたのである。

歴史上、ほとんどの成功した戦略の決定と作戦行動とは、すべて情報を十分に把握しているという基礎の上に打ち立てられている。

楚漢戦争の前夜、大将軍韓信[17]は劉邦[18]に対して「戦略諮問報告」とも言うべき対策――「漢中対」[19]を呈上し、楚と漢双方の戦略態勢に対して詳細な分析を行い、双方の戦争の基本的な方向を予測した。韓信は以前項羽の下で仕えたことがあり、楚軍の状況及び項羽本人の性格について深く理解していた。彼は項羽の強大さは単に表面上のものであり、彼の「勇」は単に思考力のない匹夫の勇であり、彼の「仁」は原則を放棄した「婦人の仁」であり、彼の「強」は単に人びとが暴威を恐れて付き随わざるを得ない横暴であって、遅かれ早かれ彼の敵になるはずである。もし、劉邦が彼のやり方と反対のことを行い、天下の英雄豪傑を任用し、大金を使うのを惜しまずに文武の役人の積極性を引き出し、漢軍の将軍や士卒の東へ帰りたいと渇望している気持ちを利用することができ、それに関中[20]にいる時に人びとと「法三章[21]の約束をして」〔『史記』高祖本紀〕勝ち取った民心を加えれば、きっと三秦を平定して、鹿を中原に追う[22]ことができると指摘している。韓信の「漢中対」は、各方面の情報を全面的に把握し正確に判断したという基礎の上に立って提出された戦略的な策略である。事実の進展が「漢中対」の正しさを証明して

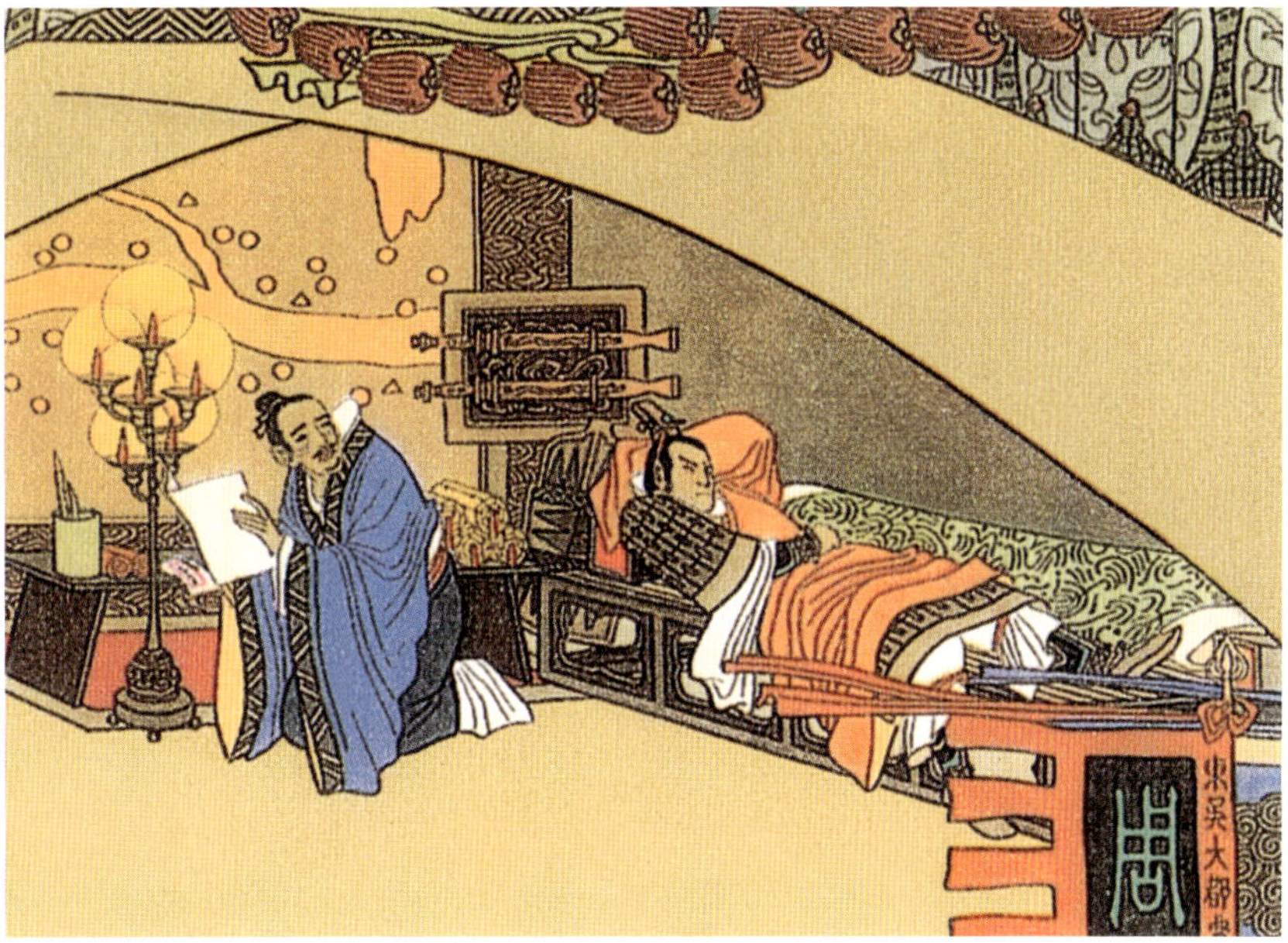

蒋干書を盗む●三国時代、曹操は蒋干《しょうかん》を間諜〔スパイ〕として呉に派遣したが、呉の都督周瑜に見破られた。周瑜《しゅうゆ》は反間の計を用いてわざと一通の離間を挑発する手紙を蒋干に盗ませて、曹操に自分の水軍の都督を殺害させ、曹操に赤壁の戦いで失敗させた。(『三国志演義』の故事)

草船箭《や》を借る●三国時代、赤壁の戦いの時、諸葛亮は船の上のわら人形を利用し、騙して長江の上で数十万の矢を手に入れ、孫氏の呉が曹操の魏に勝つための基礎を定めた。(『三国志演義』の故事)

おり、四年にわたる楚漢の抗争を経て、劉邦は最後に項羽を打ち破って漢王朝を作ったのである。

第二次世界大戦の初期、フランスのある将軍は堅固なマジノ線を頼みとして尊大に思い上がり、当時のドイツ軍の将校は「第一次世界大戦中、一人も大尉以上の官職に就いていた者はいない。これがドイツ軍の一大弱点である。」と言っていた。すぐに、彼は自分が己を知らなければ敵も知らないためにおびただしい代価を払ったのである。フランスの軍隊はドイツ軍の侵攻の前によろいかぶとを捨てて逃げ、あっという間に総崩れになった。そして、ドイツ軍を指揮していたのはまさに彼が一顧だにしていなかったあの戦争の頃の中尉や少尉たちであった。孫子は言う。「彼を知らず、己を知らざれば、戦う毎に必ず殆うし。」〔謀攻篇〕フランスの失敗は教訓とするに足りる。

時が過ぎれば物事は変わる。孫子が提出した五間の理論は当然現代の戦争に適応することはできない。しかし、彼の「知」の強調、情報の重要性に対する認識は、依然として真理の輝きを放っている。孫子の「勝ちを知る」の思想に対しては、一代の偉人である毛沢東が極めて高い評価を与えている。「孫子の規律、“彼を知り己を知らば、百戦して殆からず。〔謀攻篇〕”これは科学的真理である。」

情報化時代の今日、孫子の「勝ちを知る」思想は一層世の中の人びとの関心を集めている。技術の進歩に随い、様々な情報

古漢台●劉邦が漢中にいた時の王宮の遺跡。

「蒙古襲来絵詞」中の元軍の戦闘のようす。

の入手、分析及び偵察と反偵察の手段が絶えず出現し、情報戦はすでに独立した戦争のスタイルになっており、併せて未来の戦争の中ではますます重要な作用を発揮するであろう。湾岸戦争[23]以後、何度かの局部的戦争と武装衝突は、すでに情報戦の重要性を示している。現在、各国の軍隊建設の中で、情報化を主要な位置に置いていないところはない。

力の芸術

戦争の勝利を得る決定的な要素は何であろうか？　これは戦争を研究していて必ず直面する根本的な問題である。後世の人は言う、孫武は智を尊ぶと。この言葉はその通りであるが、しかし全面的ではない。孫子から見ると、智と力とは同じものの二つの面で、戦争中にはどちらも欠けてはならないものである。戦争の勝敗を決定する根本的な要素は実力である。

確かに、歴史上弱小な軍隊が強大な敵に勝つということはたまにある。しかし、これは智恵が実力以上に重要ということであろうか？　もちろん違う。孫子は我々に、実力は戦争を遂行する上での基礎であると告げている。もし豊かな経済的実力がなければ、何に基づいて戦争をしようとするのか？　もし強大な軍隊がなければ、あなたの計略がどれほどすばらしくても、誰によって実現するのか？　実力はこのように重要であるから、孫子は「形篇」を書いて戦争の実力の問題を論じているのである。孫子の見方によれば、本物の智恵とは、実力を作り上げる智恵であり、実力を強固にする智恵であり、実力を運用する智恵である。このような智恵がありさえすれば、大きな智恵であると称することができる。もし実力を離れて智恵を論ずるとすれば、すなわちそれは源のない水、根本のない木であり、せいぜいこざかしい智恵である。

自分の実力をどうやって発展させるのか？　孫子は、まず政治を公正にし、法制を保障して、国家の総合力を高めなければならないと考えている。その次に、経済を発展させ、戦争での物資の供給を保障しなければならない。更に軍隊建設を強化し、優秀な将軍を任用し、軍事訓練を行わなければならない。最後に敵に勝つことを通して、自己を強大にするのである。降伏した捕虜をよくもてなせば、味方の兵員の不足を補充することができる。敵の物資を没収すれば、自分の供給を補充することができる。これが所謂「敵に勝ちて強を益す」〔作戦篇〕である。

戦国時代、各国は実力を増強するために、相次いで軍事改革を行った。秦が六国を滅ぼし、天下を統一することができたのは、その原因を追究すると、最も根本的なものとして、商鞅[24]の変法にその利を得たことにある。他国の人があり法がある、あるいは人もなく法もないという状況とは異なり、商鞅の変法は

商鞅●戦国中期の政治家。姓は公孫、もとの名前は衛鞅、衛国の人。

法律の形式で変法の内容を固定した。その後、商鞅は車裂きの刑にあったが、しかし変法の成果はなお存在し、それによって秦の実力は絶えず増強し、秦の始皇帝が中国を統一する基礎を定めた。

前漢の初期、毎年続く戦争によって、経済は大きく破壊された。匈奴[25]の侵犯に対し、漢の高祖劉邦は全国の力を挙げて迎え撃ったが、その結果白登〔現在の山西省大同市の東北〕で包囲された。幸いにも陳平の計略でやっと危険から逃れることができた。その後前漢は自分の実力不足を認識し、和親政策を採ることに方針を変えた。その後、文帝・景帝の治を経て、前漢は数十年の努力を通して、経済発展に力を入れ、国力を強化して、実力を大いに増やした。特に前漢の朝廷が採った馬を飼うことを奨励する政策は、明らかな効果を得、ついに匈奴と対抗できる騎兵部隊を作り上げた。武帝の時になって、前漢はついに反撃の戦闘を開始した。まさに数十年の実力建設が、漢の武帝の北に匈奴を伐つ輝かしい成果を作り上げたと言うことができる。

実力運用の問題は、『孫子兵法』全体が検討しようとしている主な内容である。孫子の提出した、例えば「強攻弱守」、「実を避けて虚を撃つ」〔虚実篇〕、「奇に出でて勝ちを制す」〔勢篇の語に基づく〕、「兵は神速を貴ぶ」〔『三国志』魏書郭嘉傳。『孫子』九地篇の「兵之情主速」に基づく〕、「形を積みて勢を造る」〔形篇と勢篇の内容から〕などの兵法の原則は、みな実力の運用をめぐって展開されているのである。これについては、我々は後のほうでだんだんと述べることとする。

戦争中の智と力の関係の問題については、後世の兵家の多くは脇道に入り、「謀を貴びて戦いを賤しむ」〔『漢書』趙充国伝〕、

獣面紋管鉞《えつ》●鉞は一種の古代兵器であり、権力と実力の象徴でもある。

後漢の水陸攻戦画像石（拓本）●山東省嘉祥県の武梁祠。当時の戦争の形式と使用した武器、鉄の鉤鑲《こうじょう》〔兵器の一種〕、戟、弩、箭、盾などが刻まれている。

前漢の鉄鈹《ひ》〔長い矛〕●山東省臨淄《りんし》市の斉王の墓より出土。前漢の軍隊には「長鈹都尉」の職があった。

「人を攻むるには謀を以てして力を以てせず、兵を用うるには智を戦わせて多きを斗《たたか》わせず」〔『続資治通鑑長編』慶暦二年〕の類の様々な論調がまだたくさんあり、伝統的な軍事文化の中での一つの弊害となっているということに注目しなければならない。今日に至っても、この論調は非常に人気がある。この方面での最も典型的な例は、すなわち『三十六計』(26)などを『孫子兵法』と同じとするのである。これは『孫子兵法』の理論体系を引き裂くだけではなく、伝統的な軍事文化の名声を引き下げるもので、全く取るに足らないものである。孫子が実力を計略運用の基礎と前提条件と見なしたのは、非常に素晴らしい見解である。実力が基礎としてなければ、いかなることも成し遂げられない。劉備が賢士に礼しへりくだり、諸葛亮が知謀に優れ、関羽・張飛・趙雲が勇猛で戦争が上手いとしても、三国が最終的に統一される流れを変えるには足らなかった。これも孫子の戦争実力論の正確さを別の面から証明している。

技術の進歩と社会の発展に従い、戦争の形態もそれに相応しい変化を生じたことに注意しなければならない。春秋時代の戦車戦から、大規模な騎兵集団の運用に至り、更に機械化された戦争と現在の情報化戦争に至るまで、軍事の領域にすでに極めて大きな変化が発生した。しかし、戦争の形態がいかに変化しようとも、実力の建設は永遠に戦争で勝利を得る基礎であり、この点については永遠に変わることはない。

まとめて言えば、智と力の建設の上では、両手でつかまなければならないし、その両手はそれぞれしっかりとにぎらなければならない。実力の建設を疎かにしたことは、中国の歴史上すでには多すぎるくらいの先例がある。遅れていたので殴られる、というのは近代中国が遺した血の教訓である。これに対して、孫子は我々に正しい思考方法を提供してくれており、参考とするのに十分である。

勢は険にして節は短なり

強大な実力を形成し、戦って敵に勝つ条件を備えれば、必ず戦争に勝てるのであろうか？　答はもちろん「いいえ」である。軍事的実力はただ有利な戦争態勢に転化することによってはじめて作用を発揮し、最後に戦争の勝利を得ることができると孫子は考えている。

軍隊の作戦を指揮するのが上手い人が作り上げる態勢は十分に厳しいものである。攻撃を起こすテンポは短く力強い。これがすなわち孫子の言う「勢は険にして節は短なり」〔勢篇…「其の勢は険、其の節は短なり」〕である。これについて、孫子は比喩の方法で解説している。彼は言う。流れの急な水は勢いよく下り、石を浮き上がらせることさえできる。これがすなわち「態勢」である。力強くたくましい雄の鷹が急降下すれば、鳥を捉まえ殺すことができる。これがすなわち「テンポ」である。厳しい態勢は引き絞った弓と同じであり、短いテンポは引き金を引いた弩と同じである。

そんなわけで、兵を用いるのが上手い人は、他人に対して厳しい要求はせず、いろいろ考えを巡らして有利な作戦態勢を利用しまた創造する。彼らが軍隊の作戦を指揮するのは、木や石を転がすのと同じである。木や石の特性は、安定して平らな土地に置く時は静止しているが、切り立って険しい所に置けば転がる。四角のものは簡単に静止するが、丸いものはよく転がる。

孫子は当然、力学を分かってはいなかった。しかし彼の勢と節に対する認識は、力学の原理に完全に符合している。物理学の原理に従えば、物体の運動エネルギーは、$E=\frac{1}{2}mv$〔エネルギー＝½×質量×速さ〕で表される。もし孫子の言う態勢を運動エネルギーで例えれば、この態勢はちょうど物体の運動の速度と正比例する。所謂「勢は険」とは、軍隊が行動する時に速やかに強大なエネルギーに転化することである。物理学のもう一つの公式は、$mv=ft$〔質量×速さ＝力×時間〕である。その意味は、同じような質量と速度で物が働く時、作用する時間が短いほど発生する衝撃力は大きいということである。孫子の言う「節は短なり」というのは、まさにこの原理の軍事領域における表れである。接近戦は長期にわたって共産党軍の勝ちを制する有効な方法であった。それがしばしば効果を現したのは、それが孫子の所謂「節は短なり」の原則に合致したからである。

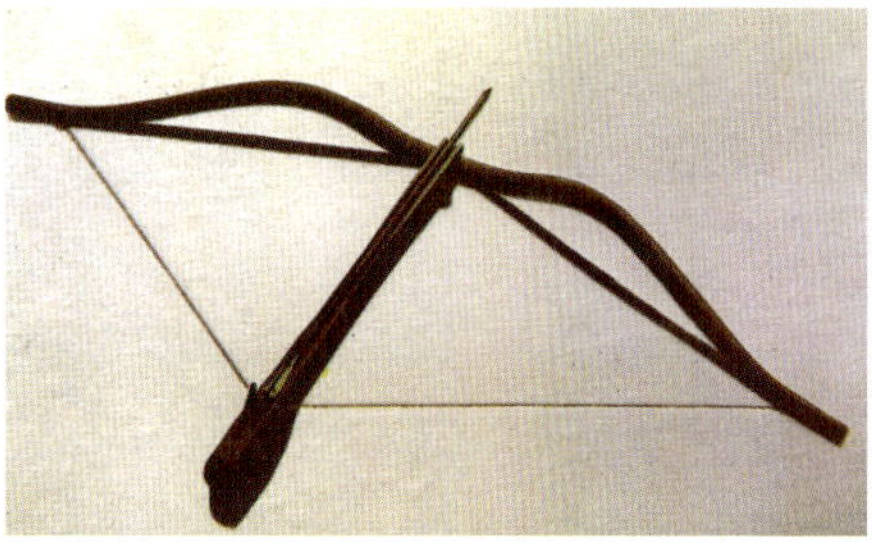
秦朝の弩。

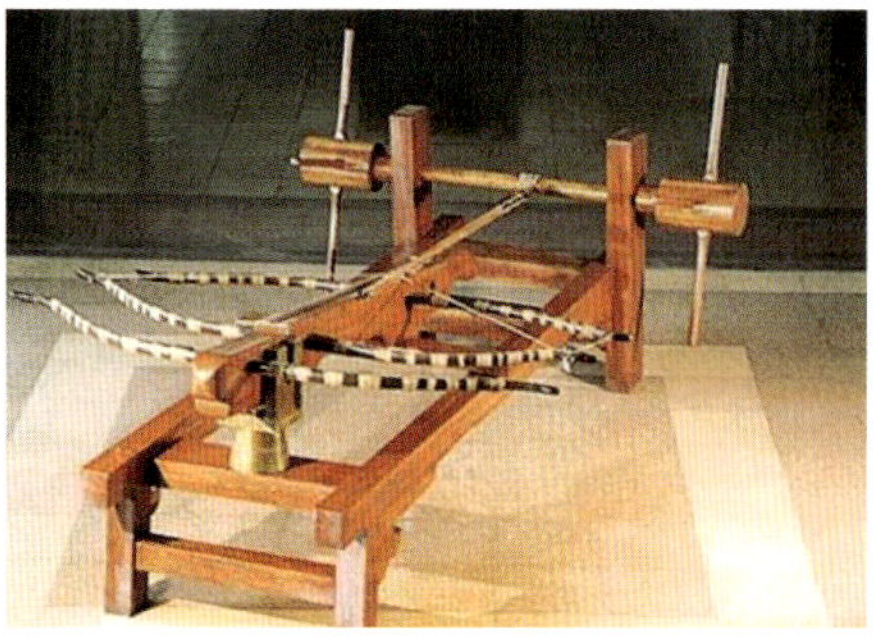
宋代の三弓床の弩。

孫子は更に次のようにも指摘している。軍隊が整然としているか乱れているかが、組織編成の善し悪しを決定する。将軍と兵士が勇敢か臆病かが、戦闘態勢の優劣を決定する。部隊が強大であるか弱小であるかが、双方の実力の対比を決定する。有利な戦闘態勢を作るには、方法を考えて敵を動かさなければならない。みせかけで敵を惑わせば、敵は騙されるはずであり、小さな利益で敵を誘えば、敵は進んで来て奪い合うはずである。敵が利益に誘われて、進んできて奪えば、我々は大軍を準備して時機をうかがって敵を破る。このようにして有利な態勢は形成されるのである。そんなわけで、兵を用いることの上手い人の作り出した有利な態勢は、丸い石を高い山から転がしたのと同じである。このようであれば、「勢は険にして節は短なり」の要旨を把握したと言うことができる。

ドイツ軍がポーランドを急襲したのは、第二次世界大戦の緒戦であった。もし戦争の性質をよそにして見れば、孫子の「勢は険にして節は短なり」[27]の原則に非常に近い。一九三九年四月一一日、ヒトラーはポーランドを急襲する「白色作戦」を正式に批准し、ドイツは全面戦争の準備を始めた。進攻が突然であるということを達成するために、ヒトラーは政治・軍事・外交上で全方位の戦略的詐術を展開し、ポーランド及びその同盟国を麻痺させた。和平・友好の霧の目隠しの下で、完全武装のドイツ軍は、「秋期演習」、「野営訓練」、「慶祝大会を開く」などの名目で、誰にも気づかれず兵力の集中と展開を行った。当時のドイツには全部で百一の陸軍師団があり、四千余機の戦闘機を有していた。そしてポーランドとの国境近辺には六十二の師団と二千機以上に至る戦闘機を集結しており、絶対有利な戦闘態勢を形成していた。戦争が起こった後、ドイツ軍は大規模で

人民解放軍のかりの砲兵陣地。

ドイツ空軍によるワルシャワ爆撃の資料写真。

絶え間ない空襲を通して、ポーランド軍の指揮・通信の系統をすばやく破壊し、制空権を完全に奪った。これと同時に、戦車の集団は休むことのない素早い攻撃を展開し、ポーランド軍に組織的で有効な抵抗ができなくしたのである。このようにして、戦争が開始して二十七日目にはポーランド軍は全滅し、三十二日目にはポーランドのすべての国境は陥落した。電撃戦は確かに孫子の「勢は険にして節は短なり」の原則の現代戦争条件下での、非常に優れた表れである。

勝ち易きに勝つ

戦争の勝敗を予見するのに一般の人の見識を超えることができないのは全く賢いとは言えないと孫子は指摘している。激烈な戦闘を通して勝利を得るのは、かりに天下の人がみな良いと言っても、戦いが上手いとは全く言えないのである。

それならば、どういうのが本当に戦争が上手いと言うのであろうか？

孫子は言う。古代の所謂戦争が上手な者とは、みな簡単に戦って勝つ敵に勝利する人である〔形篇…「古之所謂善戦者、勝於易勝者也」〕。この言葉は聞いても分かりにくいかもしれない。敵には簡単に戦って勝つ、これがどうして戦争が上手いと言えるのであろうか？しばらく孫子の分析を見ることとしよう。彼は言う。本当の戦い上手な者とは、まず自己を不敗の地に立て、その後で敵と戦って勝つ機会を求める。彼らは常にあれこれと方法を考え、決戦の時には敵に十分に不利な位置に立たせるのである。こんなわけで、戦い上手な者が戦争に勝つのは、突飛な戦法を示す必要もない。彼らは英知であるという名声もなければ、勇武の戦功もない。どうしてこうなのであろうか？それはなぜならば、彼らの勝利には意外な出来事が出現しないからである。意外な出来事が出現しない理由は、彼らの措置が必然的に勝利を導き、戦って勝つ相手はすでに失敗の境地にいる敵だからである。本当の戦いの上手な者は、戦う前に敵に戦って勝つ条件を作り出すのである。そんなわけで普通の人から見ると、勝利を得るのは非常に容易なのである。

以上の分析に基づいて、孫子は言う。勝利の軍隊はまずはじめに勝利を得る自信を有して、その後敵と戦おうとする。それに対して、失敗する軍隊はまず盲目的に交戦し、その後作戦中に僥倖の勝利を得ることを期待する。

西晋が呉を滅ぼしたのは、中国史上、長江という天然の要害を越えるのに成功し、統一という大業を成し遂げた手本であり、孫子の「勝ち易《やす》きに勝つ」思想の成功した応用例である。この時の戦いの本当の計画者は羊祜《ようこ》である。襄陽を守備していた時、彼は一方で積極的に生産を発展させ、軍隊を訓練し、もう一方では敵の人心を捉える策を採って、呉の人の帰順する者をますます多くさせた。曹操[28]が赤壁の戦い[29]では軍隊が水戦に慣れていなかったので失敗したという教訓に鑑み、羊祜は晋の武帝司馬炎に王濬《しゅん》を益州刺史とし、船を製造することを請け負わせて水軍を訓練するように建議した。二七六年、羊祜は『呉を平ぐるの疏』を奉って、敵と味方双方の戦争態勢を分析した基礎の上に、水陸共に下り、六路併せて進むという作戦計画を提出した。二七九年、晋は羊祜の計画に従って、枯れ草を粉々に砕き、朽ち木を引き倒す勢いをもって、一挙に呉を滅ぼし、国家統一を実現した。戦争前の一連の十分な準備が、晋軍に呉との戦争における「勝ち易きに勝つ」の勢を作り上げ、それによって統一戦争の勝利を保証したと言える。功績を称える宴の席で、司馬炎は感慨深く言った。「これは羊太傅の功績であるなぁ！」〔『晋書』羊祜伝〕

米国軍はイラク戦争〔二〇〇三年〕を起こす前に、念入りな準備を行った。参戦するための主要な装備、例えばヘリコプター、戦車などを、事前に砂漠での作戦に適応する改造を行うと共に、参戦する部隊には様々な適応訓練を行った。これだけではなく、米国軍は金を惜しまず、スパイを通して多くのイラ

郵便切手——赤壁での激戦● 208年の真冬、孫権と劉備の連合軍は天候の条件を上手く用いて赤壁（現在の湖北省蒲《ほ》圻《き》市の西北）で曹操の軍の戦艦と軍営を焼き、曹操の数十万の大軍を大敗させた。これによって三国鼎立の形勢が一応形成された。

赤壁の戦いの旧跡。

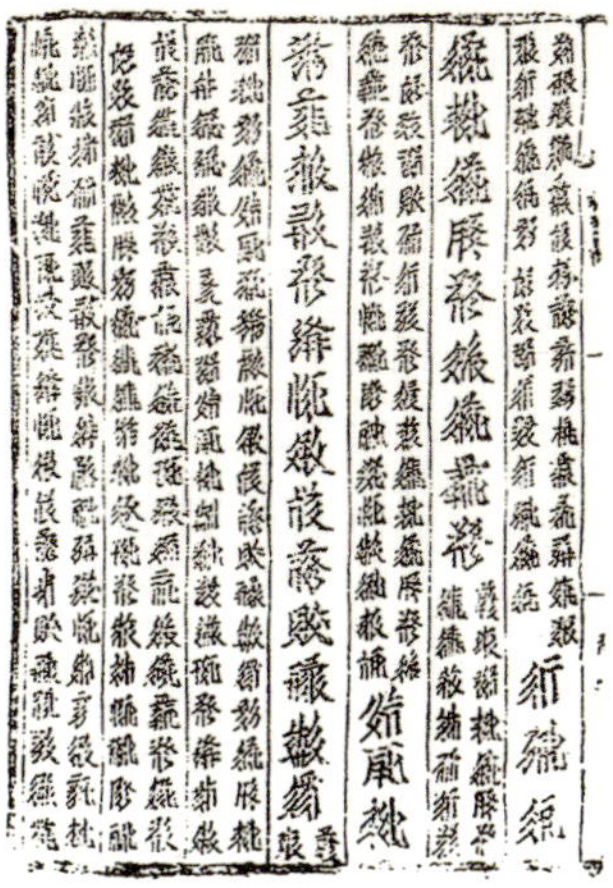

西夏文字の『孫子兵法』。

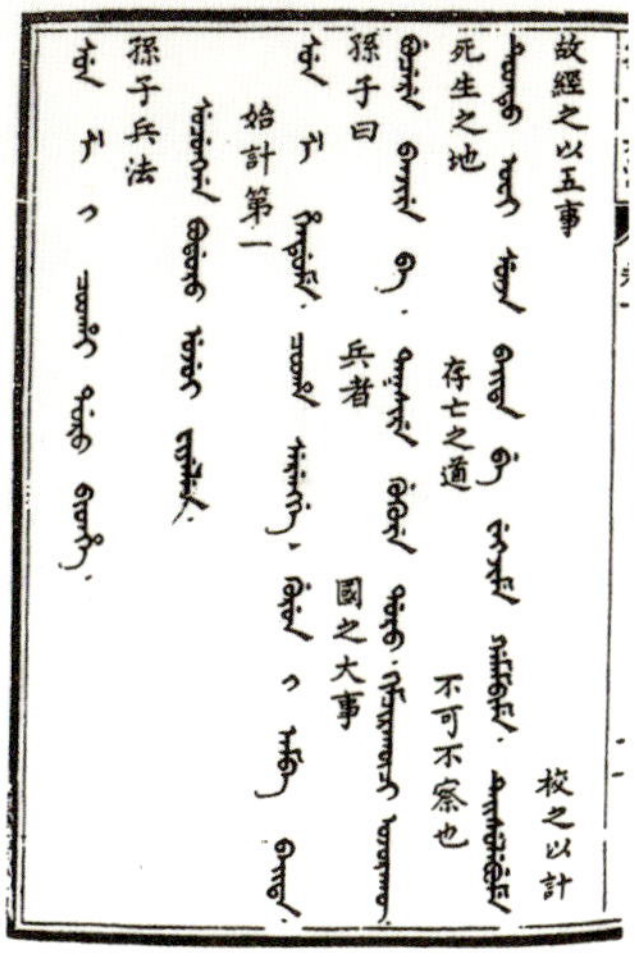

満州文字と漢文の『孫子兵法』。

ク共和国の警護隊の高官を買収した。後からの情報解読によれば、まさにこれらの役人の裏切りが、人びとが考えていたバグダッド市街戦を出現させなかったのである。米国軍のイラク戦争での全勝は、孫子の「勝ち易きに勝つ」思想の現代の戦争での応用と言うことができる。

孫子のこの思想は、現代軍事学の専門用語で言えば、自信のない戦争はしないということである。戦争が依拠するのは匹夫の勇ではなく、重要なのは戦争前に計画を立て、まだ戦わないうちに勝つようにすることである。もしこの点を把握すれば、戦い易きに勝つの効果に達することができる。したがって、本当の戦いの上手い者が軍隊の作戦を指揮する時は、あたかも万丈の切り立った崖の上から溜まった水を決壊させるようなもので、誰が抵抗できようか。

この点から、我々は孫子の軍事問題に関する認識がいかに深刻なものであるかを見て取ることができる。彼は往々にして固定した思考形式を打ち破り、人びとに深く考えさせる見解を提出している。

用兵の至境

一般の人の心の中では、将軍としてもし百戦百勝し、赫赫たる戦功を立てたならば、それはきっと威風があるだろうということであろう。しかし、孫子は百戦百勝は得難いことではあるけれど、用兵の上で最高のものではないと言っている。

百戦百勝より更に優れているものがありますか？と聞く人がきっといるであろう。孫子は、具体的な戦闘を経ずに敵を屈服させ、それによって自分の目的に到達する、これこそが理想的な用兵の境地である（戦わずして人の兵を屈するは、善の善なる者なり〔謀攻篇〕）と指摘している。

孫子は用兵をいくつかの段階に分けている。上策は敵の戦略や計画を打ち破り、それによって戦わずして勝つところに到達することである（伐謀）。その次は、敵の外交行動を失敗させ、敵の連盟を瓦解して、我々に対して有効な威嚇をできなくさせることである（伐交）。更に、交戦中に敵の軍隊を打ち破ることである（伐兵）。敵の町を攻め砦を攻め落とす（攻城）ことに至っては、それはやむを得ない下策である。そんなわけで、彼は全勝の戦略を用いて天下を奪うように主張している。こうすれば、軍隊は疲労することなく、しかも勝利は完全に手に入れることができる。これが謀攻の法則である。

孫子の全勝の戦略に対して、数人の学者は否定的な態度を取っており、戦争とは対立の激化が一定の程度に至って、政治などその他の手段を採っても解決しようのない時の産物であり、一旦戦争が起きると、「戦わずして人の兵を屈す」るのはただの幻想に過ぎないと考えていた。この考えによれば、孫子の全勝の思想は唯心主義の混合物である。実のところ、これは孫子の本意を曲解している。孫子は全勝を一種の戦略的追求としているのであって、あらゆる戦争を不要としているわけではなく、兵書全体の中の主要な内容として説いているのは、いかにして戦争の勝利を獲得するかということである。『孫子兵法』の中で、「全」と相対応する範疇は「破」である。孫子の全勝の思想にはレベルがある。最高の結果は当然敵国全体を降伏さ

殷代の鉄の刃の銅鉞。

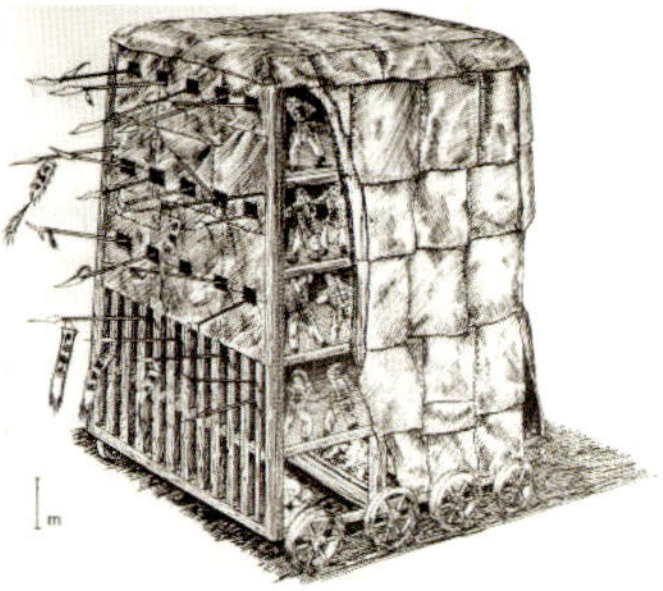
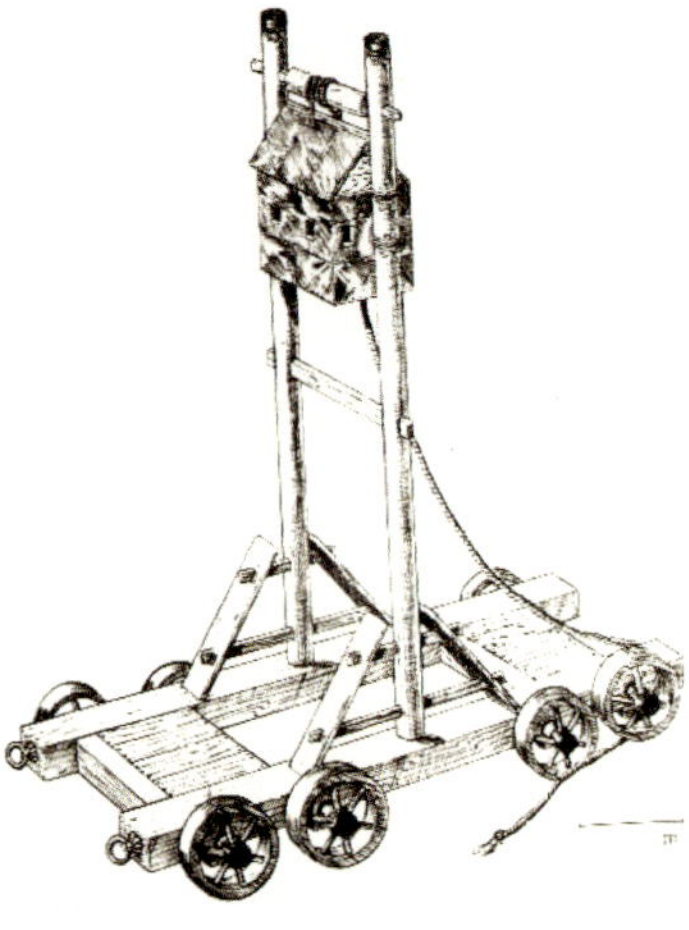
古代の城壁を攻撃する器械の図。

せることである。その次は、敵の軍隊全部を降伏させることを追求してよい。更に、敵軍の一つの「旅」〔兵士五百人の隊〕全部を降伏させることを追求してよい。更に、敵軍の一つの「卒」〔兵士百人または二百人の隊〕全体を降伏させることを追求してよい。最後には、敵軍の一つの「伍」〔兵士五人の隊〕全体を降伏させることを追求してよい。まとめて言えば、最少の代価で最大の勝利を得ようということである。軍・旅・卒・伍はみな当時の軍事編成の単位である。ここから分かることは、全と破とが互いに独立し、また密接に関係していて、全の中に破があり、破の中に全がある。一定の条件の下では、破をもって全を求めてよいと孫子が考えていたことである。同時にまた、全勝の戦略は強大な実力をその基礎とするものであるということにも気がつかなければならない。そんなわけで、徹底的な全勝は現実の中では容易には実現できないけれども、しかしそれは我々が全勝の戦略の追求を行うことを妨げるものではない。事実、戦わずして勝つという例は稀にしか見られないけれども、全くないというわけではない。

楚と漢が争っていた時期、楚と漢が互いに頑張って譲らないという状況の下で、韓信は命を奉じ軍を率いて北方の戦場を開いた。数ヶ月という短いうちに、韓信は軍を率いて、魏を破り、代を降伏させ、趙を滅ぼし、赫赫たる勝利を得、その時名声は大いに上がり、威勢は諸侯を震え上がらせた。趙を攻め滅ぼした後、彼は虚心に趙の軍師李左軍にこの次の方策を尋ねた。李左軍は言った。「将軍は連戦連勝、名声と威厳は日々高まっています。これはあなたにとって良いところです。しかし漢軍は連戦してすでに十分疲弊しており、趙の人心はまだ穏やかではありません。これはあなたにとって良くないところです。もしこの状況の下で、軍を率いて燕を攻めるのは、全く下策です。戦いに勝ったという威厳を借りて、弁舌の上手な士を燕に派遣し、利害を述べさせれば、燕は戦わずして降伏するでしょう。」韓信はこの言葉を聞くと、李左軍の考えに非常に敬服し、すぐにその計画を実行した。燕は予想通り漢軍の威勢に迫られて、戦わずして下ったのである。

孫子の全勝の思想に対しては、英国の戦略家で『戦略論』の

李左軍。

韓信（？～紀元前196）。秦末漢初の軍事家。

著者であるベイジル・リデル・ハート〔一八九五～一九七〇〕は高い評価を与え、かつ自分の「間接路線戦略」は孫子の「戦わずして人の兵を屈す」の戦略思想を生まれ変わらせたものであると述べている。核兵器出現後、とりわけ近年の精確に誘導される武器の発展と経済との一体化の時代の到来により、孫子の全勝の思想がますます人びとに重要視されてきている。これまでの各回の「孫子兵法国際研究討論会」では、それはいつも最も熱心に討論される話題である。

最後に指摘しなければならないことは、孫子が提出した「戦わずして人の兵を屈す」は一種の理想的用兵の境地として追求されるもので、孫子自身は「戦って勝つ」ことを否定していないどころか、両者を有機的に結合している。『孫子兵法』の書全体の主要な内容はやはりいかにして戦って勝つかを討論するものである。なぜならば、孫子は全勝は素晴らしいけれども、しかしこれは偶然に遭遇することはできてもこちらから求めることのできないものである。多くの状況の下では、戦って勝つというのが現実であると認識しているからである。孫子兵学の体系の中で、全勝と戦って勝つとは渾然として自然に一体化している。ここにおいて、孫子は兵学理論の中の理想主義と現実主義の完全な結合を成し遂げているのである。

虚を攻めて弱を撃つ

兵を用いて戦う上での核心の問題は何であろうか？　孫子は、それは虚と実との問題であると述べている。

用兵は流れる水と同じで、水の流れは高いところを避けて低いところに向かう。兵力の運用は、敵の強力なところは避けてその弱い部分を攻撃する。

それでは虚とは何で、実とは何であろうか？　我々は以下のいくつかの方面から理解することができる。軍隊の実力について言えば、強いものが実であり、弱いものが虚である。精神状態から言えば、勇者が実であり、怯者が虚である。管理する状況から言えば、治まっているものが実であり、乱れているものが虚である。全体的な状況から言えば、楽な状況にあるものが実であり、苦労する状況にあるものが虚である。準備の状況から言えば、備えがあるものが実であり、心配していないものが虚である。等々。

ある人が質問した。戦場ではどうしていつも虚実と表現するのでしょうか？　軍隊の実力をもって説明してみよう。軍隊の数量は常に有限である。もしも前面を守れば、後面の兵力は必ず薄くなる。もし後面を守れば、前面の兵力は必ず薄くなるはずである。もし左側を守れば、右側の兵力は薄くなるはずである。もし右側を守れば、左側の兵力は薄くなるはずである。一つの軍隊がもしすべてを守ろうとすれば、至るところ兵力は弱くなるはずである。そこで、戦場では常に様々な異なる虚と実とが出現する。虚と実の勢いを正確に判断できることが用兵の鍵を握ることなのである。

それならば、なぜ必ず虚を攻め弱を攻撃しなければならないのか？　兵力を運用して敵の堅実なところを攻撃しても、成功は得がたい。一旦味方が兵を損ない将軍を失ってしまえば、敵の弱いところも堅実なところに変わってしまうはずである。その反対に、もし敵の手薄な弱点を攻撃すれば、すみやかに成功を得ることができ、それによって連鎖反応を引き起こし、敵の堅実なところも手薄なところに変えてしまう。そんなわけで、用兵作戦とは、その深奥な道理を一言で述べれば、「攻虚撃弱」〔虚を攻め弱を撃つ〕の四文字だけにほかならないのである。「虚を攻め弱を撃つ」の軍事謀略の後世に対する影響はきわめて大きい。

戦国時代、孫臏が田忌と用兵について話している時に「用兵の鍵は、必ず敵の守っていないところを攻めることにある」〔『孫臏兵法』威王問〕と指摘した。千年以上後、李世民[30]〔唐の太宗〕が李靖[31]と兵法を討論している時に言った。「私が思うに、現在ある兵法書の中で、『孫子』に勝るものはない。そして、『孫子』の中で最も重要なのは「虚実」以上のものはない。用兵と作戦でもし虚実の勢いをはっきり認識できるならば、勝利を得ないということはできないであろうよ。」〔『李衛公問対』問対中〕我々は『孫臏兵法』が伝えられていなかったので、李世民がその本を読むことはできなかったということを知っている。しかし二人のこの問題における観点がこんなにも類似しているというのは、英雄の見るところはほぼ同じと言うことができるであろう。

なぜ虚を攻め弱を撃たなければならないかが分かり、もし更に一歩思考を進めたら、敵にはたくさんの虚弱のところがあるかもしれないということに気がつくはずである。その時我々はどこを攻撃すべきなのか？ 実は、所謂「虚を攻め弱を撃つ」というのは、虚に会ったらすぐに攻撃するというのではなく、敵の全体的な局面に影響するキーポイントとなっていてしかも虚弱な部分を攻撃しなければならないということであり、こうやってはじめて小さな事柄で全体に影響を与えることができるのである。もし攻撃するところが敵のキーポイントになるとこ

垓下の遺跡●韓信は軍を率いて項羽の後路を攻撃し、まもなく軍を率いて劉邦と会合し、項羽を垓下で攻め滅ぼした。

李靖《せい》（李衛公）。

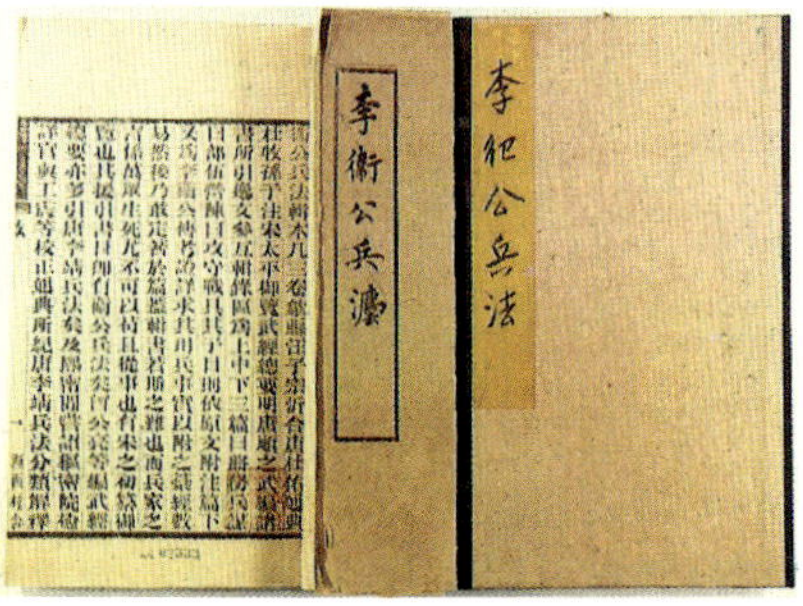

『李衛公兵法』書影。

ろでなかったならば、敵に乗じられて、作戦の失敗をもたらすであろう。

卓越した司令官が軍隊の作戦を指揮する時は、あたかも石で卵を撃つがごときである。これがまさに虚実の妙用を理解した結果である。

しかし、自分の急所の部分、キーポイントの部分については、敵は常に様々な方法をもって強化し防備し、これを堅実な状態に置いているはずである。どうして虚や弱であろうか？これには人の聡明な智恵を発揮することが必要で、虚実の変化を巧妙に実現し、キーポイントになる戦場で実をもって虚を撃つを達成する必要がある。

敵が安逸な状態にいる時は、我が方は様々な方法を使って敵を疲労させる。敵が有利な地形を占拠している時は、我々は様々な方法を使って、彼らを離れるようにさせる。敵が食糧と秣《まぐさ》が充足し、補給が良好な時は、我々は様々の方法を使ってその補給線を破壊して、困難を生じさせる。まとめて言えば、作戦の上手な人は常に敵を動かせるが、自分は敵に動かさせられない。それによって戦場の主導権を掌握できるのである。

それならば、敵はどうすれば我々が動かそうとするのに従うのか？孫子は指摘している。兵を用いて戦うことの根本的な動因は利益に対する争奪である。我々が利益をもって敵を誘えば、敵は進んでやってきて奪おうとするだろう。戦場での勝負とは双方の司令官それぞれのペテンを戦わすことである。騙し方が卓越し、巧妙である人が主導権を得ることができる。敵が一旦利に誘われたら、その虚実の状況は必ず変化が生じるので、我々は隙があれば乗じることができ、キーポイントになる戦場で実をもって虚を撃つを実現することができる。

もし敵がすでにある配置を堅持し、利益に誘われなければ、どうすべきであろうか？この時は軍隊を派遣して敵が救わざるを得ないところを攻撃（其の必ず救う所を攻む〔虚実篇〕）する。こうすれば敵が我々に動かされないことを悩む必要はない。戦国時代中期、孫臏が斉の軍隊を率いて魏の都大梁（現在の河南省開封市）に直接向かったのは、其の必ず救うを攻むの典型的例である。魏軍の司令官龐涓はやむを得ず邯鄲の包囲を解き、軍を率いて救いに戻った。その結果、桂陵で斉軍の待ち伏せに遭って大敗したのである。これが成語の「魏を囲んで趙を救う」〔一方を牽制しておいて他方を救う〕〔『兵法三十六計』〕のいわれである。

孫子は、陽動作戦を採ることの最高の境地は、敵がいかなる挙動なのかを見いだせないことであると考えている。このようであれば、かりに一層深く隠れたスパイでも実情を探り当てることはできず、一層聡明な敵でも対策を考え出せない。「形を示して敵を動か」して虚実の状態を変えるのは、確かに用兵作戦の最も精彩を放つところである。

解放戦争[32]の時期、蒋介石[33]が最初の段階で全面進攻に失敗した後、変わって「ダンベル式」の重点進攻計画、すなわち大軍を党中央の所在地陝北地区〔陝西省の北部〕と解放軍の主要な根拠地山東に進攻しようとした。この状況に対して、毛沢東は解放軍を敵を包囲する作戦に転じ、戦火を敵の占領区に向かわせることに決定し、戦略の方向としては敵の力の弱い中原地帯を選んだ。そこで劉伯承[34]と鄧小平[35]の大軍が千里勇敢に大別山に進んだ壮挙〔一九四七年〕が行われたのである。これも戦略的意義から言うと虚を撃つであると言える。この行動が戦局全体を逆転させており、解放戦争の一つのターニングポイントである。

同時に実を避け虚を撃つのは、単に攻撃目標と攻撃方法の選択の上だけではなく、更に攻撃時期の把握の上においても現れているということを見なければならない。その指導的な思想は、士気旺盛で闘志満々の敵と正面から戈を交えることは避け、様々な手段を通して、敵の士気や敵の闘志を衰えさせ、その士気が低くなり、軍隊の心が弛んで気持ちがだらけ、備えがなくなった状態になるのを待って猛烈な進攻を開始する。これが孫子の言う、「其の鋭気を避けて、其の惰帰を撃つ」〔軍争篇〕である。

奇正相生ず

孫子は、三軍の将士が敵の攻撃にあっても失敗するはずがないのは、「奇正」に対する運用に依拠しているからであると指摘している。それでは、奇正とは結局どういうことであろうか？奇正の概念は方陣の陣法の変換をその源としている。五軍の軍陣の中で、前後左右の四つの方陣を正兵と称し、正兵が四隅に向かって機動的に動く時に奇兵となるのである。

孫臏と龐涓●二人は同門の兄弟弟子であり、共に鬼谷先生を師として兵法を学び、一緒に魏の恵王を補佐した。龐涓は優れて能力のある人物を嫉妬したので、孫臏を陥れ、孫臏に臏刑の恥辱を受けさせた。後に孫臏は斉の軍隊を率いて馬陵（現在の山東省郯城市）で龐涓の率いた魏の軍を打ち破り、龐涓を殺した。（李学輝画）

1947年7月から9月、解放軍は包囲作戦に転換した。写真は劉伯承・鄧小平の大軍が黄河を渡って勇敢に大別山に進むところ。

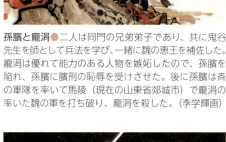

孫子の貢献は、彼がこの陣法に基づく概念をすべての用兵作戦の領域に推し広め、広い意味をそれに与えたことである。要約して言えば、奇正とは二種類の、相互に対立し、しかも相互に影響し合う関係を表した戦闘の方式である。一般的な状況の下では、兵力の部門について言えば、正面で敵に当たる主力を正と称し、これに対して、迂回、側面攻撃、攻めるふりをするなどの補助軍が奇である。作戦の形式から言えば、一般的な兵法の原則に則ってことを行うのが正であり、具体的な状況に基づいて臨機応変なのが奇である。兵を用いて戦うには必ず正もあり奇もなければならない。奇と正を活用して、はじめて作戦の勝利を得ることができるのである。

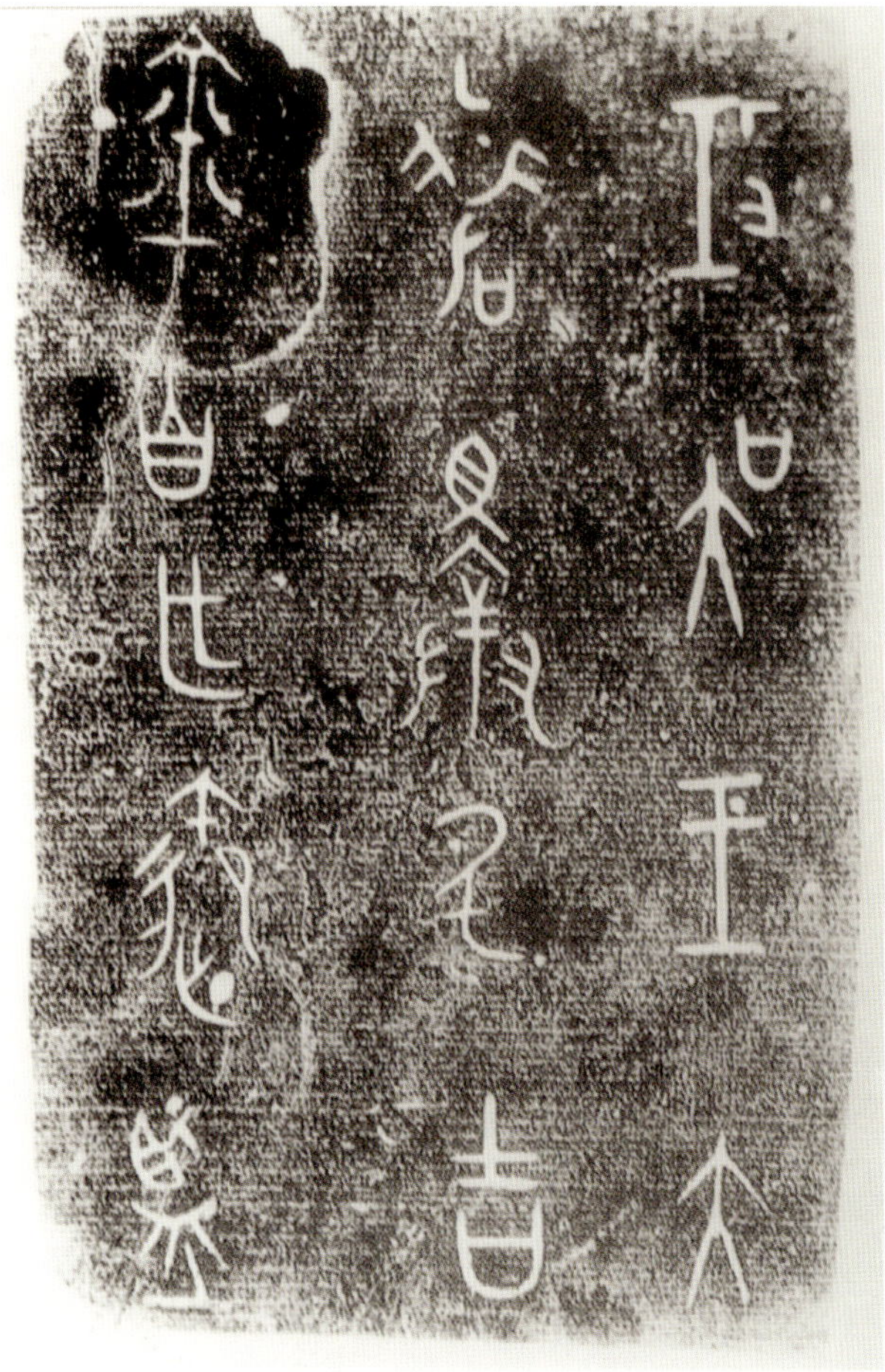

呉王夫差の銘文。

兵聖図●蘇州市・マホガニーの浮き彫り。

もしも奇正の理論がただここで留まったならば、何ら深奥なことはなく、容易に把握することもできる。しかし、事実はこうではないのである。以前から言葉は簡単だが意を尽くしていることで有名であった『孫子兵法』〔勢篇〕は、なんと一連の比喩をもって解釈を加えている。善く奇に出でて勝ちを制する人、彼の戦法の変化は天地のように極め尽くすことができず、長江や黄河のように勢いよく流れて止むことはなく、永遠に枯渇することはない。ほら、終わってまた始まる、太陽や月はこのように動く。死んでまた生まれる。四季はまたこのように変化するのだ。音楽の音[36]は五段階を超えないが、五つの音階の変化は聞き尽くすことができない。色彩[37]は五色の原色の変化を越えないが、しかし五色の原色の変化は見尽くすことができない。味覚[38]は五種類の味を越えないが、しかし、五種類の味の変化は味わい尽くすことはできない。戦闘の方式は奇と正の二種類を超えないが、しかし奇正の変化は無窮で尽きることはない。孫子によれば、奇正の変化は円環のようなもので、始めもなければ終わりもなく、尽きることがない。それでは、奇正の奥義は結局どこにあるのか？　孫子は我々に告げている。奇正運用のキーポイントはいつも原則を守り続けることにあるのではなく、原則に機転をきかせた臨機応変の運用にある。その核心は「変」の一字にある。

　一般的な状況の下では、兵を用いての戦闘は正兵をもって敵を防ぎ、奇兵をもって勝ちを取る。しかし、敵が注意力を集中して我が方の奇兵に当たってきた時は、我が方は正兵を使ってそれを攻撃する。この時の正兵がすなわち勝ちを制する時の奇兵になるのである。そんなわけで、善く奇と正を用いる人は、正でないところはなく、奇でないところもない。所謂奇を出だして勝ちを制すとは、その最も根本的なところはすなわち、敵の予想していないところに出て、敵の配置を混乱させ、併せて戦闘の勝利を得るのである。

　奇正理論の活力は、それが戦闘理論に提供した広い発展の空間にある。技術の進歩に従い、奇を出だす手段は絶えず相応する変化を生み出している。しかし、一万回変化してもその大元を離れることはなく、孫子の奇正相生ずに関する理論は、現代の戦争中でも依然として活力に満ちており、奇を出だして勝ちを取るのは永遠に兵法家が勝利を取る得意のテクニックである。

兵は神速を貴ぶ

　軍事行動で、最も重要なものは何か？　孫子の与えた解答は「速度」の二文字である〔九地篇：兵之情主速〕。

　面白いのは、孫子の即決論は最初戦争が必要とする巨大な経済的消耗という角度から提出されたことである。彼は軍隊が出征して国外にあると、国家と民衆は共に巨大な経済的負担を負わなければならないが、もし速戦速決できずに、無駄な持久戦の状況に陥ったならば、国家の財政は欠乏してしまうはずであると考えた。財政が枯渇すれば賦税を重くするはずであり、こうであれば人びとの生活は一層苦しくなる。もし軍隊が疲労し、物資の供給が足りなくなれば、国家の経済もまた苦しくなり、そうするとその他の諸侯が機に乗じて進攻してくるはずである。こういう状況の下では、かりに知謀の優れた人がいたとしても、危機の状況を逃れるのは難しい。そこで、「兵は勝つを貴びて、久しきを貴ばず」（作戦篇）の有名な結論が得られるのである。これは戦略上から軍隊が速やかに勝つことを強調しているということである。

戦術の面では、孫子は兵を用いて戦闘することは巧をもって拙を伐ち、快をもって慢を伐つだけであると考えていた。もし軍隊の行動がゆっくりであれば、いかに卓越した計画でも実施するのは難しく、いかに周密な計画でも目的を達成できない。事実上、孫子が提出した多くの用兵の原則はみな速度を基礎として展開しているのである。

例えば、奇に出でて勝ちを制すの目的は、敵の予想外の行動に出て、それによって敵の配置を乱すことである。もし軍隊の行動がゆっくりであれば、まだ行動を展開しないうちに、敵に悟られてしまう。これでは奇に出でてなどとは言えない。更にもし、虚を攻めて弱を撃つは、我が方は一連の陣形を示して敵を誘い、それによって敵にその弱点を暴露させるのである。もしすばやく有効な攻撃を行うことができなければ、敵はその配置を調整して虚弱のところを堅実に変えてしまうはずである。こうであれば実を避けて虚を撃つは実現しようがない。

そのようなわけで、卓越した司令官は常にすばやい行動を利用し、敵が反応に間に合わないのに乗じて、その守備の手薄なところを攻撃するのである。

戦場の形勢は短い時間にめまぐるしく変化し、チャンスは

英国軍が 1916 年にソンム河の戦いではじめて使った戦車。

春秋時代の戦車の図。

戦車戦時代の戦車と鎧を着た兵士。

鉄道での軍事輸送。

ちょっと油断すると容易に過ぎ去ってしまう。急いで行動しなければどうして上手くいこうか？
「丘牛大車〔戦争のために村々から徴発した牛や大車〕」〔作戦篇〕の春秋時代、孫子が兵は神速を貴ぶの考え方を提出したのは、とてもすばらしい創見である。時代の進歩に従って、孫子のこの思想は絶えず新しい内容を与えられた。弓矢や刀の時代の騎兵集団に対する重視と運用から、第二次世界大戦時〔ナチスドイツ〕の「電撃戦」理論に至り、更に現代の緊急対応部隊を組織するに至るまで、みな孫子の影響の跡を見て取ることができる。

柔軟な用兵

『孫子兵法』の書は、多くの用兵の原則を提出しているが、この原則に則って戦争をすれば必ず勝利を得ることができるのであろうか？　当然そうではない。孫子は更に我々に告げている。兵法の原則は単に軍を動かし戦争をする時の一般的な法則を告げているものであって、もしこの原則を死守したとしても負け戦をしないことはない。具体的な状況に基づいて融通を利かせ、これらの原則を臨機応変に運用することではじめて勝利を得ることができるのである。

書影〔電撃戦 バルカンと北アフリカ〕

歴史上、兵書を熟読していながら弾力的に活用できずに敗れなかったものは珍しい。この方面での最も典型的な例は戦国時代の趙の趙括《ちょうかつ》〔?～紀元前二六〇〕と三国時代の蜀の馬謖《ばしょく》〔一九〇～二二八〕であろう。趙括は小さい頃から兵法を好み、兵法中の詞句を暗記するのを喜んだだけではなく、兵法の原則を運用して事物を分析するのに優れ、きわめて弁才をも備えていて、彼の父親趙の名将趙奢《ちょうしゃ》でも彼には弁論では勝てなかった。しかし、この兵法を熟読していた趙括が長平の戦い[39]を失敗へと導き、趙国四十万の大軍全軍を全滅させたのである。趙括と同じように、馬謖も兵書を熟読しており、しかも自分ではなはだレベルが高いと自負していた。諸葛亮がはじめて北伐した時、彼は自ら街亭《がいてい》を守りたいと頼んだ。その結果、兵法の原則を死守したことによって、魏の将軍張郃《こう》に打ち破られたのである。これらの事例は「変通〔臨機応変に行動する〕」がすなわち用兵の精神であることを証明している。

変通を実施する上での主要な根拠は何であろうか？　孫子は言っている。戦争は活力の対抗である。敵の様子はそれぞれ異なるので、採用する戦法も相応する変化を起こさなければならない。水の流れは地勢の高低によって異なり、用兵は敵の情勢の変化に随って変化する。流れる水に決まった形はなく、用兵にも変化をしない戦法はない。敵の情勢の変化に基づき異なる戦法を採って勝ちを得ることができてはじめて、「用兵神のごとし」と称することができるのである。

韓信は中国史上第一の名将と称えられるが、彼の指揮作戦は孫子の臨機応変の用兵思想の真髄を体得している。楚と漢が争っている時に、韓信は命令を奉じて北方の戦場を開いた。その間、三回にわたって河辺での作戦を指揮し、そのたびごとに具体的に状況に基づいて異なる戦法を採った。最初は魏軍と黄河を隔てて対峙した時である。彼は虚勢を張り、東を撃つと見せかけて西を撃つの方法を採り、軍の一部に樹を切って船を造らせ、河を渡るという準備をしていると見せかけ、こっそりと主力軍を率いて下流から木製の罌《おう》〔大型の甕〕で河を渡り、背後から攻撃して魏軍を大破し、魏王豹《ひょう》を虜にした。二回目は、彼が井陘《けい》で綿蔓水を背にして陣を敷き、軍隊を死地に置き、将軍と兵士すべてに決死で戦わせた。また先に伏兵を準備して、趙の兵営を急襲し、最後には趙軍を大いに破り、趙王歇《けつ》を虜にした。三回目は、韓信は斉・楚の軍と濰水《いすい》を挟んで対陣していたが、彼は先に砂袋で水の流れをせき止めさせ、その後水を渡って東岸に行って楚の将軍龍且《りゅうしょ》としばらく戦わせた。韓信は負けたふりをして西の岸に戻り、楚軍が川を渡って追ってくるのを待ち、漢軍は突然砂袋を掘り起こして濰水の水を漲らせ、楚軍を二つに分割した。韓信はその機に乗じて軍を挙げて猛攻して、西岸の楚軍を全滅し、勝ちに乗じて河を渡り、東岸の斉・楚の連合軍を大いに破り、濰水の戦いの全面的な勝利を得て、すぐに斉の地を平定した。三回の河辺での作戦は、韓信はみなその土地の事情に適した措置を採り、弾力的に変化していて、そのずば抜けた指揮のレベルを表している。孫子は言う。「戦い勝つや復《くりかえ》さず」〔虚実篇〕、韓信はまさにこの点に到達したと言える。

戦国時代の秦の虎符●虎符とは古代の皇帝が軍隊を派遣する時の割り符で、青銅あるいは金で伏した虎の形に作った令牌であり、二つに分けられ、その中の一つは司令官に与えられ、もう一つは皇帝が保存する。この二つがぴったりあった時に、軍隊を派遣することができる。

南宋の名将岳飛●1104年～1142年、字は鵬挙、揚州湯陰（現在は河南省）の人。南宋の名将で、金に抵抗した傑出した英雄。

西魏の重装騎兵と歩兵の戦闘図。

変通の思想は、『孫子兵法』の書全体を貫いている。孫子は将軍となるものは、ただ「九変の利に通ず」〔九変篇〕れば、用兵の規則を正しく掌握したと言えると考えている。そんなわけで、いかなる兵法原則もみな例外があり、変があるということが不変の真理である。進める道があるとしても進まず、攻撃できる敵がいるとしても攻撃しない。攻撃占領できる町があるとしても攻撃占領しない。奪える土地があるとしても奪ったりはしない。時にはかりに君主の命令であっても執行しないことができる。およそこれらのすべてはみな具体的な状況に基づいて臨機応変に変通した結果である。

指摘しておかなければならないことは、孫子は変通を強調しているが、ひたすら普通の人と違った奇抜なことをしようとしているわけではなく、臨機応変の用兵は一般的な規律の完全な掌握の基礎の上に打ち建てられなければならないということである。

北宋の時代、ある時、岳飛[40]が兵を率いて出征した。出征に臨んで、宗澤が慣例に従って岳飛に陣形図を授与し、この図の陣列に従って敵を迎え撃つように求めた。この時、岳飛は後世に残る軍事上の名言を述べた。「陣して後戦うは、兵法の常。運用の妙は、一心に存す。」〔『宋史』岳飛伝〕彼は孫子の変通の理論の精髄に通じており、その常と変の関係に対する認識は十分に深いものであったと言える。岳飛の指揮作戦は常に敵の予想外であり、そのやり方は兵法に背くようであるが、しかし兵法を弾力的に活用するという要旨を深く得ていた。金の人は「山を撼《うご》かすは易く、岳家の軍を撼かすは難し」〔『宋史』岳飛伝〕と感嘆した。これは岳飛のずば抜けた指揮術と直接関係している。

司令官の素質

孫子は、司令官は軍隊の生死を握り、国家の安危を左右すると考えている。彼は国の君主の重要な助手であり、綿密に補佐することができれば国家は強盛になり、補佐に欠陥があれば国家は衰弱する。

それでは、どんな司令官が合格の司令官なのであろうか？

孫子は、合格の司令官は、まず智・信・仁・勇・厳の五つが備わっているのが将となる上での基本条件であると考えている。すなわち「五徳」である。

「智」とはすなわち知謀に長けていることで、こうであってはじめて軍隊を指揮し、勝利を得ることができる。

「信」とはすなわち賞罰が約束を守ることで、こうであってはじめて威信を立て、三軍を従わせることができる。

「仁」とはすなわち士卒を愛護することであり、これによって将軍や士卒の擁護と支持を得ることができる。

「勇」とはすなわちものごとを処する時に勇敢かつ果断であることであり、事に臨んで決断することで、将軍や士卒に頼りにさせるのである。

「厳」とはすなわち厳格に管理することであり、それによって軍隊の規律を厳格で公正にし、命令に従わせるのである。

しかし、ただこの五徳だけでは足りない。孫子は、優秀な司令官は更に良好な個人としての素質を有していなければならないと指摘している。司令官の個人の素質には静・幽・正・治の四方面を含んでいる。「静」とは沈着冷静、「幽」とは深謀遠慮、「正」とは公正無私、「治」とは秩序が整って整然としていることである。

このほか、将軍となるものは更に国家の利益を最上とする良好な人柄を有していなければならない。彼は国家と民衆の安全

明代の軍事家、倭寇に抵抗した名将戚継光● 1528年～1587年。山東登州（現在の蓬莱市）の人。彼は練兵、機械を整備する、陣形図などにすべて創見があり、『紀効新書』、『練兵実記』などの著作がある。

戚継光を記念するために立てられた福州万家亭。

を守ることを自分の責任としなければならず、進んでは戦いで勝ったという名声を求めず、退いては命令に背いたという責任を避けはしない。戦争の法則から見て勝利を得ることができると分かる時には、かりに君主が戦争をしないと主張しても、戦争をするとあくまでも主張しなければならない。戦争の法則から見て勝つことができないと分かる時には、かりに君主が戦争をすると強く主張しても、戦争をしないと強く主張しなければならない。そうしなければならない理由は、彼が国家の利益を最高の原則とするからである。

もし以上に述べたこれらの条件を具備していれば、そこで本当の良い将軍であると称することができる。このような司令官は国家の貴重な宝なのである！

このほかに、孫子は更に司令官の持つかもしれない五つの欠点も述べており、「五危」と称している。それは、必死・必生・忿速・廉潔・愛民である。

「必死」とはすなわち命を投げ出して無鉄砲なことをすることで、このような司令官は殺される可能性がある。

春秋時代の銅製の兜。

「必生」とはすなわち生を貪り死を恐れることで、このような司令官は捕虜となる可能性がある。

「忿速」とはせっかちで怒りやすいことであり、このような司令官は敵の馬鹿にした悪巧みにだまされる可能性がある。

「廉潔」とは高潔で名声を得ることを好むことであり、このような司令官は敵の侮辱した罠にはまる可能性がある。

「愛民」とは将軍と士卒をあまりにも愛しすぎることであり、このような司令官は煩わされて安寧を得ることができない可能性がある。

以上の五つの弱点は司令官の過失であり、軍隊の災難である。軍隊の滅亡や司令官が殺されるのは、必ずこの五つの欠点から引き起こされるのであるから、気をつけなければならない。

文に令し武を斉《ととの》う

軍隊の管理はどのように行ったらいいのであろうか？　孫子は新興地主階級の立場に立ち、自分の軍隊を治める理念を提出したが、その核心は「之に令するに文を以てし、之を斉《ととの》うるに武を以てす」〔行軍篇〕である。狭い意味で言えば、文武は賞と罰、教育と規律、いたわりと厳刑などと解釈することができる。広い意味で言えば、文治と武備、経国〔国家を経営すること〕と整軍〔軍隊を整えること〕などと理解することができる。孫子は、文と武とは互いに補い合うものであり、欠くことのできない二つの面であり、軍隊を管理するのは必ず文と武の両方を共に用いなければならず、二者はどちらかが欠けてもならないと考えている。

そこで、恩愛仁義の方法を用いて彼らを教育して感化し、かつ厳格な軍紀軍法を用いて彼らを束縛しなければならない。将軍が嬰児や愛する子供に対するのと同じように士卒に関心を持ち愛護すれば、士卒は将軍と生死を共にする。平時は厳格に法律を執行すれば、士卒には従うという習慣が養われる。これに反すれば、士卒には服従しないという悪い習慣が形成されるはずである。もし士卒に対して優遇しても用いることができず、溺愛しても教育することもできず、法律に背いても処罰することができないならば、彼らは横暴で無法な息子や娘と同じである。このような軍隊はどうして敵との戦争に用いることができよう。

そこで、孫子は軍事訓練を重要視している。彼は「士卒は孰《いず》れか練《なら》いたる」、「兵衆は孰れか強き」〔共に計篇〕を戦争の勝敗を決定する「七計」の二つの重要な内容としている。これは、孫子が軍事訓練を戦略の位置の上に置いて考えていたことを表している。

『孫子兵法』は具体的な訓練方法を提示してはいないが、訓練の到達すべき基準については述べている。それらの基準は、軍隊行動のスピードが速い時にはあたかも疾風が急にわき起こるようであり、行動がゆっくりしている時にはあたかもきちんと整っている林のようであり、敵を攻撃する時には激しい火が噴き出すようであり、防御する時は山岳のように高くそびえ立っており、隠れる時には曇の日のように他人に見つかりにくくする。（其の疾《はや》きこと風のごとく、其の徐《しず》かなること林のごとく、侵掠《しんりゃく》すること火のごとく、動かざること山のごとく、知り難きこと陰《かげ》のごとし。）〔軍争篇〕軍隊がもしこの基準に達することができれば、管理が適当であり、訓練もなされていると言える。日本の戦国時代の名将武田信玄は孫子のこの基準を非常に

聖人の道図●斉と魯の両地に二人の聖人、文武緩急の二先生が現れた。孔子は、中国古代の偉大な思想家、教育家で、世界文化史上の十大著名人のトップに挙げられる。孫子は中国古代の軍事家、戦略家で、兵聖と称される。（李学輝画）

日本映画「戦国群雄」の一画面。

気に入り、風・林・火・山の四文字を軍旗の上に刺繍した。

このほか、孫子は更に軍隊の士気の重要性に注意し、軍隊は士気が高く、軍隊の心が安定してはじめて勇敢に戦い、敵を殺し、戦争の勝利を得ることができると考えた。そこで、聡明な司令官は全軍の高まった士気をかき立てることに注意するだけでなく、士気の変化の法則も掌握しなければならない。彼は次のように指摘している。軍隊が投入されたばかりの時は、士気は十分に旺盛である。ある期間が過ぎると、だんだんと気持ちが弛む。最後になると、士気は衰えてしまう。そんなわけで、兵を用いて戦争をするには、敵の新進気鋭の軍隊の気力を避け、その気が弛み、衰えてなくなるのを待って攻撃を加える。これが軍隊の士気を運用する方法である。我が軍の整然をもって敵の混乱に対応し、我が軍の冷静をもって敵の喧噪に対応する。これが軍隊の心理を掌握する方法である。敵の軍隊に対しては、その士気を低めることができ、敵の司令官に対してはその決心を動揺させることができる。先に予定される戦場に着いて、佚を以て労を待つ〔安楽に休息しながら疲労した敵軍を待ち受ける〕〔軍争篇〕、こうすれば我が軍の戦闘力を保持して、戦闘の時に士気を高めることができるのである。

利と害を交える

孫子は戦争の根本的な動機は利益であると考えている。軍を用いて戦争をするのは、みな利益の原則をもって主要な根拠とする。それならば、利益のためならばすべてを顧みずに戦争を起こすことができるのであろうか？ 当然そうではない。孫子は我々に教えている。いかなる軍事行動もそれには利のある面があり、また害のある一面もある。もしも兵を用いる弊害を徹底的に明らかにすることができなければ、兵を用いる良いところも完全に明らかにすることはできない。

戦争の主導権を奪う「軍争」をもって例とすると、軍争はもちろん有利ではあるが、しかし巨大な危険も存在する。もし重装備を捨てて、昼夜兼行で利益を求めていけば、敵に乗じられるかもしれない。そんなわけで迂を以て直と為す〔軍争篇〕ということを理解して、初めて不利を有利に変えることができるのである。

聡明な戦略決定者が問題を考える時には、いつも利と害の二つの面を考える。有利な面を十分に認識できれば、必ず勝つという信念を固めることができる。危害の要素を十分に考慮することができれば、災いを未然に防ぐことができる。本当の危険とは、有害な要素が存在するということではなく、利を知りながら害を知らないというところにある。

孫子の利害を交えるという思想は、実質的には戦略全体の局面から利害関係を考えるということである。戦争の領域では常にこのような状況が出現する。ある軍事行動が作戦行動や戦術の面から考えると有利であっても、しかし戦略という高度な面から見ると害であったりする。また一時的な得失から考えると有利であっても、長期的な目標から考えると有害であったりする。優れた戦略家は常に全体の局面での利益、将来の利益、根本的な利益を追求し、一時的な得失には拘泥しない。ここに、孫子の戦略の全局観が十分に現れている。

春秋時代の鄢《えん》陵の戦い〔紀元前五七五〕は、晋と楚の覇を争う第三回目でかつ最後の会戦であった。結果は晋の勝利でもって終わり、晋の覇業もこれでもって最も盛んな段階に達した。国の上下を挙げて喜び興奮し、大事を慶祝している時に、晋の統治集団の中心的な成員である范文子〔?~紀元前五七四〕はかえって内心鬱々としていた。実は戦前に政策を決定する前に、范文子は自己の意見を明確に表示していた。彼は現在晋内部の団結が維持できているのは、すなわち強敵の楚が存在するからである。一旦楚が打ち破られ、二度と脅威とならなければ、晋内部の対立はすぐに激化し、遅かれ速かれ晋の分裂をもたらすであろうと考えていた。これは後世孟子が提出した「敵国外患無き者は、国恒《つね》に亡ぶ」〔『孟子』告子下〕の見解と一致している。しかし晋軍の司令長官欒書《らんしょ》は軍事的な角度から楚に勝てると考えており、楚と雌雄を決すると強く主張した。同様に全体の局面を見る意識と将来を見通す眼のない晋の厲公《れいこう》は、最終的に欒書の意見を採り入れたのである。鄢陵で大勝をした後、晋の厲公は戈の向き先を変えて、国内の強力な貴族や大宗[41]に向け、内部の矛盾を急速に激化させ、最後には動乱の発生を導いた。その結果、厲公は動乱の中で死亡し、晋もそれによって長期的な不安定の状態に陥ったのである。その後「三家〔韓・魏・趙〕晋を分かつ」の局面が形成されたのも、その原因はここにあると言える。范文子の利害関係に関する洞察がいかに深いものであったのかということを事実は証明している。残念なことは、彼の将来を見通す卓越した見識が当局者の受け入れるところとはならなかったことである。そうでなければ、春秋時代の歴史はまた別の様子となったはずである。

隋王朝の末期、群雄が並び起こり、中原は隋の統治者と農民反乱軍などの諸勢力との争奪の中心となった。李淵《りえん》[42]の集団は太

魏武帝馬を止めて海を観るの図●曹操の字は蒙徳、155年に生まれた。沛の譙県(現在の安徽省亳《はく》県)の人。三国時代の有名な政治家、軍事家。『孫子兵法』を注釈した最初の人である。(李学輝画)

原で挙兵した後、虚に乗じて関中を占拠し、そこを根拠地とした。その後、劉武周〔?～六二〇〕が出兵して、太原を攻撃し占拠した。李世民は命を奉じ軍を率いて反撃し、劉武周の軍を打ち破り、失地を回復した。この時、隋の将軍でこっそりと洛陽を献上したいと告げてきたものがあった。洛陽は有名な古都であり、中原の戦略の要衝でもあり、このような誘惑は誰でも心動かされるものである。しかし、李世民は得失を比べた後に次のように考えた。今は自分たちの実力はまだ中原で鹿を追うには足りない。もし洛陽を放棄すれば、逆に早めに紛争の渦に巻き込まれることを避け、瓦崗《がこう》軍〔隋代末期の農民反乱軍〕との名義上の軍事上の同盟関係を維持し、自分たちが天下を奪おうとしているという企みを隠すことができる。各勢力がお互いに争い合っている時期を利用して、関中を中心とする根拠地を固め、最終的に天下を奪う堅実な基礎を定めよう。対岸の火事を見ながら、坐して漁父の利を得よう。そこで、彼は毅然として洛陽を奪うことをせず、軍を率いて関中に戻った。その後、農民反乱軍と隋の残余勢力が中原の紛争の中で絶え間なく弱まっていったのに対し、李氏の集団は関中で日に日に強大になり、最後には天下を取ったのである。

古今東西、戦略家の遠見卓識は往々にして他人を驚かせるという似たところがある。第二次世界大戦中、英国の諜報部員がドイツの暗号を解読したが、後に人びとはこれを「スーパー機密」と称した。時の英国首相チャーチル〔一八七四～一九六五〕は、ドイツの飛行機がロンドンを爆撃する計画を詳しく知った後、犠牲を払っていかなる防備措置も採らせなかった。ロンドンが火の海に陥った時、ドイツ軍は自分たちの暗号系統に自信を深めた。英国のロンドンを犠牲にするという行動は最後に報復をすることができた。彼らはこの「スーパー機密」を利用し、ドイツ軍主力の潜水艦部隊に重大な損傷を負わせ、それによってドイツが英国を占領するという計画を徹底的に粉砕し、開戦以来の長期的な不利の局面を逆転したのである。

孫子の利害を交えるという思想は、我々にいかなる軍事行動

宋代の旋風車砲。（復元模型）

明代の大口径銅銃。

明代の鉄炮。

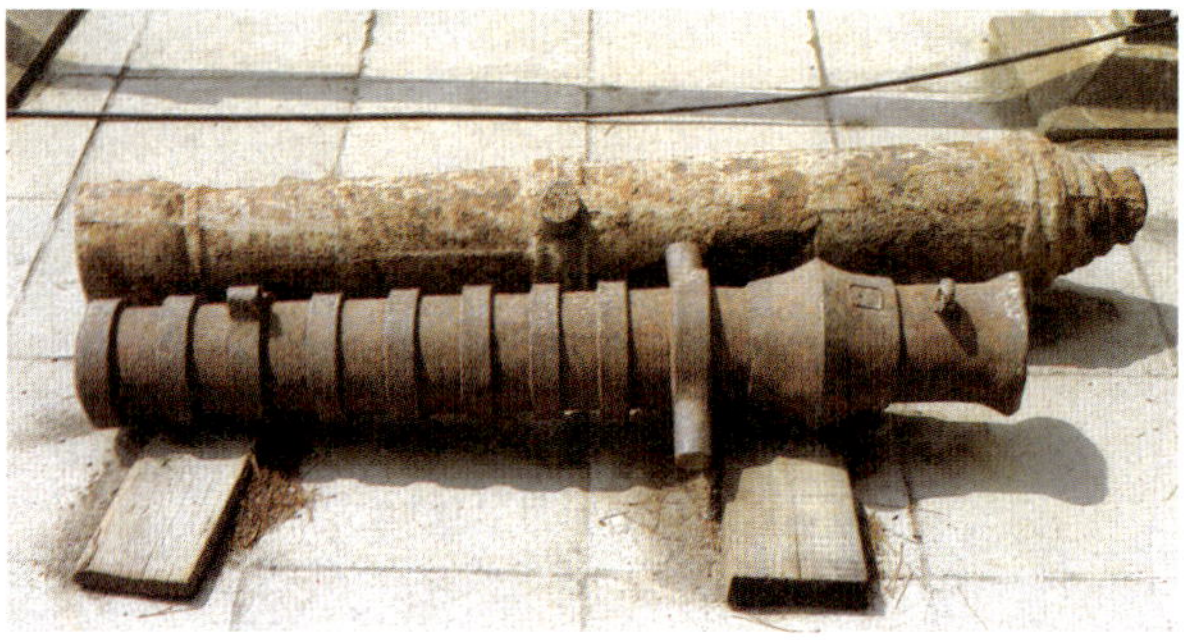

明代「仁字伍号大将軍」鉄炮。

1943 年 11 月、チャーチル、ルーズベルト、蒋介石がカイロで会談した。

兵馬俑軍陣。

もすべて利と害が共存するものであるということを教えている。思考が一旦慣性を作り上げると、思考の盲点が出現する可能性があり、これが戦争中に往々にして致命的な誤りを生じる。そんなわけで、戦争指導者が軍事行動を決定する時には逆方向に思考を働かせる方法を学び取らなければならない。別の角度から考えることで、一面的な認識を克服するように注意し、それによって思考の誤った認識から抜け出す、こうであって初めて、全体の局面を把握し、長期的将来を追求することができるのである。

訳注

(1) **長平の戦い**　紀元前二六〇年に秦と趙が長平（現在の山西省高平市の近く）で激突した戦い。秦が勝利し、趙兵の捕虜四十万人が生き埋めにされたと言われる。

(2) **三十万人**　「南京大虐殺」については異論があり、数字に対しても異説がある。

(3) **ダモクレスの剣**　常に身に迫る一触即発の危険な状態を言う。

(4) **ジョミニ（アントワーヌ＝アンリ・ジョミニ）**　一七七九年～一八六九年。スイス出身の軍人で軍事学者。フランス第一帝政、その後ロシア帝国に仕え、ナポレオン戦争に参加した。その経験をもとに一八三八年に『戦争概論』（邦訳名）を著して発表した。

(5) **陰陽家**　戦国時代の諸子百家の一つ。万物の生成と変化を陰陽の二種類で理解する陰陽思想を説いた。戦国時代末期には五行思想と一体となった陰陽五行思想として広まった。

『漢書』芸文志では、兵家を「兵権謀」、「兵形勢」、「兵陰陽」、「兵技巧」の四つに分けている。『呉孫子』、『斉孫子』は「兵権謀」に分類されているが、「太壹兵法」など十六家二百九十四篇が「兵陰陽」家に分類されている。

(6) **廟算**　開戦に先立ち、祖先の霊を祭る宗廟において、計算用の竹製の棒（籌《ちゅう》）を運用して、彼我の勝算を比較計量し、それに基づいて作戦計画を立案・策定すること。

(7) **劉備**　一六一年～二二三年。字は玄徳。後漢末期から三国時代の武将。漢王朝の末裔と名のった。関羽・張飛と義兄弟の交わりをして旗揚げし、黄巾の乱の鎮圧で功績を挙げた。諸葛亮の天下三分の計に基づいて蜀の地を得、後漢の滅亡後、皇帝に即位して、蜀漢を建国した。

(8) **関羽**　生年未詳～二二〇年。字は雲《うん》長《ちょう》。後漢末期の将軍。劉備に仕え、その優れた武勇や義理を重んじた行動は、多くの人々から称賛された。死後に神格化され関帝として関帝廟に祭られている。

(9) **諸葛亮**　一八一年～二三四年。三国時代の蜀漢の政治家・軍人。字は孔《こう》明《めい》。諡《おくりな》は忠《ちゅう》武《ぶ》侯《こう》。蜀漢の建国者である劉備の創業を助け、その子の劉禅の丞相としてよく補佐した。

(10) **司馬懿**　一七九年～二五一年。字は仲《ちゅう》達《たつ》。後漢末期から三国時代にかけての武将・政治家。魏で功績を立てて大権を握り、その孫の司馬炎が魏から禅譲を受けて晋を建国し、天下を統一した。

(11) **平王東遷**　周は建国すると都を鎬京（現在の陝西省西安市）に置いたが、紀元前七七一年幽王の時に犬戎に攻められ、西周は滅亡した。その後、諸侯たちは太子宜を擁立して平王とし、都を洛陽（現在の河南省洛陽市）に移した。これが周の平王であり、この東遷によって周の権威は衰え、この前を西周、この後を東周と称する。

(12) **馬陵の戦い**　紀元前三四一年、魏と斉が激突した戦い。斉の圧勝に終わった。魏はこの戦いを境に衰微し、斉は秦と並ぶ大勢力へと成長していく。

(13) **李贄**　李《り》卓《たく》吾《ご》。一五二七年～一六〇二年。中国明代の思想家、評論家。陽明学左派に属する。

(14) **六経**　儒教の経典『易』・『書』・『詩』・『礼』・『春秋』・『楽』のこと。ただし、『楽』経は早く滅んでしまい、普通は「五経」と呼ばれる。

(15) **錦嚢妙計**　とっておきの妙計。

(16) **眉頭一皺、計上心来**　眉間に皺を寄せて考えると良い考えが浮かんでくる。

(17) **韓信**　生年未詳〜紀元前一九六年。秦末から前漢初期の武将。劉邦の下で数々の戦いに勝利し、劉邦の覇権を決定づけた。若い時の「韓信の股くぐり」や「背水の陣」で知られる。

(18) **劉邦**　紀元前二五六年?〜紀元前一九五年。前漢の高祖。沛県（現在の江蘇省徐州市）の亭長（宿駅の長）であったが、秦末の反乱に参加して頭角を現し、沛公と呼ばれた。秦の都咸陽《かんよう》を陥落させたが、項羽によって西方の漢中へ遷され漢王となる。その後、垓下に項羽を討ち破って、前漢王朝を興した。

(19) **「漢中対」**『史記』淮陰侯列伝で、韓信が劉邦に重く用いられることになった時、項羽に対してどのように対するかを答えた言葉を指している。

(20) **関中**　中国陝西《せんせい》省中部、函谷関・武関・散関・蕭関の所謂四関に囲まれる渭水盆地の称。長く政治・軍事の中心となり、秦の都の咸陽、漢・隋・唐の都の長安などがここにあった。

(21) **法三章**　漢の劉邦（高祖）が秦の軍を破って関中を平定した時、秦の苛酷な法を改めて、殺人は死罪、傷害と盗みはその罪の軽重に応じて処罰するという三か条だけにすると約束したこと。

(22) **鹿を中原に追う**　中原は天下、鹿は帝王の例え。帝王の位を得ようとして争うこと。

(23) **湾岸戦争**　一九九〇年八月のイラクによるクウェート侵攻により、ペルシャ湾北部からイラク南部を舞台にイラクと米国を中心とする多国籍軍によって行われた戦争。

(24) **商鞅**　?〜紀元前三三八年。戦国時代の秦の政治家。公孫鞅。または衛鞅ともいう。法家思想に基づき秦の国政改革を進め、後の秦の天下統一の礎を築いた。しかし彼自身は周囲の恨みを買って処刑された。

(25) **匈奴**　紀元前四世紀頃から五世紀にかけて中国の北方部から中央ユーラシアに存在した遊牧民族。モンゴル高原を中心に一大勢力を築いた。冒《ぼく》頓単于《とつぜんう》（単于は「王」のこと）の時、漢の高祖は匈奴軍に大敗し、それ以降、漢は匈奴に対して毎年貢物を送る条約を結んだ。

(26) **『三十六計』**『兵法三十六計』のこと。著者未詳。『兵法三十六計』は中国の兵法書。兵法における戦術を六段階の三十六通りに分けてまとめたものである。「三十六計逃げるに如かず」という故事が有名であるが、この故事自体は『兵法三十六計』とは関係ない。成立時期は不明であるが、だいたい五世紀までの故事を一七世紀明末清初の時代に纏められたものと言われている。

(27) **ヒトラー**　アドルフ・ヒトラー。一八八九年〜一九四五年。ドイツの政治家。国家社会主義ドイツ労働者党（ナチス）の指導者として、アーリア民族中心の人種主義と反ユダヤ主義を掲げた政治活動を行った。ドイツ首相となると、他政党などの政敵を弾圧し、ドイツ史上かつてない権力を掌握した。この時期のドイツ国は、普通「ナチス・ドイツ」と呼ばれる。

(28) **曹操**　一五五年〜二二〇年。字は孟《もう》徳《とく》。後漢末の武将、政治家。詩人、兵法家。後漢の丞相・魏王で、三国時代の魏の基礎を作った。息子の曹《そう》丕《ひ》が漢王朝から禅譲を受けて魏王朝を作ると、武皇帝と諡《おくりな》したので、後世では魏の武帝、魏武とも呼ばれる。それまで伝わっていた「孫子」を現在の形に編纂し、最古の注釈（魏武注孫子）を付けている。

(29) **赤壁の戦い**　二〇八年、長江の赤壁（現在の湖北省）において起こった曹操軍と孫権・劉備連合軍の間の戦いである。曹操の軍は大軍であったが、慣れない水軍での戦いと疫病のため、呉の周瑜たちによって打ち破られた。

(30) **李世民**　五九八年～六四九年。唐の二代目皇帝、太宗《たいそう》。高祖李淵の次男で、隋末の混乱期に父の李淵を補佐して各地を転戦、群雄を滅ぼした。その後、兄の李建成を殺害して二代目の皇帝に即位した。その治世は「貞観の治」と言われる。唐王朝の基礎を固め、中国史上最高の名君の一人と称えられる。『貞観政要』は太宗の言行録で、帝王学の教科書とされ、『李衛公問対』は太宗とその名将李靖（李衛公）が歴代の兵法と兵法家や将軍や宰相を話題に話し合うという形で書かれた兵法書である。

(31) **李靖**　五七一年～六四九年。唐代初期の功臣。高祖・太宗に仕えて武功を立て、衛国公に封ぜられた。太宗と彼の用兵を論じあった書として『李衛公問対』が伝えられている。

(32) **解放戦争**　一九四五年八月の日本降伏以後、一九五〇年六月までの中国共産党と国民党の間の戦争をいう。

(33) **蒋介石**　一八八七年～一九七五年。中華民国の政治家、軍人。軍事を学びに日本に留学し、大日本帝国陸軍に勤務したこともある。孫文の後継者として北伐を完遂し、中華民国の統一を果たしたが、国共内戦では毛沢東率いる中国共産党に敗れて一九四九年より台湾に移った。

(34) **劉伯承**　一八九二年～一九八六年。中華人民共和国の軍人、政治家。十大元帥の一人。モスクワに軍事留学し帰国後、総参謀長として指揮をとった。抗日戦線では八路軍第一二九師団長となる。政治委員の鄧小平と組んで、国民党との戦いに何度も勝利し、中華人民共和国建国に大きく貢献した。戦闘中に片目を失明したため、「独眼竜将軍」の異名を持っていた。

(35) **鄧小平**　一九〇四年～一九九七年。中華人民共和国の政治家。十六歳でフランスに留学。留学中に中国共産党に入党した。帰国後、長征に参加し八路軍一二九師政治委員となる。この後、抗日ゲリラ戦や国共内戦では、政治委員などを務め、大きな戦果を収めた。毛沢東の死後、その後継者の華国鋒から実権を奪い、事実上の中華人民共和国の最高指導者となる。文化大革命（一九六六～一九七六）によって疲弊した中華人民共和国の再建に取り組み、「改革開放」政策を採用して社会主義経済の下に市場経済の導入を図り、中国現代化建設の礎を築いた。

(36) **音楽の音**　五行思想での音は、角・徴・宮・商・羽の五つ。

(37) **色彩**　青・赤・黄・白・黒の五色。

(38) **味覚**　酸・苦・甘・辛・鹹（塩辛さ）の五つ。

(39) **長平の戦い**　紀元前二六〇年に秦と趙が長平〔現在の山西省高平市〕で激突した戦い。趙の将軍廉頗《れんぱ》は秦軍との直接対決を避け、守りを固めて篭城し秦軍の疲労を待った。困った秦の宰相范雎《はんしょ》は趙の国内にスパイを送り、「秦は老人の廉頗よりも趙括が趙軍の指揮を取ることを恐れている。」というデマを流した。これを聞いた趙の孝成王は、周囲の反対を聴かず、廉頗を解任して趙括を総大将に任命する。趙括は趙の名将趙奢の子で兵法の大家であったが、実際には実戦経験のない机上の兵法家であったため、晋に大敗北を喫してしまった。

(40) **岳飛**　一一〇三年～一一四一年。南宋の武将。当時中国北方を支配していた金との関係で徹底抗戦を主張し、講和派の宰相秦檜《しんかい》によって、無実の罪で獄に入れられ獄死した。現代中国では民族の英雄とされる。

(41) **大宗**　勢力のある一族。

(42) **李淵**　五六六年～六三五年。唐の初代皇帝、高祖。名門の出身で、隋に仕えた。次男李世民の勧めを受けて、隋に対する反乱を起こし、唐王朝を建てた。

第三章

『孫子兵法』の思想的特色

孫子の軍事思想がなぜ広大かつ深奥な思想的内包を有しているのであろうか？ なぜ時間と空間を越えた永遠の魅力を持つのであろうか？ 根本的な原因は孫子が戦争の問題を思考する時の態度と方法によって決まり、孫子の軍事思考の卓越的な特質によって決まっている。それでは、孫子が軍事の理論的な問題を思考する時、その思考方法と思惟モデルには主にどのような特色があるのか？ これには我々が『孫子』十三篇の内容を結合し、その思想体系の内部に深く入って結論を出さなければならない。

理知性

理知性とは、直覚思考の中で現れる一種の特性で、それは人間の直覚に衝動的な行動とは異なる行動を取らせる。中華民族はもともと実際的なものを重んじ理知的であるということをもって知られる。戦争の問題では一層その通りである。戦争の破壊力の深刻な体験に基づき、中国古代の兵法家はみな「兵凶戦危〔兵は凶器、戦いは危事〕」（『言兵事疏』晁錯）の基礎の上に、その軍事理論を理性的に述べている。『孫子兵法』は古代兵学の傑出した代表として、一層すべての篇にわたって理性と知恵の光を現し、人類が戦争を目の前にして欠くことのできない現実主義的態度と理性的精神を際だって現している。我々は孫子の戦争観と儒・道・墨三家の戦争観との比較及び分析を通して一層深い認識を得ることができる。

春秋戦国時代、戦争がしばしば起こることによって、戦争という現象を追究し解釈する中で、諸子百家の戦争観は、全体的には中華民族の平和を追求するという優れた伝統を現しているが、各々には限界もあった。

儒家の創始者孔子●孔子は中国古代の偉大な思想家、教育家で、儒家学派の創始者であり、至聖先師と尊ばれ、世界の十大文化史上の有名人のトップに挙げられている。

先秦儒家の戦争に対する基本的態度は、戦争を最高の道徳的原則「仁」の基礎の上に置く。およそ「仁義」に合致する戦争は、無条件に擁護し支持する。およそ「仁義」に合致しない戦争は、すべて断固として反対する。これは儒家に戦争などの多くの問題において理想主義の色彩を漲《みなぎ》らせた。「仁者は敵無し」（『孟子』梁恵王上）、「至仁を以て至不仁を伐つ」（『孟子』尽心下）などの戦争の理想的観念は、やはり最終的に現実に徹底的に功利化されるという悲劇的な運命を免れようはなかった。春秋時代の宋の襄公(1)はやはり「仁義」を固守したがために、泓《おう》水の戦いの中で惨敗し、歴史的な物笑いの種になり、毛沢東によって間の抜けた仁義道徳と風刺されたのである。

先秦道家が主張したのは一種の「無為」の思想の下での戦争観であった。老子は言う。「夫れ唯だ兵は、不祥の器なり、物或いは之を悪む、故に有道者は処《お》らず」（『老子』第三十一章）。その意味は、軍隊と武器装備は不吉な物である。だれでもそれを嫌悪するので、有道者はそれに近づかない。道家の戦争観は弱者が強者に勝つという謀略思想を含んではいるが、しかしその戦争の問題上での消極的傾向も非常に明らかである。

墨家は「兼愛」と「非攻」を主張する。墨子は「兼愛は第一の利器である」、「我が義の鉤強は、子が舟戦の鉤強より賢《まさ》れり」（『墨子』魯問）と強調するが、しかしこれは一種の美しい理想であるだけである。人々はみな墨子が楚が宋を伐とうとしたのを止めた話を知っている。墨子は強大な楚に対して弱小な宋に兵を用いてはならないと説得し、歩いて楚に至り、公輸班と攻城・守城の法を展開して、最後に戦わずして「楚人」の兵を退けた。しかし、墨子が宋に戻った時に、なんと宋の路地の大門の中で雨を避けることができなかったのである（『墨子』公輸）。その理由についてはすでにその詳しい経過を知ることができなくなっている。しかし墨子の思想が当時の人に理解されなかったことは、後世の人の認めるところである。その根本的な原因は、階級対立を超越した「兼愛」思想が当時の統治者に受け入れられるはずもなかったことであり、そして「非攻思想」は、戦国時代の併合戦争を通して統一を実現するという需要に一致しなかったからである。

法家の目からは、戦争は百病をすべて治す良薬である。国家を統治し、秩序を安定させ、実力を発展させる近道であり、げんこつが真理を出し、刀剣が是非を定めると言うことができる。しかしそれは残虐と血なまぐささを尊び、民心を背かせ、政治的教化をすべて捨てて用いないので、その結果別の極端に向かうことを免れない。その中で最も典型的な例は、秦の滅亡である。秦の始皇帝は法家思想をもって国を造り、厳しい刑や法を実行した。その結果、農民の蜂起を引き起こし、中国最初の封建王朝はただ二代で滅亡を告げたのである。

諸家の言を比べてみると、孫子の戦争観は理性的であり、現実的である。全編を通して、孫子の戦争の問題に対する論述は、みな理知的で、冷静・慎重な態度にあふれており、その中からは、いかなる簡単・軽率・粗暴な言論を見ることはできない。

孫子の書の冒頭には「兵は国の大事なり。死生の地、存亡の道は、察せざるべからざるなり」（計篇）と言う。この言葉に

道家の創始者老子●老子は中国古代の思想家で、道家の創始者である。姓は李、名は耳、字は伯陽、楚の苦県（現在の河南省鹿邑県）の人、ほぼ紀元前571年から紀元前471年の間に生きていた。かつて周王朝の書蔵室の役人となり、晩年は陳に住まいし、その後、関を出て秦に学問を講じようとしたが、どこで終わったかは知られていない。

墨家の創始者墨子●墨子は中国古代の思想家で、墨家の創始者。名は翟《てき》。春秋末期から戦国初期の魯の人。その一生は書を著し説を立て、弟子に教授する以外に、更に政治活動に参加した。かつて宋に仕え、大夫となった。

は勢いがあり、重みもあり、冒頭から戦争の問題を、国家の生死存亡の高みから認識することを明白にし、無数の後世の学者に深く考えさせ、また深く十二分に味あわせたのである。孫子は「火攻篇」でまた言う。「良い点がなければ行動してはならない。勝利するという自信がなければ兵を動かすことはできない。緊急の際にならなければ戦争を行ってはいけない。国の君主は一時的な怒りで戦争を起こしてはならず、将軍は一時的な憤慨によって出陣し戦争をしようとしてはならない。国家の利益に合って初めて兵を用い、国家の利益に合わなければ止める。怒りは改めて喜びに変えることもできるし、憤慨は改めて愉快に変えることもできる。しかし、国家が滅亡したら再び元に戻すことはできず、人は死んだら生き返ることはできない。ゆえに、戦争に対処するには、聡明な君主は慎重であるべきであり、才徳兼備の指揮官は警戒しなければならない。これが国家を安定し軍隊を保全する基本的な道理である。」これは貴重な言葉と言うべきであり、軽率に戦争をしようとする危害を深く分析している。聞くところによれば、ドイツ皇帝ウイルヘルム二世〔一八五九～一九四一〕は第一次世界大戦を起こして失敗した。二十年後彼は外国で生活している中で、偶然に『孫子兵法』を読んだ。孫子のこの言葉に至った時に、思わず「もし私が二十年前にこの本を読んでいたら、こんな結果にはならなかっただろうに。」と大いに慨嘆したということである。

確かに、戦争の結末は、一国の運命を直接に決定し、かつ、「生」と「死」、「存」と「亡」というこの最も悲惨な代価と最も極端な選択をもって一つの国の命運を決定するのである。戦争中の失敗に当たって、「死」と「亡」の現実を必ず受け入れなけれ

怒りて師を興す● 221年、孫権が荊州を奪い取り、関羽を虜にして殺したことに、劉備は腹を立て、軍を興して呉を攻めて、関羽のために復讐し、併せて荊州を取り戻そうとした。夷陵一帯に軍営を連ね、機を見て決戦しようとしたが、呉軍の最高司令官陸遜が兵を率いて軍営を焼き尽くしたので、大敗を招いた。(王宏喜画)

豊臣秀吉は文禄・慶長の役で朝鮮人を殺し、その耳を積み上げて京都に塚を造った。
李零『兵は詐を以て立つ』より転載。

ばならず、駆け引きをする余地はないし、誤りを訂正する機会もない。そこで、国家の支配者は戦争の意志決定者は戦争の問題に対していささかも疎かであってはならず、真摯に対応しなければならない。孫子の優れた点は、一代の兵家として、なんといささかも好戦的でみだりに武力を用いることはなく、同時に、絶対に盲目的な反戦でもなく、戦争に対していかなる実際にそぐわない幻想をも抱いてはいなかったという点にある。孫子の戦争の問題に対する理性的な態度と認識は普遍的な意義を持っていると言うべきであろう。

孫子のこのような理性的な戦争観は、彼の指揮官に対する要求の中に具体的かつ全面的に現れている。

素質の方面では、孫子は、司令官は「智・信・仁・勇・厳」の五つの徳がすべて備わっていなければならないとした。その中で「智」をトップに置いているのは、戦争の現実に直面しての理性的な選択である。なぜならば、戦争は世界上で最も複雑、最も人の判断力を迷わせる人間の活動の一つだからである。戦争のきわめて短い時間でのめまぐるしい変化と重なる深い霧は、戦争の指揮官に自己の聡明さと才知を最大限度に発揮しなければならないということを要求する。複雑な形勢を前にして、「動きて迷わず、挙げて窮せず〔軍を動かしても判断に迷いがなく、戦闘しても窮地に立つことがない〕」〔地形篇〕、落ち着き払ってすべてに対応してはじめて、「軍を覆し将を殺す〔軍隊を滅亡させ、将軍を敗死させる〕」〔九変篇〕という壊滅的な結果を免れることができるのである。

性格の修養の方面では、孫子は指揮官に「静かにして以て幽《ふか》く、正しくして以て治まる」〔九地篇〕となるように求め、「五危」を努めて誡めた。我々が特に注意しなければならないのは「静」と「幽」の二文字である。それらは道家の一種の修養を反映しているが、それはまた中国の兵家と西洋の兵家の明らかに異なる境地を反映し、更に一種の高尚で奥深い、静をもって動を制する理性的本質を反映している。孫子から見れば、「国を安んじ軍を全うする」〔火攻篇〕重い責任を負った指揮官は、沈着冷静でしかも喜怒哀楽を表さないでいなければならない。いかなる時でも、いかなる状況の下でも、常に焦らず、熱狂することなく、過度に個人の感情を交えることもなく、複雑な問題を

中国孫子兵法城の情景　諸葛亮七たび孟獲を擒にす●孟獲は南中〔現在の雲南省、貴州省、四川省が交わる一帯〕の地区の少数民族の首領である。彼は劉備が死んだばかりであるという機に乗じて反乱を起こした。225年、諸葛亮は軍を率いて南中を平定した。孟獲がその土地では声望が高いので、諸葛亮は人心を捉えるのが上策と考え、彼を生け捕りにしては7回釈放し、彼に諸葛亮は南中を敵と考えていないと感じさせて、心から喜んで帰服するようにさせた。

斧鉞●中国古代の征伐する権力の象徴。

中国古代の宿駅――盂城駅●盂城駅は水馬駅である。現在の江蘇省高郵古城の南門の外にある。

中国古代の宿駅――鶏鳴駅●鶏鳴駅は河北省懐来県にあり、北に鶏鳴山があるのでその名がついた。中国にわずかに残っている比較的整った駅の町である。

簡単に処理することにとりわけ優れ、常人が感じることができずかつ引き受けることもできない巨大な圧力を引き受けることができる。この点を証明するために、孫子はまた司令官の良くない五種類の品格の弱点と隠された憂いを述べている。戦争を行っては勇敢、自己を保全するのは上手く、義憤感があり、清廉潔白で自らを律し、人びとを愛護する、これらはすべて将軍となるものの長所であるが、しかし、一旦「必」の字を用いると、度を超してしまい、これらの長所は逆に「軍を覆し将を殺す」災いのもととなってしまうのである。

臨機応変の方面では、孫子は司令官に必ず融通をきかすことを十分に身につけ、拒絶を身につけ、「君命に受けざる所有り」〔九変篇〕に至ることができるように求めた。戦争の中では、一部の司令官は、敵の誘惑を拒絶することは上手であるが、君主の命令を拒絶する勇気がない。一部の司令官は変化すべきであることやいかに変化すべきかを明確に知っているが、しかし君主の命令の下では変化することがなく、その結果惨敗を招いてしまう。そんなわけで、前線にいる指揮官が、理性的にただ実際に対してハイと言い、上に対してハイと言わないことができることは得難く貴いのである。

道徳的な品性の問題では、孫子は司令官が「進みて名を求めず、退きて罪を避けず、唯だ民を是れ保ちて、而かも利の主に合う」〔君命を振り切って戦闘に突き進む時でも、決して功名心からそうするのではなく、君命に背いて戦いを避けて退却する時でも、決して誅罰を免れようとせず。ひたすら民衆の生命を保全しながら、しかも結果的にそうした行為が君主の利益にも叶う〕」〔地形篇〕ように行動することを求めた。これは更に高い政治的素質と理想的レベルからの司令官に対する要求である。

孫子の司令官の思想をまとめてみると、その最も重要な観念はすなわち「兵を知るの将」〔作戦篇〕であり、この兵を知るの将が備えていなければならない素質の前提はすなわち思考の理知性である。

科学性

伝統的な見方によれば、科学的思考は中国古代人の弱点であるが、しかし孫子は例外である。ヨーロッパのある科学者はかつてこの点について古典的な論評をしている。「孫武の最大の成果の一つは、彼が現実に対して採った科学的研究手段である。彼の書は中国で、ひいては全世界で、最も早く社会現象に対して科学的分析方法を採るように呼びかけたものである。その書の中にはいくらかの計量化した評価の観念、及び自然法則に対する引用が含まれている。当然、孫武の用いた分析方法は現代の学者を完全に満足させることはできないが、しかしすべての中国古代思想の領域の中で、彼は一人の孤独な先覚者であった。」（鈕先鍾《ちゅうせんしょう》著『孫子三論』より転載）

誠なるかな。この言！　『孫子』全書を通読すると、その主な戦略・戦術の内容の分析は、みな論理的・系統的・客観的・定量的、そして定性的な分析が互いに結合した科学的分析方法で現されている。

論理的思考は『孫子兵法』の基本的な思考方法の一つであり、孫子は春秋時代末期の大量の戦争という現象と戦争の問題に対する対比分析を通して、当時の軍事闘争中で最も普遍的な法則と基本的原則を要約している。これは明らかに帰納的推理を用いた方法である。その一方、孫子は戦争の指導に対しては、また演繹的方法をもって実現している。その計画した戦争行動の軌跡を見てみることとしよう。

「計篇」は、巨視的な立場に立ち、戦争全体を計画している。「作戦篇」は、戦争の準備を完成することが、行動の前に決めておくべき条件であることを強調する。「謀攻篇」は、最良の戦争行動の策略と方法を計画している。「形篇」は、実力を積み重ね、経済の基礎に立脚して戦争を計画することを強調している。「勢篇」は、自分が現在所有している戦争の実力を、時間や空間などの要素と結合して最大の威力を発揮することを強調している。「虚実篇」は、実力の基礎の上に、いかに実を避けて虚を撃つかを、そしてそれが巧みに勝つことや簡単に勝つことよりも優れていることを強調している。「軍争篇」は、いかに機先を制し、主導権を取るかを強調している。「九変篇」は、具体的な戦争の過程の中で、時・地・敵によっていかに変化するかを強調している。「行軍篇」、「地形篇」、「九地篇」は、地形の戦争に対する重要な作用と、異なる地形においてはそれに相応する戦闘方法を採ることを強調している。「火攻篇」は、当時の威力の最も大きな戦術方法を紹介している。「用間篇」は、先ず知ることが、以上の諸篇の行動の基礎であることを強調している。孫子十三篇全体は、順々に前に進み、前後が呼応し、組み立てが綿密で、書全体を貫いている。孫子は現代行動学の先駆で、彼が計画したすべての戦争行動はみな論理的、合理的であり、有効であると盛んに称賛する人がいるのも道理である。

系統性の上から言えば、孫子の思想の科学性は「戦争の全体を計画する」という思考方法に現れている。

多くの学者は、孫子が系統論の始祖であり、その具体的な方法は古風で飾り気がないが、しかし現代の系統論の方法のいささか原始的な形態、とりわけ全体的に計画する方法を備えていると称えている。孫子の兵学の体系の中で、戦争は一つの大きなシステムであり、その下にいくつかのサブシステムが設けられ、サブシステムの下にまたそれぞれサブシステムがあって、階層のはっきりしたネットワークシステムを構成している。系統性の原則の基礎の上に、孫子はとりわけ「善を求める」ことを強調し、実際に最も優れた方法を追求した。作者は戦略環境、戦争態勢、戦術方法をみな「善」と「不善」の二種類に分け、その後、善を選んでそれを用いた。例えば、「兵は勝つを貴びて、久しきを貴ばず」〔作戦篇〕、「之を勢に求めて、人に責《もと》めず」〔勢篇〕などである。別の方面では、孫子は更に多くの中から優れたものを選ぶ選択方法を運用した。例えば、「故に上兵は謀を伐つ。其の次は交を伐つ。其の次は兵を伐つ。其の下は城を攻む。攻城の法は已むを得ずと為す」〔謀攻篇〕などである。

客観性の上から言えば、孫子の思想の科学性は実際から出発して敵と自分双方の詳細な状況を熟知し掌握することを強調していることにとりわけ現れている。「謀攻篇」では次のように述べる。「彼を知り己を知らば、百戦して殆うからず。彼を知らずして己を知らば、一勝一負す。彼を知らず己を知らざれば、戦う毎に必ず殆し。」「地形篇」ではまた言う。「彼を知り己を知らば、勝ちは乃ち殆からず。天を知り地を知らば、勝ちは乃ち全かるべし。」『孫子兵法』の全文の中で、「知」の字は全部で七十九回現れ、彼を知り己を知る〔謀攻篇・地形篇〕、天を知り地を知る〔地形篇〕、常を知り変を知る〔「凡そ軍は必ず五火の変有るを知る」〕〔火攻篇〕、勝ちを知り〔謀攻編〕負を知る〔「吾

戦国時代の象嵌《ぞうがん》賞功宴楽銅壺上の第三層の水陸攻戦文飾図。

此を以て勝負を知る」」〔計篇〕、尽く知り〔作戦篇〕先に知る〔用間篇〕など、「勝ちを知る」の思想は、孫子があらゆる戦争の問題を分析する客観的基礎となっている。

他に、孫子の思想の科学性は更に素朴な定量分析的方法に現れている。

孫子の「計篇」は「計」を中心としており、計算を用兵や計画実施の前提と基礎としている。廟算はすなわち「計算」として説かれ、また「算籌《ちゅう》」の意味も含んでいる。「算籌」とはすなわち中国古代の数学上で用いられた計算の特殊な道具で、後世の算盤《そろばん》はこれから発展してきている。そこで、孫子が廟算の中で提出した「五事七計」は、実際は一つの戦略上の数学モデルである。「形篇」の中で、孫子はこう述べている。「兵法は、一に曰わく度《たく》、二に曰わく量、三に曰わく数、四に曰わく称、五に曰わく勝《しょう》。」〔兵法とは、第一にものさしでする計測する度《たく》、第二にますめで計量する量、第三には数を計算する数、第四には双方を比較する称、第五には勝利を策定する勝である。〕すなわち、指揮官が戦術を進行する上での数学的思考であって、地形が山か平地か、広さ、防御しやすいか否かなどの状況に基づいて、地形を利用する判断を行い、地形の判断に基づいて、戦場がどれだけのものを受け入れられるかを判断し、戦場がどれだけのものを受け入れられるかの判断に基づいて、双方が投入できる兵力の数を見積もる。このような一通りの計算を通して、計略の選択をすることができる。ある人が数えたところによると、『孫子兵法』の中で、数字を通して兵学の内容を説明しているのが全部で百五十一ヶ所、用いられた数字は全部で十三個である。その中で、最も多く用いられたのは五で（二十七ヶ所）、次が三（二十四ヶ所）、一（二十一ヶ所）、十（十七ヶ所）である。

孫子はこれらの数字を運用し、また努めて定量と定性の統一を求めたが、最終の目標はその軍事思想を更に良く解明するためであった。台湾の学者鈕先鍾《ちゅうせんしょう》氏は次のように述べている。『孫子の観念は現代の学者とおおむね同じであり、ただ言葉が異なっているだけである。「之を校《くら》ぶるに計を以てす」〔計篇〕とはすなわち量度を言うのであり、そして「其の情を索《もと》む」〔計篇〕とは判断である。前者はそれを用いて量化できる要素を処理し、後者はそれを用いて量化できない要素を処理する。両者を総合すればすなわち孫子の所謂「廟算」の思想であり、現代の専門用語で言えばすなわち「数的評価」である。これは孫子の科学的方法を重視するという精神を十分に表している。」〔『孫子三論』〕

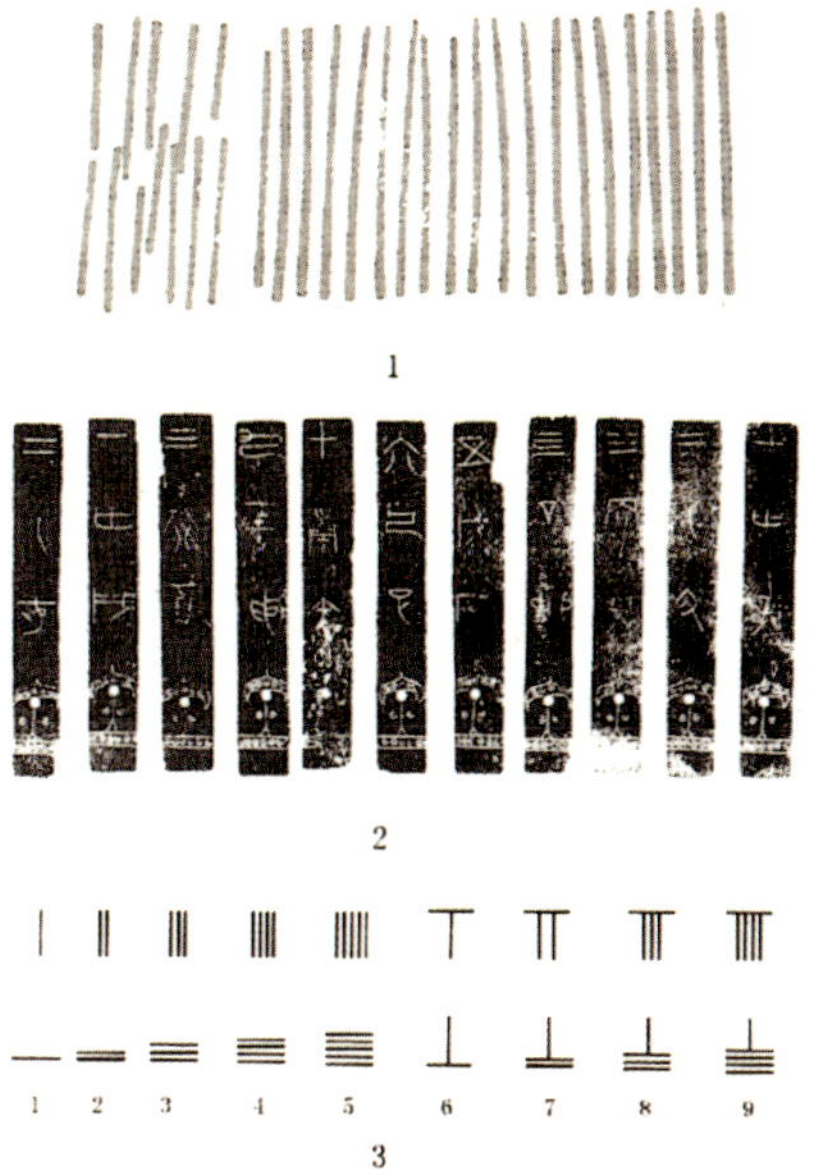

中国古代の算籌《さんちゅう》●〔竹や木や紙などの小片に数字を記したもの。古代には計数用に用いられた。〕李零著『兵は詐を以て立つ』より転載。

全体性

全体的思考は中国古代人の最も主要な思考方法の一つである。河南省臨汝県でかつて一つの母系氏族時代の彩色陶器の絵が出土した。その絵には一羽の白いコウノトリが一匹の魚を口にくわえ、そばには一本の斧が立っている。専門家はこれが原始時代の一種の戦争の歴史記録であり、それは白いコウノトリをトーテムとする氏族が魚をトーテムとする氏族に戦って勝ったことを表していると考えている。このような簡単な表現で複雑なことを表すという表現方法は、中国古代の人の高度な総括能力と全体を巨視的に見る思考の特性を反映している。

中国古代の所謂全体的思考とは、天・地・人・社会を一つの密接なつながり、相互依存の全体と見なすことである。例えば、『易経』は陽爻《こう》と陰爻で構成する六十四卦をもって、天地万物及びその変化を象徴し、天地和同、万物の化成、人と天地は分かれていながら一致することを象徴している。道家の老子は言う。「聖人は一を抱きて天下の式と為る」（『老子』第二十二章）。荘子は言う。「天地は我と竝《なら》びて生じ、而して万物と一たり。」（『荘子』斉物論）ここでの「一」とはみな全体、系統と貫通するの意味を言っている。

『孫子兵法』は先秦時期の書籍として、この種の全体的思考の特徴を非常に明らかにしている。孫子が戦争の問題を考える時、簡単に事物そのものごとだけについて得失を論じたり、あるいはわずかに狭い戦闘のカテゴリーにだけ限るのではなく、広大な巨視的視野から詳しく戦争を観察して、全体の面から戦争を把握することを追求する。「計篇」に提出されている「五事」・「七計」の内容のごときは、戦略要素の様々な面を比較的全面的に含んでいると言える。「廟算」思想全体は、今日の言葉で言えば、すなわち一種の全面的な戦略であり、すなわち軍事領域を越え、

新石器時代の色絵陶器の瓶　≪鸛魚石斧図≫瓶。（『中国古代兵器図集』第１頁）

山、水、草、木、人工の建築を一体に融合し、全体的思考を表現した中国古代の庭園図。（中国庭園商況ウエブサイトのホームページ）

軍事・政治・経済・外交の各方面の内容を含んだ国家の大戦略である。鈕先鍾教授は『孫子の戦略思想は全体的な方向性を備えており、それはただ「全」の一字で表現されている。すなわち、必ず「全」をもって天下を争い、しかしてその最高の理想は「国を全うするを上と為す」〔謀攻篇〕である。戦略家はその問題の全体性をはっきり認識し、併せて全体的な観点で問題を見る必要がある。古代の戦略思想家の中でこのような傾向を持っているのは、孫子は間違いなく第一人者である。』（『孫子三論』）と考えている。

一方、孫子の一つひとつの戦争の問題に対する論述は、みな問題の多くの方面を考慮しており、一つの完全な系統を形成している。孫子が知と勝ちとの関係を説く時、「勝ちを知るに五有り」〔謀攻篇〕と要約し、司令官が戦場では融通性と主導性が必要であると説く時には、用兵の「九変」モデルを総括し、詭道を説く時には、「詭道十二法」〔計篇〕を総括し、敵情を観察することを説く時には、「三十二敵を相る」〔行軍篇〕の法を総括し、「火攻」を説く時には、火攻の内包を「火攻に五有り」〔火攻篇〕と総括し、「用間」を説く時には、用間の内包を「用間に五有り」〔用間篇〕と総括し、地形を説く時には「九地」〔九地篇〕、「六形」〔地形篇〕などに総括する。これらはみな思考の全体性の表現である。

我々は更に高く、更に深いレベルから、孫子の思考のこのような全体性の特徴を詳しく見ることができる。

戦争の利害の角度から見ると、孫子は一貫して戦争全体の局面と長期的な利益に配慮している。例えば「九変篇」では「塗《みち》に由らざる所有り、軍も撃たざる所有り、城に攻めざる所有り、地に争わざる所有り」、「智者の慮は、必ず利害を雑《まじ》え」なけれ

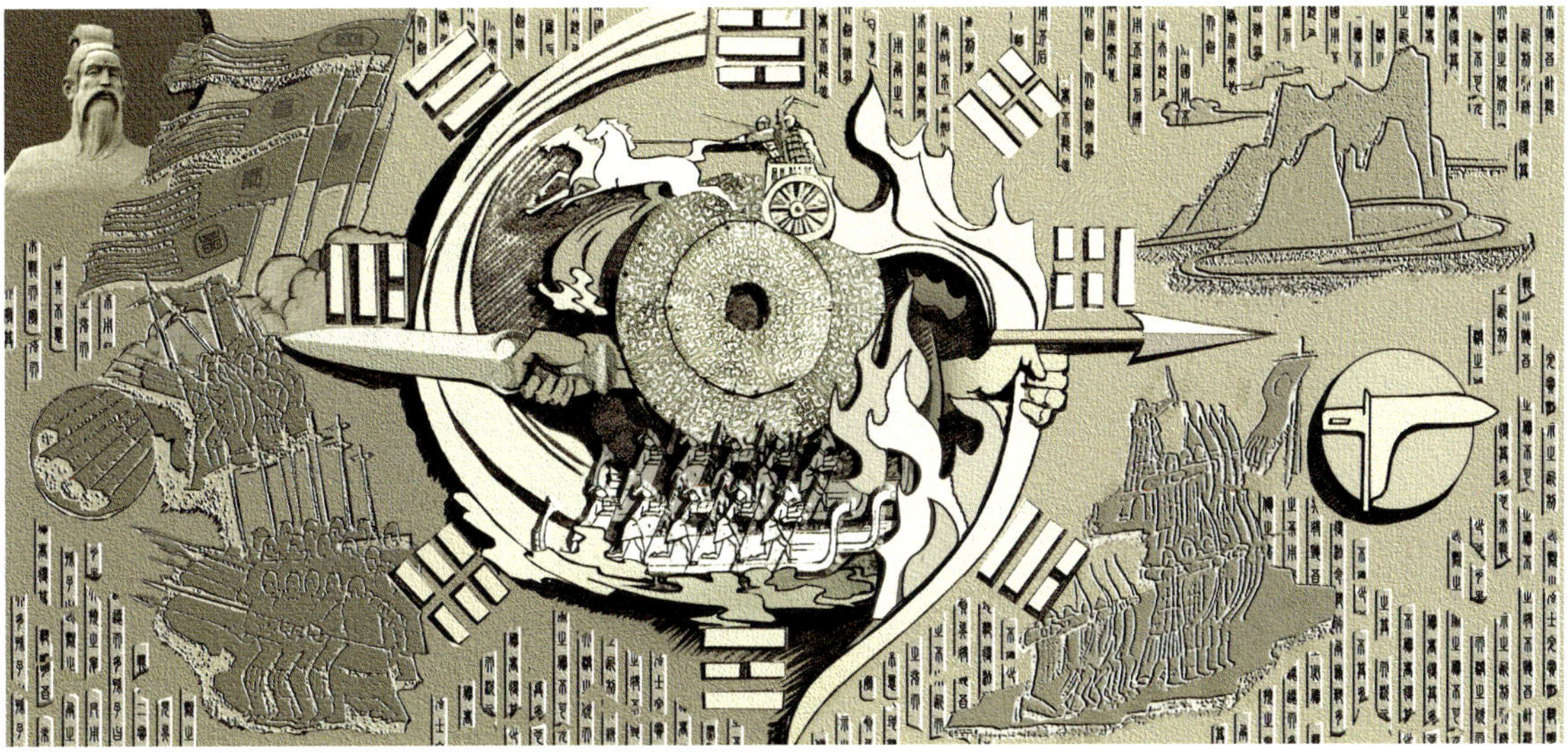

呉如嵩教授が「全勝」をテーマとして濱州学院の千人大会堂に創った大型壁画で、孫子の兵学体系のすべてが全を求めることを核心としていることを表現している。

ばならないと言っている。すなわち、必要な時には敢えて局部的な利益を犠牲にして全局面の主導権を握り、短期的な利益を犠牲にして長期的な発展を勝ち取るのである。

戦争そのものの特性から見れば、軍事領域は対立の闘争性を一層重視する。しかし、もし対立の闘争性だけを述べて統一性を軽視するならば、同様に致命的な誤りを導き、好戦的でみだりに武力を用いるという道にまで入ってしまうであろう。これに対し、孫子は矛盾対立の統一という前提から出発し、非軍事的手段をもって問題を解決することを力説し、「謀を伐ち、交わりを伐つ」（謀攻篇「上兵伐謀、其次伐交」）ことを主張し、「戦わずして人の兵を屈する」（謀攻篇）ことを追求した。しかも戦いに勝ち功名を得た後は、その善後策の問題を重視して、一種の戦後の各集団の利益の新しい均衡についても及んでいる。

文化伝統の深い影響から見ると、「道を重んじて器を軽んず」というのが中国伝統文化の一つの重要な特徴である。『孫子』の書の一つの重要な特色は「事を舍《す》てて理を言う」である。所謂「理」は形而上の範疇に属し、事物に対する全体的で理性的な把握と分析である。孫子は自らの体験を十分重視することを通して、兵法の背後の大理論を悟った。しかし形而下の「器」に対して、例えば軍隊の編成、武器装備の製造と使用、士卒の訓練をどうするかなどについては、孫子は触れてはいない。これは全体的思考方式の影響を受けていることを明らかに示している。彼は「計篇」の中で言う。「此れ兵家の勝ちにして、先に伝うべからざるなり。」なぜ先に伝えることができないのか。先に伝えるとその後は理論の枠となり、現地では用いることができなくなるからである。これは実際上、人びとに苦心してある具体的なものを追求しようとするのではなく、全体的な面か

塞門刀車（古代の城壁を守備する器械の模型）●車の前面の板に数本の槍刃を装備し、もし敵が城門を壊した時には、この車で直接城門を塞ぎ、敵の侵入を防ぐことができる。

石投げ機（古代の城壁を守備する器械の模型）。攻城と守城に用いる。

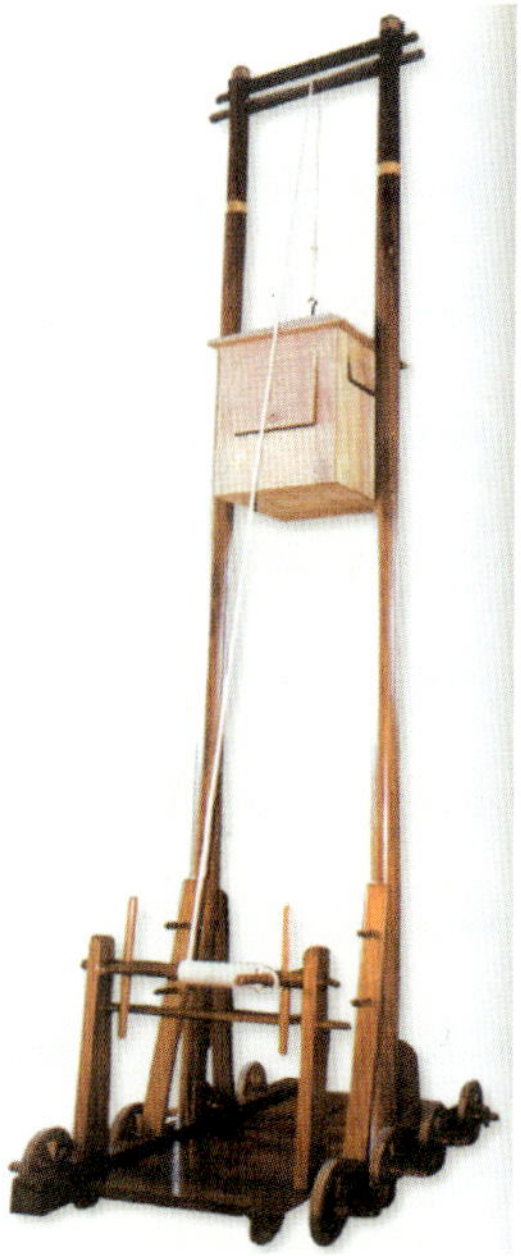

巣車（古代の城壁を攻撃する器械の模型）。敵情を観察するのに用いる。

ら戦争の法則性を把握し、「道」の境地を悟ることを求めている。こうすることではじめて兵を神のように用いることができるのである。このような方法は中国の伝統的な思考の一つの重要な特徴である。すなわち思考の結果あるいは思考の到達した境地を重視し、思考の過程と方法は無視する。これがまさに「魚を得て筌《せん》を忘れ」（『荘子』外物篇）、「意を得て形を忘る」（『晋書』阮籍伝）である。

弁証性

孫子の諸々の思想の中で、最も特色があるのが原始的な弁証法的思考方法である。中国の伝統文化は『易経』をもって象徴とするように、早くからものごとを弁証法的に見る思考方式を形成していた。『易経』繋辞伝上では、「一陰一陽之を道と謂う」と言い、これはつまり事物はみな対立と統一の両面を含んでおり、すべての世界の形成はすなわち陰と陽の二つの性質の相互依存と相互浸透の結果なのである。太極は両儀を生じ、両儀は四象を生じ、四象は八卦を生じ、八卦は万物を生じ（『易経』繋辞伝上では「八卦は吉凶を定め、吉凶は大業を生ず」とある）て一幅の中国特有の宇宙生成図を構成した。陰陽の道は中国古代の素朴な弁証法思想が成熟に向かう象徴であると言える。英国の有名な中国学者ニーダム[2]は以前次のように指摘している。「ギリシャ人とインド人がすでに子細に形式論理を考えついていた時に、中国人はずーっと弁証法の論理を発展させる方向にあった。」

孫子はこの弁証法的思考の伝統を継承し、それを創造的に軍事思考の領域に運用し、軍事理論を反映して対象を認識するひとまとまりの軍事範疇として具体的に表現している。統計によれば、『孫子兵法』全体の中で、対偶性の範疇を用いたものは百以上の多きに達し、これらの範疇を運用して弁証法的判断と論述をしたものが二百回以上に達する。これは中国古代の兵学家の理論的思考能力がすでに一つの新しい段階に発展していたことを表している。

ロシアの画家ワシーリー・ヴェレシチャーギンの「戦争の祭礼」。画面上はどくろの台である。李零著の『兵は詐を以て立つ』より転載。

全十三篇の内容を詳しく見ると、孫子の素朴な弁証法的思考方法が、そのすべての兵学思想体系の中に十分に溶け込み貫いているということができる。

（一）義と利、仁と詐の弁証法的統一。功利主義が孫子の戦争観の核心である。彼は「利に非ざれば動かず、得るに非ざれば用いず、危うきに非ざれば戦わず。」（火攻篇）と、すべての戦争行動は戦争の利益を追求することをもって基本原則とし、あらゆる騙しの手段が用いられないことはないと主張する。しかし別の面では、孫子はまた「全勝」を至善至美の戦争として

韓信降を勧む●孫子曰わく、「上兵は謀を伐つ」〔謀攻篇〕、「戦わずして人の兵を屈す」〔謀攻篇〕と。図は漢の将軍韓信が脅したり利益で誘ったりの二つの手段で燕王に投降を迫っている所である。（王宏喜画、上海辞書出版社）

追求している。この最大限度人員の死傷と国家の損失を軽減する考え方自体が「国を保ち民を安んず」（『水滸伝』第五十四回）という「大仁」、「大義」を含んでおり、それによって、義と利、仁と詐の問題の上でも、唯物主義的弁証法の高度な統一を堅持している。

（二）謀と力の弁証法的統一。孫子は智を尊び、謀略をもって勝ちを取ることを主張した。これが孫子の戦争芸術の生命である。しかし孫子はまた実力を非常に重んじた。彼は「形篇」の中で言う。「勝兵は鎰《イツ》を以て銖《シュ》を称るがごとく、敗兵は銖を以て鎰を称るがごとし。」「鎰」と「銖」は中国古代の二つの重さの単位で、一鎰は二十四両、一両は二十四銖である。「鎰」と「銖」の比率は数百倍にもかけ離れているということがわかる。この言葉全体の意味は、勝利する軍隊はそれを敗北する軍隊と比べると、あたかも「鎰」をもって「銖」を量るように絶対的な優勢を占めている。そして、失敗する軍隊はそれを勝利の軍隊と比べると、「銖」をもって「鎰」を量るように絶対的な劣勢にあるというのである。孫子はこうであってはじめて砥石をもって卵を撃ち、石ころで卵を打つ効果に達することができると考えている。孫子のあらゆる戦略・戦術思想はみな強大な実力をもって後ろ盾としており、謀と力の二者は片方をおろそかにすることはできないと主張しているということができる。

（三）常と変の弁証法的統一。孫子は多くの軍事学的な一般原則をまとめている。例えば、「帰師には遏《とど》むること勿かれ」（軍争篇）とは、急いで家に帰ろうとする敵を阻んではならないということである。「窮寇は迫ること勿かれ」（軍争篇）とは、絶体絶命となった敵に対しては厳しく迫ってはならないということである。「囲師には必ず闕《か》く」（軍争篇）とは、敵を包囲した時には逃げ道を作っておくようにし、それから機会を狙って殲滅する。これらはみな比較的安定した用兵の常識である。しかし、孫子は更に「変」を重視し、臨機応変、通権達変（これも臨機応変の意味）が用兵のハイレベルの境地であると考えていた。そこで彼は言う。「兵に常勢無く、水に常形無し。能く敵に因りて変化して勝ちを取る者、之を神と謂う。」（虚実篇）

（四）客観と主観の弁証法的統一。孫子は客観的事実を尊重し、戦争の客観的条件に背いて戦争の勝利を求めることはできないと主張する。すなわち所謂「勝ちは知るべきも為すべからざるなり。」（形篇）である。その意味は、勝利というものはあらかじめ知ることができるが、強いて求めることはできないということである。もう一方で、彼はまた「勝ちは為すべきなり」（虚実篇）、すなわち勝利は獲得することを謀ることができると主張する。司令官として戦争を面前にして何もせず、受動的であってはならない。積極的に条件を作り出し、自分の主観的な能動性を発揮して、早めに勝利をもたらさなければならない。孫子が「勢篇」の中で提出している「勢に求む（求之於勢）」の思想は、すなわち司令官が主観的能動性を発揮することの強調した表現である。

（五）利と害の弁証法的統一。戦争の「利」と「害」との問題では、孫子は「軍争は利たり、軍争は危たり」（軍争篇）、「智者の慮は、必ず利害を雑《まじ》う」、すなわち主導権を争うことは、有利な一面もあれば、危険な一面もあると強調している。聡明な人が問題を考える時には利と害を同時に弁証法的思考をしなければならず、利を考えると同時に、危害もあるかもしれないと考え、害を考える時には、有利な一面も考えなければならない。曹操は言う。「利に在りては害を思い、害に在りては利を思う」（『孫子』九変篇の曹操注）。老子は言う。「禍は福の倚る所。福は禍の伏する所なり」（『老子』五十八章）。これはみな孫子の「利害を雑う」の思想の同工異曲である。

以上の内容は至る所に軍事弁証法の輝きを放っている。『易経』と比べてみると、孫子の弁証法的思想は迷信の色彩が少なく、系統性と理論性をより多く備えている。『老子』と比べると、孫子の弁証法的思考は、老子の客観唯心主義的色彩と消極譲歩

背水の陣を敷いて戦う●死地ならば戦うというのは、孫子が主観的能動性を発揮することを主張した強調的表現である。図は三国時代の蜀の大将軍姜維が軍を率いて背水の陣を敷いて戦っているもの。（王宏喜画、上海辞書出版社）

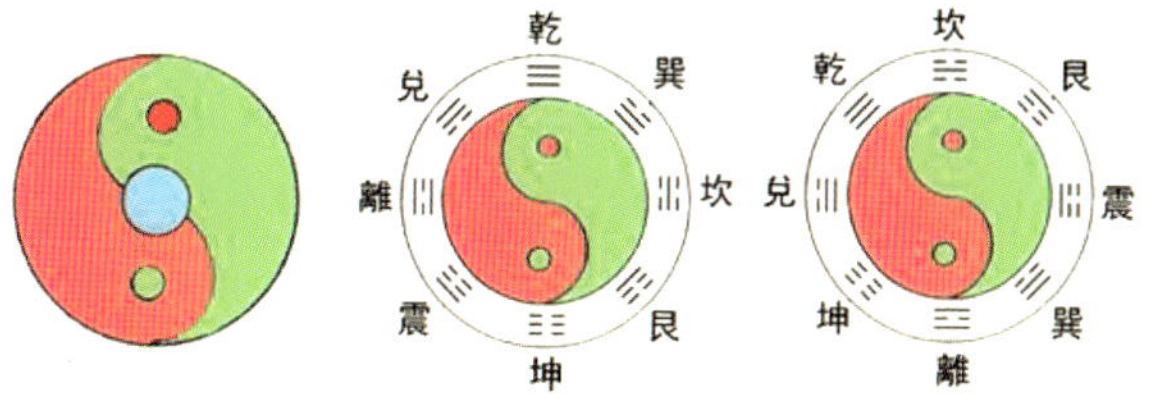

弁証法的哲理を大量に含む易経の三図。左：元極図、中：伏羲先天太極八卦図、右：文王後天太極八卦図。

の保守的精神構造を克服している。学界の見方に従えば、所謂系統思想（全体思想）と弁証法的思考（対待思考）は同じであり、みな中国の伝統的な弁証法的思考に属している。そこで、弁証法的思考は『孫子兵法』方法論的体系の大綱と言えるのである。

動態性

所謂動態的思考とは、事物の運動状態の認識についての思考形式である。それは人々に思考中に全面的、連繫的、発展的な観点を持ち、客観的事物の変化の状態と法則に対して完全な描写を行うように求める。中国の古人の特徴的な全体思想と弁証法的思考方法は、彼らの発展的思考の認識と論述をも非常に豊富なものに決定づけた。『易伝』では三度も「時と偕《とも》に行う」（『易経』文言伝）と述べられている。「時」とは、天の時であり、自然の法則を指す。「偕」は倶である。時間が移り、四季が変化すると、人間の行為もこれに従って変化しなければならない。春に耕し、夏に草を切り、秋に収穫し、冬に収蔵し、時を違うことができない。損益（易の用語。減らしたり増やしたりすること）の道も天の変化に従って変化しなければならず、季節によって財政の収入と支出を割り振る。『易経』乾卦の文言伝に言う。「夫れ大人なる者は、天地と其の徳を合わせ、日月と其の明を合わせ、四時と其の序を合わせ、鬼神と其の吉凶を合わす。」その意味は、有徳の聖人は、その思想と行動はみな自然の法則と一致し、その品徳は天地のように万物を覆い、その聡明さは日月のように大地を遍く照らし、その行為は四時の変化のように秩序だっており、彼が人に吉凶を示すのは鬼神のように奥深く計り知ることができないということである。

孫子はまさにこのような大智の聖人であり、『孫子兵法』の述べている動態戦略思想は多方面の内容を含んでいる。我々はその中の精華を選んで概略的な分析を行って、その動態思想体系の全貌を示すことにする。

（一）戦争の状態と過程の動態変化に対する総体的な描写は、主観と客観の条件が相互に入れ替わり、それによって導かれる優勢劣勢の転換を強調している。

例えば孫子は、「計篇」において「五事」・「七計」の廟算の分析を通して、客観的形勢の総合的判断を得た後、更に一歩進んで、「計利として以て聴かるれば、乃ち之が勢を為して、以て其の外を佐《たす》く」と言う。その意味は「敵に克ち勝ちを制する計略に従い、更に一種の〝態勢〟を作って、我が方の軍事行動を助ける外部条件とする。」ということである。勢とは何であろうか？勢とは敵に合わせて作った一種の配置であり、見ることもできず、触ることもできず、形の影に隠れているが、形に付き添う。もし拳法や囲碁と例えれば、勢とは敵に対する手であり、敵を破る手であり、敵の一手一手に対して、その場で対応し、臨機応変に行うことである。そこで、孫子は「勢とは利に因りて権を制するなり」（計篇）と言う。非常に明白なことは、これは計略を立てることと計略を用いること、客観と主観、静態分析と動態把握を巧妙に一つに結びつけている。

（二）敵と自分双方の基本状況の分析に基づいて、未来の戦争状態の具体的変化及びその過程を予測し、事前に変化に対応したたくさんの準備をしておく。孫子は「計篇」の末尾において、「廟算」の総結論を得ている。「計画が周密で、条件が十分であれば、勝ちを得ることができる。計画に手抜かりがあり、条件が不足していれば、失敗するはずである。まして計画を立てず、全く条件がなければ!! 我々はこれらに基づいて観察すれば、どちらが勝ちどちらが敗れるかは、一目で分かる。」これは明らかに動態に基づく一種の予測と判断であり、それ以後の案の選択と実施に十分な余地を残しており、またそれによって多方面の臨機応変の準備をきちんとできるのである。まさに「九変篇」で言うように、「其の来たらざるを恃むこと無く、吾が以て待つこと有るを恃むなり。其の攻めざるを恃むこと無く、吾が攻むべからざる所有るを恃むなり。」で、その意味は、「敵が来るはずはないという僥倖の心理を抱かないで、自分の側に十分な準備があるということによって、陣容を整えて待つ。敵が攻撃するはずがないという僥倖の心理を抱かず、自分の側の難攻不落の防御に依拠すれば、敗れるはずはない。」である。

(三) 戦争の実力の各々の関連する要素の相互促進や相互影響の分析と予測。「形篇」の中で、孫子は戦争の実力を分析するには五つの基本原則がなければならないと述べている。すなわち「一に曰わく度、二に曰わく量、三に曰わく数、四に曰わく称、五に曰わく勝。」この五つの方面は相互に影響する。敵と自分のいる地域が違えば、双方の土地面積の大小が異なる「度」が生じ、「度」が異なれば、双方の物産資源の多少が異なる「量」が生じ、「量」が異なれば双方の兵員の多寡が異なる「数」が生じ、「数」が異なれば、双方の軍事的実力の強弱が異なる「称」が生じ、「称」の違いは最終的に戦争の勝敗を決定する。孫子は段階ごとに分析を進めて、戦争の実力の生成過程と法則を深

李牧軍を率いて匈奴を破る●戦国時代末期、趙の大将李牧《りぼく》は兵を率いて匈奴を防いだ。自分を不敗の地に立たせるために、まず防御を強化し、「騎射を習い、烽火を謹み、間諜を多くす」(『資治通鑑』巻六)。その後李牧は精兵十余万人を率いて、匈奴が敵を軽視しているのを利用して、相手の意表を突いて勝利を得て進撃し、匈奴軍十余万騎を殲滅した。(王宏喜画)

記念切手——決戦淮海●淮海戦役は解放戦争時の中国国民党軍と共産党軍が行った生死を決める三度の大決戦の一つである。戦役は 1948 年 11 月に起こり、1949 年 1 月に終結した。併せて国民党軍 55 万 5 千人を殲滅し、長江中下流以北の広大な地域を解放した。

く示した。それは我々に、力が生成される結果だけを重視するのではなく、更に力の生成される過程を重視し、力の動態変化と生成の過程の中で、形勢を把握し、戦争のやり方を決定をしなければならないと示している。その他、一つの国家の戦争の実力を研究するには、単に目の前の力だけを見ることはできず、更にその国家の潜在的な力及びその潜在力を現実的な力に転換できる能力を見なければならない。日本の将軍山本五十六[3]が米国の真珠湾を順調に急襲した後、日本が最終的には戦争で失敗するであろうと予感したのは、彼は米国の巨大な戦争への潜在力に気がつき、動態的な実力観で日本と米国の戦争実力の巨大な差を認識したからである。

（四）具体的な用兵モデル上の動態変化。具体的な兵を用いた戦闘上で、孫子は攻と守、危と正、虚と実などの方面の動態変化を非常に強調した。「形篇」の中で、彼は「敵に乗ずべきの機がなければ、戦って敗れることはない。しばらく防ぎ守って勝機が生じるのを待つ。敵に乗ずべきの機があり、戦って敗れてしまう時には、奇兵を出して敵を破る。防ぎ守るのは我が方の兵力が足りないからであり、進撃するのは自軍の兵力が敵よりも多いからである。防ぎ守ることが上手いのは、自軍の兵力を深くて測ることのできない地下に隠しているようなものであり、進撃するのが上手い部隊は、天から降りてきたようなもので、敵は防ぐことはできないのである。」と言い、「勢篇」では、彼は「およそ戦闘とはすべて正兵をもって正面から戦うものであるが、しかも奇兵を用いて相手の意表を突いて勝ちを制するものである。奇兵を運用するのが上手い人は、その戦法の変化は天地の運行のように極まることがなく、大河や海のように永遠に水が絶えることはない。」と言う。「虚実篇」では、孫子は水を用いて戦闘方法の変化を例え、「水は地に因りて流れを制し、兵は敵に因りて勝ちを制す。」と言う。「水」は最もよく中国の戦略の深奥な道理を表現できる。水は形があり、誰でも見ることができる。しかし水には決まった形がなく、誰もがその形がどのようなものであるかを述べることはできない。これは

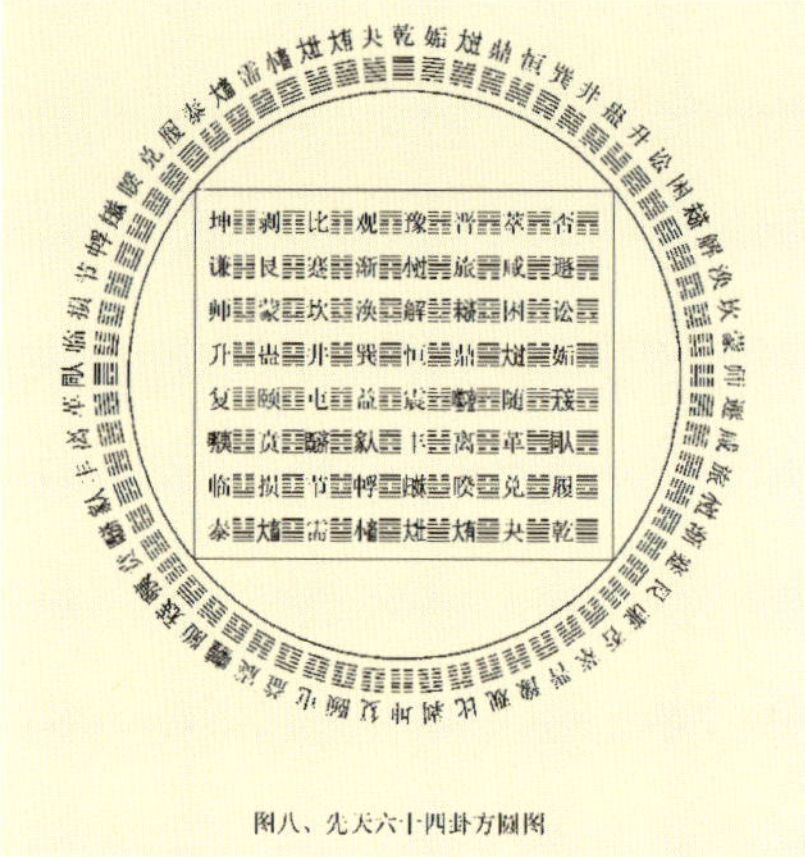

宇宙万物の変化をすべてまとめた先天六十四卦方円図。

清人画『太祖杜松営を破るの図』●サルフの戦い〔1619〕の中で、清の太祖ヌルハチは「お前たちがいくつかの道から行くとしても、私はただ一つの道から行く」という敵を集中して殲滅するの原則で、六万の八旗の精兵を率いて、全力で明の西路軍に対処した。

なぜであろうか？ その中の深奥なるなぞは「変」の字にある。したがって、孫子の戦略は変化を強調するが、それは自己の力量を一種の経常的な変化の中に置き、敵に対しては一種無作為の状況によって変化するという固定していない形状、すなわち「兵は常勢無く、水は常形無し」を示すのである。

（五）司令官の戦闘過程中での九変するモデルを総括している。「九変篇」では、「ある道は行ってはならない。ある敵軍は攻撃してはならない。ある都市は占拠してはならない。ある地域は争ってはならない。君主のある種の命令は受け入れなくてもよい。」と言う。孫子はここで、将軍が戦闘過程中での具体的な形勢に基づいて、指揮方法についてすぐに調整を行うことを強調している。拒絶することを学び取り、柔軟に融通を利かすことを学び取らなければならないが、この融通性の一つの重要な前提は、「智者の慮は必ず利害を雑う」ということである。すなわち随時に利と害との二方面を考慮し、不利な状況の下では有利な面を分析し、有利な状況の下では不利な要素を分析して、最終的には戦機をつかんで、機動的に敵を制圧するのである。

以上述べたのは、『孫子兵法』は一種の全体と弁証に立脚した動態思考モデルを作り上げたということである。それは戦争の対立的な本質と争いあう双方の間との相互作用を強調している。また競争の手段が一定の時間内にのみ働くことを重要視している。変化の中で絶えず競争中での新しい優越性を強化し創造するようにつとめている。とりわけ思弁的特色を強調し、弁証関係の分析を用いて、敵と我が方の形勢と主観客観方面の変化及び戦闘過程での突発事件等々を分析処理している。

より深いレベルで言えば、『孫子兵法』は東方思想特有の柔軟な思想を含んでいる。孫子の提出した戦略の諸々の要素は系統的であり、また動態的であり、併せて勝敗・奇正・虚実・迂直・利害などの窮まりなく変化する実践の中から具体的に表現されたものである。これらの戦略資源組織の柔軟性は西方の戦略管理思想と比較して言うと、複雑で変化の多い環境により一層上手く対応している。

類比性

類比推量は中国の伝統的な思考の一種の重要な方式であり、その本質は、想像を通し具体的な事物によって、一種の抽象的なことの道理を推論して理解する論理方法である。それは最初『易経』によって形成され発展した。例えば、『易経』の大過九二の爻辞《こうじ》[4]「枯楊《こよう》稊《ひこばえ》を生じ、老夫其の女妻を得たり。利あらざる無し。〔枯れた柳にひこばえが生じ、老いた夫が若い妻を得たようなものである。利がないことはない。〕」ここでは自然界の枯れ木が新しく芽を出したのを、世の中の夫が少女を娶るのと関係させ、その類似点を取って、想像を行い、その後「利ならざる無し」の結論を類比推論するのである。その意は、卦を求める者に、問われたことが大吉大利であることを告げることにある。この過程の中で、[5]象と卦辞・爻辞は知ることができるが、「意」は知ることができず、その心で分かることはできるが言葉で伝えることのできない内容は、人びとはただ類似点から想像するという思考方式でのみ得ることができる。これはまさに前に述べた「意を得て形を忘る」、「魚を得て荃を忘る」の思考の秘密のあるところである。戦国時代の楚の墓から出土した『人物龍鳳帛画』はまさに具体的物象を借りて、その他のそれと関係ある事物あるいは意義を比附推論している。画中の婦女はまさに墓の主人であり、龍と鳳は天地の間を往来できるもので、魂を率いて天に上る乗り物である。この絵は一幅の「昇仙図」であり、墓の主人が死後龍と鳳との導きを得て天界に登り、再生することを望んでいるということを説明している。

　時代という歴史的条件の制約を受けているため、『孫子兵法』もその種の類似点から想像するという思考方式を取り入れた顕著な特徴を持っている。『孫子兵法』の中の多くの軍事概念と思想に、孫子は明確な定義と解釈とを与えていないが、比喩と象徴の方法を通して表現している。例えば、「勢篇」中の「勢」の概念は非常に重要であるが、一つの明確な定義を下すのは難しい。そこで孫子は「激しい水は石を漂わせる〔「水之疾、至於漂石」〕〔勢篇〕を用いて、軍事上の「勢を謀る」ことが作り出す巨大な威力を比喩し、「鷙鳥の疾《はや》き」〔勢篇〕を用いて「勢」の求める距離と速度を比喩する。イメージは生き生きとし、また創造性に富んでいる。また例えば、「常山の蛇」〔九地篇〕をもって戦闘部署の協調と協力を比喩し、「処女」や「脱兎」〔九地篇〕を用いて戦場のリズム制御の動静の理と戦術の狡猾さ及び行動の突然性を比喩しており、独自の風格を備え、生き生きとして、すばらしいと感嘆させると言うことができる。その他例えば、「夫れ兵の形は水を象《かたど》る。水の形は、高きを避けて下《ひく》きに趣く。兵の形は、実を避けて虚を撃つ。水は地に因りて流れを制し、兵は敵に因りて勝ちを制す。」〔「虚実篇」〕「故に其の疾きこと風のごとく、其の徐かなること林のごとく、侵掠すること火のごとく、動かざること山のごとく、知り難きこと陰のごとく、動くこと雷《いかずち》の震うがごとし。」〔「軍争篇」〕もみなこの思考を活用した典型的な句である。孫子が「比」と「興」[6]の手法を通して一種の軍事思想の内包を表現した技倆は、すでに神の域、最高の域に達していると言える。

人物龍鳳帛画●1949年湖南省長沙市の陳家大山戦国楚墓から出土。

兵は常の勢無し●戦争には固定不変のモデルはなく、水の流れが固定不変の形がないのと同じである。敵情の変化に基づいて敵に勝ちを制することができる者は、兵を用いること神のごとしである。〔『水滸伝』第59回〕（王宏喜画）

跳躍性

東西文化の比較で見れば、中国人は思考の論理性、厳密性の面では西洋人には及ばない。しかし、思考の広大さ、跳躍性、敏捷性の方面では西洋人に勝っている。

一番最初に孫子の思考が跳躍性の特徴を持っていると指摘したのは史美術教授である。彼は『孫子の思想の総合性、弁証性、跳躍性』という文章の中で指摘している。孫子の思考は跳躍性の特徴を備え、具体的には二つの方面として現れている。一つは、孫子は問題を思考し論述する過程で、往々にして「発散性」の現象があって、一つの問題から突然別の問題に跳ぶこともできる。例えば本来「火攻め」を述べていたのに、突然「水攻め」に話が飛んだり、本来「敵」のことを話していたのに、突然「自分」のことに飛んだり、本来「用兵の法」のことを述べていたのに、突然「治軍の道」に飛んだりと、論述の過程の中で思考と論述の「連続性の途切れ」が出現する。孫子の思考の跳躍性のもう一つの面は、孫子が問題を考慮したり論述したりする時に、往々にして個別的なことから一般的なことに飛ぶことである。すなわち具体的、個別的なことがらから出発して、一つの抽象的、一般的原則と結論を得る。例えば「火攻篇」の主な内容は火攻めという特殊な戦術についての論述であるが、面白いことは、火攻めの対象、条件、方式及び臨機応変の措置などの内容を述べた後で、孫子は文章すべてを終わらせもせず、また慣例通りそれにふさわしい結論を得ることもせずに、突然普遍的指導的な意義を持つ戦略原則に論及し、「主は怒りを以て師を興こすべからず、将は慍《いきどお》りを以て戦いを致すべからず、利に合わば而《すなわ》ち動き、利に合わざれば而ち止む。……故に明主は之を慎み、良将は之を警《いまし》む。此れ国を安んじ軍を全うするの道なり」[7]と言う。これは多くの学者を分かりにくくしており、これは錯簡の問題であろうと考えている人もいる。実は、これは単に孫子の思考の跳躍性の際だった表れにすぎないのであり、『孫子兵法』のその他の篇にも似たような内容はたくさんあるのである。

『孫子兵法』がこのような跳躍性の思考という特徴を現しているのは、一つには孫子の聡明さ、頭の働きの表現であると筆者

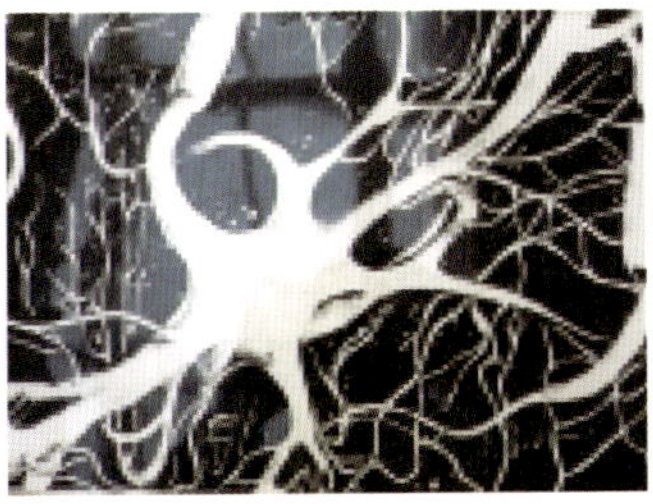

人の大脳での思考は、一種の発散性の網状の像を呈すると専門家は考えている。

图八五　火禽
(《武经总要前集》卷十一：十八页正)

中国古代の戦争の中で火攻めに用いられていた火の鳥。李零著『兵は詐を以て立つ』より。

は考えている。一般的に言って、知恵のすぐれた人は柔軟で敏捷な心を持っているはずで、考えている問題も多種多様で、思考の霊感とひらめきは随時に出現する。そこで内容的にスパンの大きな跳躍は免れないのである。もう一方としては、また戦争の問題が複雑に錯綜しているのと関連がある。先を見通すことのできない軍事的戦場には、各種の偶然的要素が絶えず出現し、随時随所に想像もしなかった出来事が発生するはずである。これは指揮官が問題を判断する時に、一般的な論理的推理に完全には従うことができず、跳躍的な思考を通して新しい考え方の方向を求めることを必要とするのである。当然、これは『孫子兵法』の渾然一体とした論理構造に影響しない。なぜならば、この跳躍した全体部分の内容から見れば、それはまた「自然にまとまる」ことができ、みな「用兵の道」あるいは「治軍の道」テーマの思想に奉仕しているからである。しかもまさにこの全体性、弁証性を備え、また発散性、跳躍性を備えた思考方法は、後世の人に思考が自由に動き回る空間をもたらし、その内容に深奥な広大さと絢爛多彩な魅力を現している。

逆方向性

逆方向性思考とは、いつも通りに問題を考える固定的なパターンを打ち破り、一般的な習慣と反対の方向に思考や分析を行う思考方式を採ることである。分かりやすく言えば、問題をひっくり返して考えることである。中国古代の逆方向性思考は、『易経』の中にその源を見つけることができる。『易』は、「窮まれば則ち変じ、変ずれば則ち通じ、通ずれば則ち久し。」（『易

空城の計（郵便切手）●『三国志演義』の中での有名な戦争の例。蜀の丞相諸葛亮が駐屯していた西城が、魏の大将司馬懿の大軍に包囲されるという緊急の時に、諸葛亮は命令を下し、大門を大きく開かせ、自分は城壁の上に昇って琴を弾いたので、司馬懿は何か計略があると疑って、すみやかに軍を退いた。そこで蜀の西城は一兵卒も使わずに守られたのである。

経』繋辞下伝〕事物の発展が普通の考え方では通用できなくなった時、逆方向思考を行って、臨機応変に転機をつかむのである。

兵家の智者としては、孫子の逆方向性思考は非常に突出して現れており、異なるレベルの内容の中に、とても自由自在に現れていると言える。普通の人から見れば、百戦百勝が最も良いのではないであろうか？しかし、孫武は人の意表を突いて言うことができる。「戦わずして人の兵を屈するは、善の善なる者なり。」〔謀攻篇〕普通の司令官から見れば、軍隊を死地に置くのは、必ず全軍が壊滅する命運を招く。しかし孫子は、兵士の心理と戦場の形勢を具体的に分析した基礎の上に、「之を亡地に投じて然る後に存え《ながら》、之を死地に陥れて然る後に生く。」〔九地篇〕という本当の認識を得る。これらの例は更にたくさん挙げることができる。例えば、「迂を以て直と為し、患《うれ》いを以て利と為す」〔軍争篇〕。「乱は治より生じ、怯は勇より生じ、弱は強より生ず」〔勢篇〕。「兵を形《あらわ》すの極みは、無形に至る」〔虚実篇〕。「無法の賞〔法外な厚賞〕を施し、無政の令〔非常措置の厳命〕を懸く」〔九地篇〕。「将は軍に在れば、君命も受けざる所有り」〔『史記』孫子呉起列伝〕などである。

必ず注意しなければならないことは、逆方向性の思考の目的は習慣的な思考方式を打ち破り、臨機応変に行動し、それによって敵の軍隊配置と計画を乱し、最後に「其の無備を攻め、其の不意に出づ」〔計篇〕の作戦効果に達することである。其の不意に出でて、其の不備を攻むは、孫子の名言であるが、実のところ逆方向性思考の通俗化である。李零教授は言う。「その特徴はすなわち、あちこちで敵にわざと対抗し、手を変え品を変えて敵を不愉快にする。戦争とは、すなわちわざと敵を困らせ、敵がたえがたいことをし、もっぱら敵が予想できない所で、予想できない時間に、思い切って敵をやっつけることである。」〔『兵は詐を以て立つ』〕紀元前二〇四年に勃発した井陘の戦いの中で、韓信はまさにその不意に出づの意表を突いた逆方向性の思考を使って作戦を計画し、三万に及ばない主力部隊をもって川を背にして陣を敷き（中国古代の兵法の原則によれば、川を背にして陣を敷くのは自己の退路を断つことであり、兵法家が最も忌むことであった。）、敵の出撃を誘い、数千人の小部隊をもって趙の陣営を奇襲して、乱の中に勝ちを得て、一挙に二十万と称していた趙軍を壊滅した。趙軍の主将陳余を陣の中で斬り、趙王歇《けつ》を生け捕りにし、後世に「背水の陣」の故事成語を残したのである。

当然、逆方向思想を運用して臨機応変に行うには、一般的な法則に対する深い理解の基礎の上に行わなければならない。ひたすら新しさを求めたり、人と異なることを求めるのは、あたかも兵法を理解できていない人が兵法を活用しようとするようなもので、全く実行できないのである。こういう面から言え

孫子兵法城の智字碑●孫子兵法城の庭の中の景観の標識〔マーク〕であり、孫子兵法の智を譬えている。知と智は通じており、『孫子兵法』では72回出現している。

ば、孫子の逆方向性思考の運用は奇正理論に更に一層集中している。奇正は中国古代の兵陣から起こっている。そのとらえがたい奥義は、敵と味方双方の変化を十分に利用して、奇を出して正に克つの効果に達することで、これは明らかに逆方向性思考方式の活用である。李零教授は言う。「奇は正の外に置かれ、正の後ろに隠れ、正の上に駕し、わざと残しておいた一手で、それを用いて対立を作り、対立を超越し、対立を制御し、対立を解除し、永遠に相手に対して意外性を感じさせる一種の特殊な力である。」(『兵は詐を以て立つ』) 後世の兵家は、まさにこの思考の筋道に従って孫子の奇正思想を発展させた。唐の太宗が大将の李靖と奇正思想について討論した中で言う。「奇を以て正と為すとは、敵其の奇を意《おも》わば、則ち吾正を以て之を撃つ。正を以て奇と為すとは、敵其の正を意わば、則ち吾奇を以て之を撃つ。」(『李衛公問対』問対中) すなわち我が方の「奇」と「正」とは、固定不変のものではない。「正」は「奇」でもあり、「奇」は「正」でもある。「正」は「奇」に変わることもできるし、「奇」が「正」に変わることもできる。みな相手が騙されるか、騙されないか、予想していたか、予想していなかったかによる。予想していたのは「正」であり、予想していなかったのは「奇」である。往々にして単にちょっとした心得違いで失敗するので、常に心臓はどきどき、すべて敵方がどう判断し反応するかを考えて基準にしなければならない。例えば、『三国志演義』[8]に描かれた空城の計、諸葛亮は一生涯兵を用いることに慎重であったが、この時はいつもとは逆に、城内に兵のいない状況の下で、城門を大きく開いた。これは司馬懿の諸葛亮に対する判断の一般法則的思考に対して設けられたものであって、無鉄砲な武人に対してならば、諸葛亮は空城の計は用いなかったであろう。中国の兵法家の智恵はここにあり、奇に出でて勝ちを制することは、後世兵法家の倦まず弛まず求める境地となったのである。

上に述べた思考の特徴は、『孫子兵法』十三篇の中を貫いており、これが『孫子兵法』の永遠の思想的価値の重要な核であり、『孫子兵法』の具体的理論や観点よりも、更に長い生命力と更に普遍的な指導的意義を有するものでさえある。

訳注

(1) **宋の襄公**　春秋時代の宋の君主（紀元前六五一〜紀元前六三七在位）。春秋五覇の一人に数えられることがある。

楚と宋国内の泓水の畔で戦った時、臣下が敵の渡河している間に攻撃するべきだと言うのを許さず、また、楚軍の陣形が整っていないうちに攻撃するべきだというのも聞かず、楚軍が陣形を整えた後激突した。これは楚の圧勝に終わり、襄公は太股に怪我を負った。帰国後、なぜあの時に攻撃しなかったのかという問に、襄公は「君子は人が困窮している時に付け込んだりはしないものだ」と答えた。これを「宋襄の仁」と言う。この「宋襄の仁」に対しては理想主義者であるという擁護論もある。

(2) **ニーダム**　ノエル・ジョゼフ・テレンス・モンゴメリー・ニーダム。一九〇〇年〜一九九五年。英国の科学史家。『中国の科学と文明』は、中国文明だけではなく、非ヨーロッパ文明に対する知識人の見方を一変させた。

(3) **山本五十六**　一八八四年〜一九四三年。日本の海軍軍人、元帥。連合艦隊司令長官。一九四三年に前線視察の際に戦死。

(4) **『易経』の大過九二の爻《こう》辞**　「大過」は兌上巽下の卦である。この卦全体に卦辞があり、その他に一つひとつの爻に爻辞がある。「九二」の「九」は陽を表す。ちなみに陰は「六」で表す。爻の順番は下から数え、「初・二・三・四・五・上」と称する。大過九二の「二」は下から数えて二番目という意味を表す。つまり「九二」とは下から二番目の陽の爻の爻辞の意味である。なお、一番下と一番上の爻は、例えば大過であれば「初六」、「上六」と表し、陰陽と順番の表し方は反対になる。

大過　䷛

爻辞とは、易の各卦のそれぞれの爻《こう》について説明をした言葉。象辞とも言う。

(5) **象**　易経の六十四卦は、八卦（乾《けん》・兌《だ》・離《り》・震《しん》・巽《そん》・坎《かん》・艮《ごん》・坤《こん》）を二つ組み合わせてできている。この八卦には自然・属性・方位などが配当されており、これを「象（象徴の意）」と言う。ここでの「象」の意味はそれを上下組み合わせて作り上げられている卦全体の象徴するもののこと。

(6) **比と興**　『詩経』には「六義《りくぎ》」と呼ばれる表現上の分類がある。内容上の分類である風・雅・頌《しょう》と、表現上の分類である賦《ふ》・比・興である。後者は、事柄や思いをそのまま述べる「賦」、比喩を用いて述べる「比」、事物に感じて思いを述べる「興」であり、ここの「比と興」もその意味。

(7) **錯簡**　中国古代の書物は、竹簡や木簡に書かれ、それを紐で綴じて巻物とした。この紐が切れると竹簡や木簡の順序が入れ替わったりし、順序が乱れてしまう。これを錯簡と言う。

(8) **三国志演義**　後漢末から三国時代を舞台とする歴史小説である。作者は施耐庵あるいは羅貫中とされるが実際のところは不明。四大奇書（他には『水滸伝』、『西遊記』、『金瓶梅』）の一つに数えられる。

第四章

『孫子兵法』の中国戦争史上での地位と運用

『孫子兵法』は中国歴史上最も早く、しかも最も整った兵法書である。その詳細で深い思想体系と、英知に満ちた遠大で卓越した見識は、後世の戦争理論と実践とに積極的かつ深遠な影響を及ぼし、「百経談兵の祖」と称賛され、戦争理論の元祖と崇められた。中国の戦争史と兵学発展史を見渡してみると、『孫子兵法』の深い跡を留めていないところはないと言うことができる。

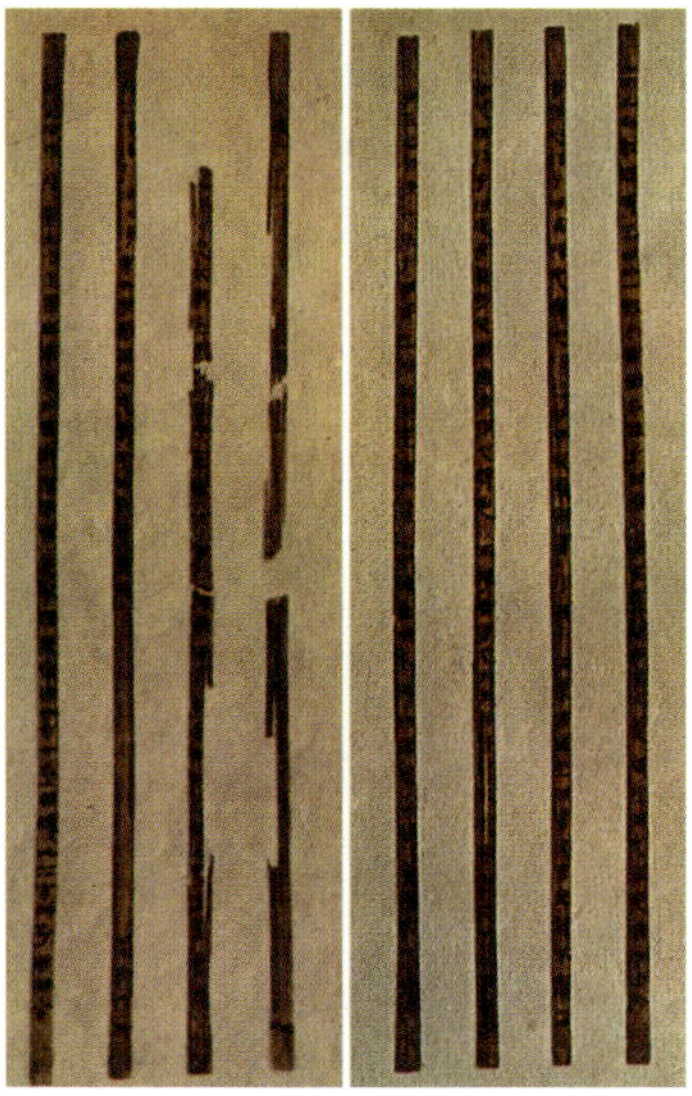

春秋末期の軍事家孫武及び『孫子兵法』の竹簡。(山東省臨沂市銀雀山漢墓出土)

武経の頂き

『孫子兵法』はわずか十三篇で、五千文字あまりであるが、中国伝統兵学の基礎を定めた作品である。それはそれ以前の兵学の成果（例えば『軍志』、『軍政』、古『司馬法』、法令など）の基礎の上に、当時の戦争の実践を結合して、一つの精密で美しく大きな兵学体系すなわち古代の軍事理論体系を創造的に打ち建てている。この体系は中国伝統兵学の主な内容を包括し、後世兵学の発展方向を限定している。まさに明代の茅元儀《ぼうげんぎ》[1]が、「孫子に前なる者は、孫子は遺さず。孫子に後なる者は、孫子を遺さず」と指摘している通りである。その意味は、前人の優秀な兵学の成果は、孫子はみな十分に継承しているし、後世の兵を語る者は、孫子の学説を継承しないわけにはいかないというこ

西周利簋〔簋〕●陝西省西安市臨潼区出土。その銘文には牧野の戦いに関する状況が記されている。

とである。すなわち、中国の兵学は異なる時代にはみな新しい発展があったが、しかしすべての古代において、孫子が構築した兵学体系の枠組みを突破して新しい体系を打ち建てることができなかったということである。そこで、後世の兵学を語る者は、みな孫子を目指すのである。

『孫子兵法』が世に問われて後、それが戦争の真髄を悟り、軍事闘争に内在する法則を明らかにしているので、世の中の人びとに極めて大きな関心を持たれた。早くには戦国時代の末期に、「孫呉の書を蔵する者は、家ごとに之有り」（『韓非子』五蠹篇）の局面が出現しており、その伝播する広さはどこの家でも知っているというレベルであったということが分かる。孫子以後の軍事家は、『孫子兵法』というこのたぐいない大著から栄養を汲み取らない者はいなかった。中国古代の兵書と戦争の知恵を見渡してみると、ほとんど一つの例外もなく孫子の影響を深く受けている。『孫子』の書に対して注釈・校勘・通解を行った者は歴代少なくなく、不完全な統計ではあるが、名字を遺した注釈者が二百人以上、現存している著作が四百部以上である。兵学発展史は、ある意味から言えばすなわち『孫子兵法』の研究と発展の歴史である。

呉起は戦国時代の有名な軍事家で、『呉子』（または『呉起兵法』と言う）の著がある。『史記』孫子呉起列伝の記載によれば、呉起はかつて「兵法を学びて以て魯君に事《つか》」（『史記』では「兵を用いるを好み、嘗て曽子に学び。魯君に事」えた。今伝わる『呉子』の書の内容から推断すれば、ここで説かれている兵法は、当然『孫子兵法』を中に含むはずである。

『呉子』の本は、多くのところで明らかに『孫子兵法』の軍事思想を手本としている。例えば「料敵」篇では「兵を用うるには必ず須《すがか》らく敵の虚実を審かにして其の危《あやう》きに赴くべし。」（兵を用いての戦闘には、必ず先ず敵の虚実の状況を明らかにし、その後敵の防御が手薄でもありまた重要な部分を攻撃しなければならない。）と言い、これは明らかに孫子の「実を避けて虚を撃つ」（虚実篇）の思想の継承と発展である。「料敵」篇の中の「水を渡りて半ば渡るは、撃つべし。」は孫子の「半ば渡ら

戦国時代の有名な軍事家呉起●紀元前 440 年～紀元前 381 年。戦国時代の兵家。衛国左氏（現在の山東省定陶県の西）の人。兵を用いるのが上手かった。最初魯の将となり、続けて魏の将となって、しばしば戦功を立てた。後に楚の令尹となって変法を主導し、一時楚の軍隊に猛威を振るわせた。

戦国時代の著名な軍事家孫臏●孫子の子孫。著作に『孫臏兵法』がある。

しめて撃つ」〔行軍篇〕の思想と同じである。似たような状況はまだたくさんあるので、これ以上いちいち列挙しない。

孫武の後世の子孫である孫臏の書いた『孫臏兵法』は、『孫子兵法』の思想を祖述し発展している。言葉の上でも踏襲しているものが多い。鬼谷子[2]が孫臏に『孫子兵法』十三篇を伝授した時に、彼は気に入って手から離さず、日夜休むことなく研究読誦した。三日後、先生が一篇ずつテストしてみると、孫臏はよどみなく答え、一字も漏らすことがなかったので、先生は喜んで「孫武の子孫に人物が現れた。」と誉《ほ》め称えたと伝えられている。歴史的には「孫臏は勢を貴ぶ」〔『呂氏春秋』不二篇〕と言われるが、これはすなわち、自分にとって有利な戦闘態勢と敵に対しては圧倒的な攻撃する力とを形成することを強調しているのである。実際上その主な思想は、「事備わりて後動く」（すべての戦争行動は十分な準備をしておかなければならない。）〔『孫臏兵法』見威王篇〕、「敵を料り険を計る（敵の虚実を予知し、行軍の険阻を見積もる）〔『孫臏兵法』威王問篇〕、「生に居りて死を撃つ」（有利な態勢を占めて必ず死ぬという敵を攻撃する。）〔『孫臏兵法』八陣篇〕など、『孫子兵法』中の勢を知る、勢を造る、勢に任せるなどの理論の発展と展開である。孫臏の貢献は、それが戦国時代中期の戦争の新しい特徴に基づき、これらの問題を一層具体的に詳述し、弾力的に運用したことである。

おおよそ戦国後期に書かれた『尉繚子《うつりょうじ》』（梁の恵王の時の尉繚の作と伝えられている。）も、深く『孫子兵法』の影響を受けている。『尉繚子』に述べられている「道勝」（政治的に勝ちを取る）、「威勝」（軍事的脅威で勝ちを取る）、「力勝」（戦闘を行って勝ちを取る）が、『孫子兵法』の「伐謀」、「伐交」、「伐兵」〔すべて謀攻篇〕の思想の影響を受けていることは疑いがない。その「武義」篇の中で述べられている占星術や占いに反対する観点は、孫子の人事を強調し、スパイを用いて敵情を理解する思想と一脈相通じている。

おおよそ戦国時代末期に書かれ、太公望呂尚《りょしょう》[3]が書いたとされている『六韜《りくとう》』は、『孫子兵法』の思想について多く詳述し、展開している。例えば、『六韜』武韜篇で述べられる、「全勝は闘わず、大兵は創《きず》無し」（交戦しないで全勝を得、死傷者が無くて敵に勝つ）の思想は、全く孫子の「全勝」思想の注釈と展開である。その書の中で述べられている「其の西せんと欲すれば、其の東を襲う」（西方の敵を攻撃しようと計画したならば、まず東方の敵を攻撃して敵を惑わす。）の作戦方針と、『孫子兵法』の「其の無備を攻めて、其の不意に出づ」（敵の思いもよらなかった所にいて、攻撃を始める）〔計篇〕の思想と偶然に一致している。

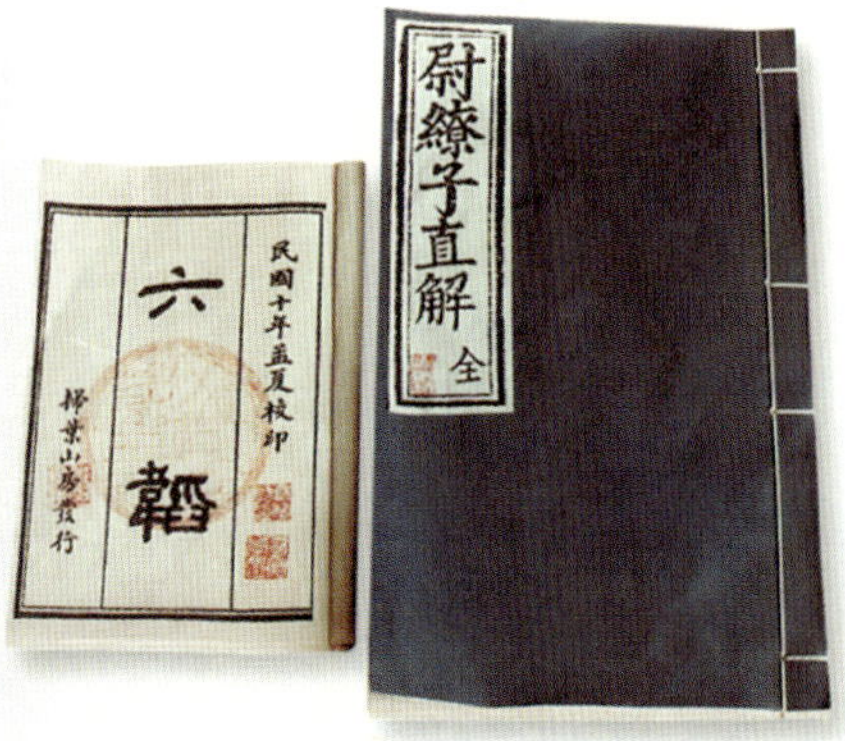

『六韜《りくとう》』と『尉繚子』●『六韜』は古くは太公望呂尚の著とされていたが、実のところそれは戦国時代から秦漢の頃の兵書である。軍隊の編成、装備、訓練、通信、将校などの問題について広く論述されており、中国古代の軍事科学発展に対して一定の意義を有している。『尉繚子』は戦国時代中期の軍事家尉繚の書いたものと伝えられており、主に述べられているのは用兵の戦術である。

およそ秦漢の際に書かれた『三略』（『黄石公三略』とも言う）はある方面では孫子の思想を継承し、また新しい展開がある。『三略』は「全勝」を主張し、将は「国の柱石」であるとし、賞罰を厳しくかつ明らかにすることを強調しており、『孫子兵法』と多くの通ずる所がある。

前漢の時代、国家は兵書に対して三回の大規模な整理を行った。一回目は漢の高祖の時で、張良[4]・韓信が兵法を編纂校訂した。二回目は漢の武帝の時で、軍政の楊僕によって「遺逸を捃《くん》摭《せき》し、兵録を紀奏す」〔『漢書』芸文志〕、すなわち民間に遺失している兵書を探し採録して、図書目録を編纂した。三回目は孝成帝の時で、任宏が「兵書を分類し並べ」〔『漢書』芸文志〕、それを「兵権謀」、「兵形勢」、「兵陰陽」、「兵技巧」の四種に分け、『孫子兵法』を「兵権謀」のトップに置いた。この三回の整理は『孫子兵法』の位置付け、形づけと伝播に重要な意味を持ち、『孫子兵法』の後世に対する影響は日増しに広がった。『漢書』の記載によると、漢の武帝はその愛将霍去病《かくきょへい》[5]に「孫・呉の兵法」を読ませたことがある。司馬遷は霍去病の用兵が「暗

太公望釣り糸を垂れるの図●太公望は西周時代の有名な政治家、軍事家で、斉国の創始者である。古希の歳に渭水のほとりで釣り糸を垂れ、偶然に賢者を求めていた周の文王と出会い、請われて宮廷に入り、拝されて太師となった。武王が紂を伐って周を興すのを助け、これ以上のない功績を立てた。

元の太祖ジンギスカン●元の太祖、名はテムジン、尊号はジンギスカン（1162～1227)。「深沈にして大略有り、兵を用いること神のごとし。」〔『元史』太祖本紀〕毛沢東は彼を「時代の寵児」と呼んだ。古代蒙古族の指導者で、傑出した軍事家、政治家である。

優れた才知と計略を有した漢の武帝劉徹●紀元前 156 年～紀元前 87 年。紀元前 141 年～紀元前 87 年在位。漢の武帝は度量と見識があり、優れた才能を持っていた。ゆえに班固（32 年～92 年。後漢の歴史家。『漢書』の著者）は、彼は優れた才知と計略を有したと言い、毛沢東も彼を秦の始皇帝と並べて論じた。

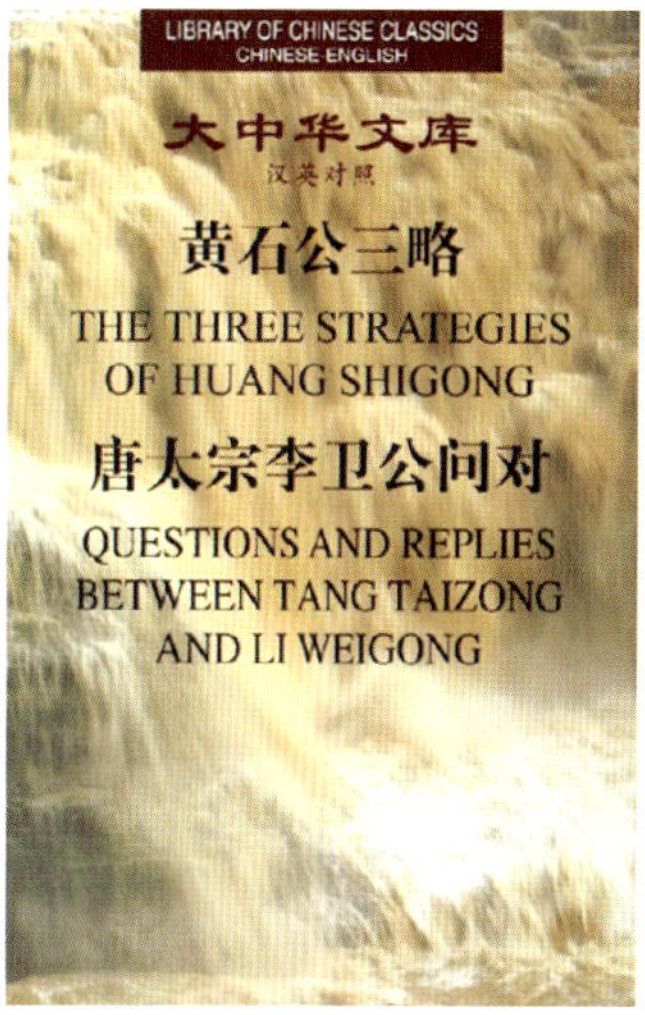

『漢英対訳黄石公三略』写真

に孫呉と通ず」と称賛している。前漢の名将韓信、馮奉世、趙充国、後漢の名将馮異、及び若干の文人学者例えば劉安、王充らはみな『孫子兵法』に対して深い研究や造詣を有しており、彼らは討論をしたり、見解を出したり、あるいは著述を行ったりする時に、いつも『孫子兵法』を引用している。

　後漢の時代にはすでに孫子を孔子と並べて論ずる人がいた。『後漢書』光武帝紀に記された馬武の言「天下に主無く、如し聖人の弊を承けて起こる有らば、仲尼は相と為り、孫子は将と為ると雖も、猶ほ能く益有る無きを恐る。」つまり天下が乱れて、もし聖人がその機に乗じて兵を興し、たとえ孔子を丞相とし、孫子を大将としても、どうしようもないというのが心配であるというのである。孔子と孫子を一人は文、一人は武の代表として並べて論じている。『後漢書』馮異伝では、「六経の論を監《み》、孫呉の策を観る」〔馮異伝では「読書を好み、左氏春秋・孫子兵法に通ず」とある〕などの語がある。儒家の六経と孫子の策を文武の代表的な経典として並べて論じており、孫子の中国古代軍事史上における独特の地位が人びとの承認を得はじめたのである。

『孫子兵法』は戦争の多い時代の産物である。特に多極的戦略構造下での軍事的、外交的、政治的などの様々な形式の闘争と角逐に活用される。魏晋南北朝時代の多極的な闘争構造は、『孫子兵法』に広く実力を発揮する機会を与えた。三国時代の魏・蜀・呉間の三つどもえの闘争は、ある時は蜀と呉が連合して魏に対抗し、ある時には魏が呉と蜀の争いを引き起こして漁夫の利を得たり、『孫子兵法』の「上兵は謀を伐つ。其の次は交を伐つ」〔謀攻篇〕の思想を、現実の中で余すところなく示させた。三国時代は戦争が絶えず、各政治集団はみな戦争で勝つ道

いにしえの隆中〔現在の湖北省襄陽市〕、諸葛亮はかつてここに隠居した。

成都の武侯祠。西晋の末に諸葛亮を記念して建てられた。

曹操夜に兵書を読む●曹操は三国時代に『孫子』十三篇に注を付けた最初の人であり、それはまたあらゆる『孫子兵法』注の中で最も価値のあるものである。(王宏喜画)

石勒城遺跡(現在の山西省襄垣県の東北にある)●羯《かつ》族〔匈奴族の一種〕の統帥石勒〔五胡十六国の一つ後趙の高祖〕は、314年に精兵を率いて幽州に向けて出発、数千頭の牛や羊を街中あちこちに追い込み、これに従って一斉に攻撃を開始し、一挙に城(町)を攻め落とした。

を力一杯求めたので、『孫子兵法』は非常に重要視された。曹操は自ら『孫子兵法』を注釈し、「吾兵書戦策を観ること多し。孫武の著する所は深し。」〔「注孫子序」〕、つまり私はたくさんの兵書戦策を見ているが、ただ孫子の著作だけが、本質に触れており独特の境地にあると感嘆しているのである。曹操の用兵は『孫子兵法』の神髄を深く得ており、諸葛亮は曹操の智謀計略が他の人よりも勝り、その用兵はあたかも孫子、呉子のように千変万化して、並の人とは異なると称賛している。

曹操一人にとどまらず、呉の孫権も『孫子兵法』を非常に好み、大将の呂蒙や蒋欽に「急いで孫子を読め」〔『呉書』呂蒙伝〕と勧めている。一代の名相諸葛亮は、『孫子兵法』に対して同様に十分に詳しくまた深く研究している。彼は赤壁の戦いの前の晩、孫権のために双方の形勢を分析している時、『孫子兵法』の「〔五十里にして利を争うときは〕則ち上将軍を蹶《たお》す」〔軍争篇〕を引用して、曹操の軍がはるばる攻撃しに来た弊害を説明した。諸葛亮はまた言う。「戦は孫武の謀に非ざれば、以て以て遠きを計るを出だす無し」。その意味は、孫子十三篇に述べられる謀略用兵に従い、大所高所からものを見、戦争全体の局面から問題を考えなければならないということである。

西晋東晋と南北朝の頃には、いく人かの著名な人物も『孫子兵法』に大きな興味を持っていた。例えば、『晋書』劉元海載記に言う。五胡十六国時代の前趙の主劉淵〔三〇四年～三一〇年在位〕は「尤も『春秋左氏伝』、『孫呉の兵法』を好んだ」。後趙の石勒《せきろく》〔三一九年～三三三年在位〕は文字が読めず、代わりに他人に史書を読ませて、それを手本としていたが、兵を用いるのが上手く、敵の意表を突いて勝ちを制するので、晋の将軍劉琨《りゅうこん》は彼を「暗に孫呉と契を同じくす」、すなわち彼の用兵

西晋の武帝司馬炎（236 ～ 290）。字は安世。晋王朝の建国者。

作戦は孫子や呉起の軍事原則と符合すると称賛している。

南朝宋の武帝劉裕〔四二〇年～四二二年在位〕は人並み以上に計謀に優れ、用兵は常に『孫子兵法』に一致しており、その言葉の中には「同舟」、「兵は神速を貴ぶ」、「衆寡」、「虚実」などの言葉が多かった。そして、孟氏、張子尚などの学者は、曹操、王凌などの伝統を受け継ぎ、『孫子兵法』を注釈し、研究することを一生の事業とした。

唐の時代になると、『孫子兵法』はその広く深い理論体系によって、すでに人びとに兵書の最高峰と見られており、兵法家に重要視されていた。唐の太宗李世民は言う。「私は各種の兵書を読んだが、孫武の範疇から抜け出したものはなく、孫武の十三篇では「虚実」の二文字より抜きんでたものはない。」〔『李衛公問対』問対中〕彼は更に、兵法の『千章万句は「人を致すも人に致されず」〔虚実篇〕より出でざるのみ』〔『李衛公問対』問対中。これは李靖の言葉〕などと言っている。すなわち兵法は自分が主導権を勝ち取り、敵を受け身の状態に陥れて、勝ちを制して敵を殲滅することにほかならないのである。『李衛公問対』は唐の太宗と衛国公李靖が兵法を討論した形で書かれた問答体の兵書である。その書は『孫子兵法』中の人を致す、奇正・虚実・主客・攻守などの軍事的範疇を重点的に詳しく説明しており、孫子の軍事思想について多くの継承と展開が見られる。李靖は言う。「善く兵を用いる者は、正ならざるはなく、奇ならざるはなく、敵をして測ること莫からしむ。故に正も亦た勝ち、奇も亦た勝つ。」〔『李衛公問対』問対上〕用兵の上手い者はいつでもどこでも正を為してはならず、奇策を出してはならない。正もまた奇となることができ、奇もまた正となることができる。そんなわけで正兵を出しても勝ち、奇兵を出してもまた勝つのである。李靖は更に言う。「軍隊の分散集中によって奇正の変化を生み出すことは、ただ孫武だけがやれるのであって、呉起以下はみな彼とは比べられない。」〔『李衛公問対』問対上〕李靖は正兵をもって敵の実に対応し、奇兵をもって敵の虚に対応することを求めた。「形を示す」ことを利用して、仮の姿を作り出し、奇正の変を隠蔽した。兵力が分散した時は、集中をもって奇とし、兵力が集中した時は、分散をもって奇とした。このようにすれば、「敵の勢をして常に虚に、我が勢をして常に実ならしむ」〔『李衛公問対』問対中〕という目的を達成し、戦争の主導権を奪うことができるのである。これらの用兵思想はみな孫武から発展したものである。

晩唐の杜牧《とぼく》[6]は詩をもって世に知られているが、学問も優れていた。杜牧はその祖父の杜佑《とゆう》の作った『通典《つてん》』[7]の家学の伝統を継承し、大きな志を抱いており、政治を語り兵法を論じることを好んだ。とりわけ『孫子兵法』を好んで、念入りにそれに注を付けた。杜牧は次のように言っている。「孫子の著する所の十三篇、〔孫〕武の死後より凡《およ》そ千歳、将兵は成る者有り、敗る者有り、其の事迹を勘《かんが》うるに、皆武の著する所の書と一一相抵当し、猶お印圏模刻するがごとく、一に差跌無し」〔「注孫子序」〕。これは古より兵を動かして戦闘するに、『孫子兵法』の原則に合えば勝利し、『孫子兵法』の原則に合わなければ失敗するはずであると言うのである。一部の人が『孫子兵法』の作戦はもっぱら「変詐」を用いることを批判する視点に対して、杜牧は次のように言う。「武の論ずる所は、大約仁義を用い、機権を使う。」〔「注孫子序」〕すなわち孫子の作戦は仁義を根本とし計謀権変をもって勝ちを得る道であると言うのであり、これは『孫子兵法』に対する比較的全面的で正確な評価である。

北宋建国後、朝廷は北方の少数民族政権〔金〕との戦争でしばしば失敗をしたので、宋の朝廷と社会全体に兵学を重視する機運を刺激し、「士大夫一人ひとりが兵を言う」という局面が生じた。宋代の孫子の注釈家は非常に多く、有名なのは梅尭臣〔一〇〇二～一〇六〇〕、張預《ちょうよ》、鄭友賢《ていゆうけん》らである。梅尭臣の注した本は『梅聖俞注孫子』で、その特徴は『孫子』本文を把握することを重視して、深く探求し、前人の注釈の誤りを正すことができるたびごとに、新しい見解を提出し、併せて関連づけ発展させることのできる観点を用いて孫子の軍事命題を取り扱っ

南朝宋の武帝●劉裕（363～422）、すなわち南朝宋の武帝。彭城《ほうじょう》（現在の江蘇省徐州市）の人。一生戦争で過ごしたが、計略を用いて勝つことが上手かった。軍隊を厳しく公正に治めた。

「貞観の治」の盛んな時代を作った唐の太宗李世民●599年～649年、唐王朝の文治と武功を宣揚した、中国古代の傑出した軍事家で政治家である。

宋の太祖趙匡胤●趙匡胤〔927年～976年、在位は960年～976年〕は宋王朝の開国の君主である。彼は武芸に優れ、陳橋の変を起こして即位し、国号を宋とし、五代の混乱した情勢を収束させた。在位17年。

たことである。『張預注孫子』は宋代の孫子注釈中の傑作で、その特長は今までの注釈の良いところを集めて、一家の言をなしたところにあり、しかも総合的に見て孫子の原意を捉えて諸要素間の素朴な関係を示して、個々に問題を見ていないところにある。とりわけ称賛すべきは、張預は十三篇の篇章構成間の関係に十分に注意しながら、併せて比較的系統的に詳述していることで、彼がすでに『孫子兵法』を一つの兵学体系として研究していることを示している。鄭友賢の『十家注孫子遺説』は、孫子の軍事哲学思想を研究した力作である。しばしば哲学的高さから、具体的な軍事的観点を弁証法的に詳述し、高所から下を見下ろす、阻むことのできない有利な勢いがある。例えば、孫子の「勝ちは知るべきも為すべからざるなり」〔勝利は予知することはできるが、主観的に自ら求めて得ることはできない〕〔形篇〕という観点に対しては、知と行と、主観と客観との角度から知るべくと為すべしの相互関係を論述している。そして常と変とに論が及んだ時には、軍事理論と戦争実践の相互関係の高みにまで達している。鄭友賢は、『孫子兵法』は儒家の経典である『易経』のように、広くて奥深く、万象を包括し、兵家学説のすべての理論を包括している。言葉を換えて言えば、内容が完全に備わっており、理論が奥深い一つの兵学体系を構成していると考えているのである。以上の三人と王晳《おうせき》、何氏〔生没年及び名は不詳〕の注は一緒に『宋本十一家注孫子』に入っている。

　宋代は孫子の注釈の方面で功績が巨大なだけではなく、更に孫子の思想を運用して問題を分析し、解決することを重要視した。何去非《かきょひ》の『何博士備論』と張預の『百将伝』は、共に『孫子』の思想をもって軍事的人物の長所と短所を評論したもので、『孫子兵法』と軍事史論とが結合した典型的な作品と言える。そして辛棄疾《しんきしつ》〔一一四〇～一二〇七〕の『美芹《きん》十論』は、すなわち孫子の思想を運用することで現実の問題を分析、解決したものである。例えばその中の「審勢」篇は、その主旨は孫子の「形勢」の範疇から出発して、当時の天下の大勢を分析している。「察情」篇は、孫子の「勝つべからざるは己に在り」〔形篇〕の思想から出発し、南宋王朝の金に抵抗するという信念を強固にしている。

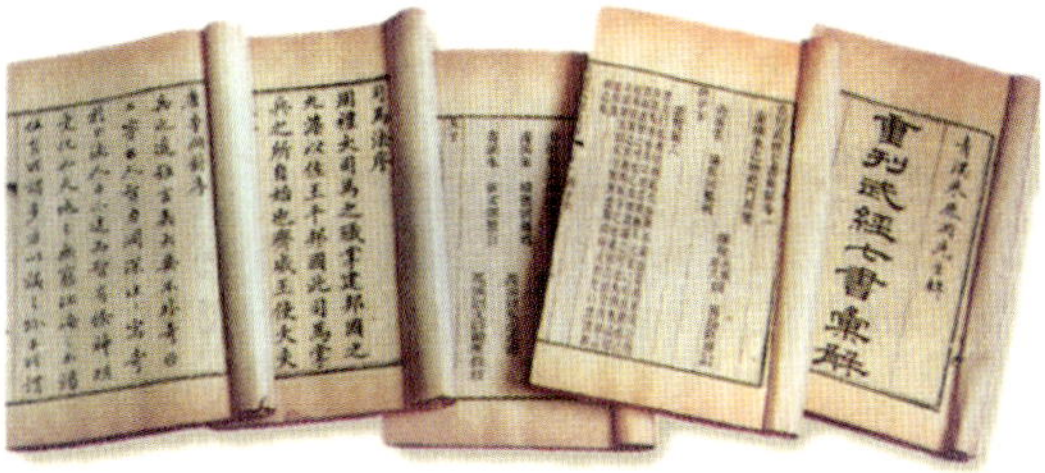

『武経七書』は中国で最初のまとまった軍事教科書である。その中には『孫子』、『呉子』、『司馬法』、『六韜』、『尉繚子』、『三略』と『唐大宗李衛公問対』がある。

　元豊三年〔一〇八〇年〕、宋の神宗[8]は国士司業朱服と武学博士何去非に詔を下し、『孫子兵法』、『呉子』、『司馬法』、『尉繚子』、『六韜』、『三略』、『唐李衛公問対』の七種の兵書を校訂させ、武学課程の必修教材とし、併せて版木に彫らせて印刷して、官の名義で天下に公布し、「武経七書」と称した。『孫子兵法』は「武経七書」のトップに置かれ、かつ「正」兵書と称されて、官が認可し編纂校訂した正史と同じで、その中国伝統兵学中での特殊な地位が認められたのである。この官による定論は、学界の広範な同意を得た。宋代の印刷術の進歩によって、『孫子兵法』は更に広く伝えられ、宋の敵国である金でも『孫子兵法』が木版に彫られるに至ったのである。武経本は十一家注本と同様に、伝世の『孫子兵法』の最も重要な版本となった。

明代になると、『孫子兵法』は朝廷で軍の司令官の必読書とされただけでなく、武挙[9]の主な試験内容とされた。中国史上、先秦以降を継いだもう一つの兵学大発展時代として、明代の『孫子』研究の著作は非常に多く、わずか『孫子学文献提要』に入れられただけでも二百部以上になり、明代のすべての兵書の二割を占めている。その中で大きな成果を上げたものとしては、劉寅の『武経直解』、何守法の音注「武経七書」、李贄《りし》の『七書参同』、王陽明[10]の『新鐫《せん》武経七書』、趙本学の『孫子書校解引類』、茅元儀の『武備志』兵書評などがある。これらの著作の刊行と伝播は明代とその後の孫子研究に非常に大きな働きをした。

唐以前の武人の書籍の校訂や唐宋以後の文人が兵を語るのとは異なり、明代の孫子研究は多層化の傾向を明確に現している。この時期の孫子研究者には王世禎〔一五二九～一五九三〕、帰有光〔一五〇六～一五七一〕などの文壇の有名な大学者もいれば、張居正〔一五二五～一五八二〕、胡宗憲のような軍事・行政の要人、また、王陽明、李贄などの哲学の大家もおり、更に戚継光、兪大猷などの大軍を掌握している軍事将校なども少なくない。このような研究者グループは、学術の方向を導き、世論の動向を規制しただけではなく、研究理論の成果を実施する条件をも備えていた。これらは事実上、明代の孫子学術研究も実際を重視するという特徴を明らかに示している。この方面で、最も大きな成果を上げたのは名将の戚継光〔一五二八～一五八八〕である。この人は赫赫たる戦功もあるが、また『紀効新書』、『練兵実紀』などの著名な兵書が後世に残る軍事家であり、長編の孫子の専論は残っていないが、彼の孫子の思想に対する正確な把握には疑いがない。戚継光は『孫子兵法』を武器庫になぞらえており、兵を用いる時に『孫子兵法』を用いる

明代の思想家王陽明〔1472～1529〕

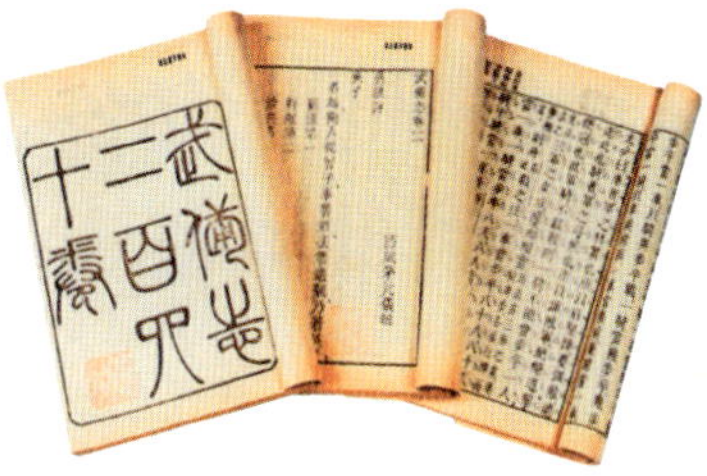
明代の茅元儀編『武備志』書影。

明代のフランキ砲。

明軍が外国から導入した紅夷砲。中国人民革命軍事博物館に陳列。

のは武器庫の中から兵器を取り出すのと同じようであった。彼はまた次のように考えている。「孫武の法、綱領精微焉《これ》に加うる莫《な》く、第《ただ》手を下す詳細節目に於いては、則ち一の焉に及ぶ莫し。」すなわち『孫子兵法』の述べる軍事作戦の基本原則は、後人が及びもつかない高みに達しているが、具体的な用兵の細かな点については述べていないということである。戚継光が行ったのはまさに孫子の「綱領精微」の基礎の上に、「手を下す詳細の節目」の問題を解決したのである。戚継光の兵書を子細に読めば、戚継光が論じているのはまさに、孫子及び後世の兵家の軍隊の訓練統制と作戦原則の当時の条件下における具体化であることが分かる。

『孫子兵法』全篇は知恵をもって本質的な特性とし、孫子の一句ごとがみな智の凝縮、謀の濃縮で、永遠の指導的価値を備えており、「武経の初め」、兵家の絶唱であることに恥じない。歴史を見渡すと、孫子の思想がすでに一種の文化の蓄積となっており、兵学の発展の模範であるのみではなく、後世の人びとの思想と行為に深く影響を与えていることが分かる。

明の嘉靖年間〔1522～1566〕に造られたフランキ砲。

明の万暦２年（1574）に造られたフランキ子銃。

鄭成功軍が用いた大刀と、鄭成功が鋳造した漳州の軍人俸給用の貨幣。

山海関の明代の鉄砲●山海関〔河北省〕の城楼の両側に各々一門の大型の大砲を安置し、「大将軍」と称した。大砲には「明崇禎〔1628～1644〕年」の文字が鋳られているのがはっきりと見える。

戦争理論のおおもと

『孫子兵法』は春秋時代に出現し、戦国時代には広く流行した。戦国時代以来、頻繁に起こる戦争の需要によって、戦争を指導して敵に勝利する理論的な武器を求めることが当時にとって必要なこととなっていた。『孫子兵法』もこれによって日一日世の人びとから歓迎され、戦場で敵に勝つ宝物となった。

『孫子兵法』は戦略理論の高みから戦争の問題を論述したものとして有名であり、豊富で深い思想的な内容を持っている。それは戦争の普遍的な法則を研究するのを目的としており、「廟算」（軍事的な戦略方策の決定）の重要性及び戦争と政治・経済・外交・文化・天文・地理など各種要素の関係を強調し、戦争の指導者は時期を判断し、情勢を推測し、慎重に事に当たり、決して軽率に兵を用いてはならないと指摘する。「戦わずして人の兵を屈する」（謀攻篇）の理想的な用兵の境地、すなわち流血という戦闘の手段を用いずして敵を我が方の意志に従わせることを追求した。また兵を用いるには必ず情勢に応じて有利に導き、敵によって勝利を得、戦争中の人の主観的能動性を発揮して、敵を敗北に向かわせるように誘うことを主張した。戦略と戦術上では主導権を奪い、機先を制し、できるだけ「人を致すも人に致されず」となるようにする。すなわち我が方が敵の軍の行動を変え思い通りに動かし、敵軍は我々をどうすることもできないようにするのである。「兵に常勢無く、水に常形無し」（虚実篇）と考え、兵を統率する司令官は異なる敵の情勢と自軍の情勢、地形やその他の条件とに基づいて、臨機応変に兵を用いることを要求している。作戦方面での選択の上では、「実を避けて虚を撃つ」ことを主張する。すなわち敵の防御が薄くかつ全体に影響するに足るポイントの部分を攻撃の最初の目標とするのである。具体的な戦法の上では、奇正相生じ、奇を出だして勝ちを制することを求める。兵力の使用の上では、兵力を平均して分けることに反対し、「敵に并せて向う先を一にする」（九地篇）ことを強調する。現代の軍事用語でまとめれば、優勢な兵力を集中して敵を殲滅するということである。軍隊の建設の上では、軍隊を率いるには「之に令するに文を以てし、之を斉うるに武を以て」（行軍篇）し、恩恵と威力が共に重く、柔と剛が共に助け合うことを要求した。兵を統率する司令官に対しては、「智・信・仁・勇・厳」の五徳の規準と「静・幽・正・治」の資質の要求を提出している。まとめて言えば、『孫子兵法』は戦争活動中のあらゆる重大な問題にほとんど関わっている。それは理性的な態度で戦争を研究し、複雑に入り組んでいる現象の中から戦争行動のキーポイントの要素を見つけ出し、戦争の本質を把握し、更に進んで戦争の法則に適合したひとまとまりの戦略戦術の原則を練り上げているので、後世の兵家に尊敬崇拝されているのである。後世の軍事家たちは、まさに『孫子兵法』を臨機応変に把握し、創造的に運用することによって、数多くの歴史書に光り輝く輝かしい戦例を生み出したのである。

孫武の子孫孫臏は、桂陵の戦いの中で「魏を囲みて趙を救う」の法を採用したが、これは『孫子兵法』の「実を避け虚を撃つ」と「其の必ず救うを攻む」（虚実篇）の思想の臨機応変の運用である。紀元前三五三年、魏は趙の都の邯鄲（現在の河北省邯鄲市）を攻めたので、趙は救いを斉に求めた。斉は田忌を将軍とし、孫臏を軍師として、八万の兵を率いて趙を救わせた。孫臏は魏軍の精鋭が趙を攻めており、魏の都大梁（今の河南省開封市）は兵力が少ないという機に乗じて、軽車鋭卒をもって大梁を攻めれば、魏軍は必ず引き返して大梁を救うであろうから、趙の都の包囲は自然に解けるであろうと進言した。斉軍は精鋭を派遣して大梁を攻撃させると同時に、主力を後方に隠した。魏の将軍龐涓は予想通り計略にはまり、邯鄲の囲みを解くと、昼夜兼行で兵を戻した。孫臏は斉の主力軍に、魏軍が兵を戻す際に必ず通る桂陵（現在の河南省長垣県の西北）の道で魏軍を迎撃させ、魏軍に重大な打撃を与えた。これが有名な「魏を囲みて趙を救う」の戦法である。

紀元前三四三年、魏は龐涓を派遣して、軍を率いて韓を攻めさせた。翌年、田忌と孫臏は十万の大軍を率いて韓を救った。孫臏はやはり「魏を囲みて趙を救う」の戦法を用いて、魏を誘って軍を引き返させ、その後斉軍は軍を斉に引き返すという偽情

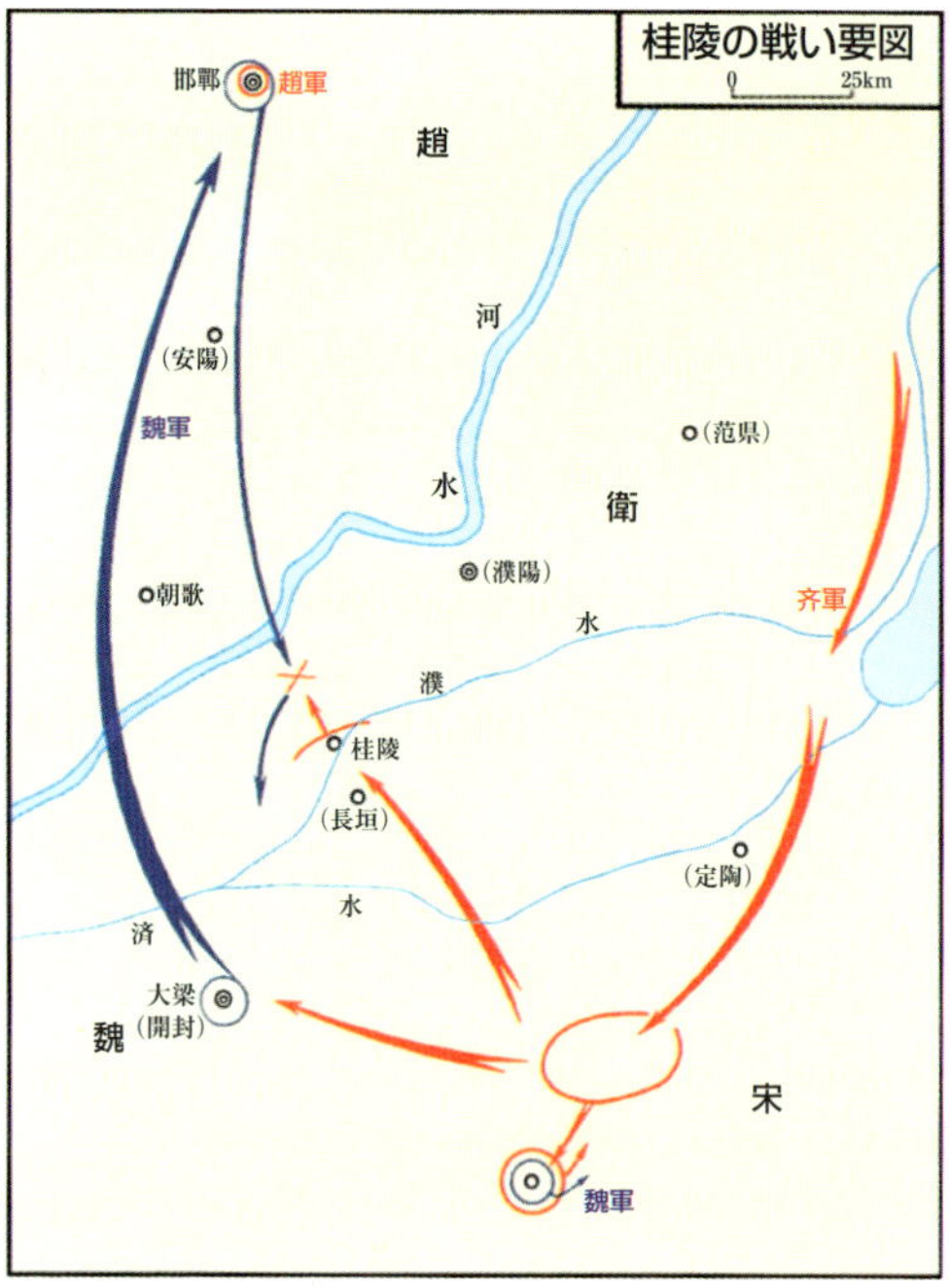

魏を囲みて趙を救うの桂陵の戦いの概要図。

馬陵の戦い●紀元前 341 年、魏軍が韓を攻めたので、韓は斉に救援を求めた。斉王は田忌に命じて主将とし、孫臏を軍師として、兵を率いて魏を攻めて韓を救わせた。魏の将軍龐涓は急いで 10 万の兵を率いて応戦した。孫臏は斉軍を指揮して兵を引きながら、竈の数を減らして敵を誘った。龐涓は予想通り計略にはまった。彼は斉の軍の竈が大きく減少しているのを見ると、斉軍はすでに半分以上が逃亡したと思い、そこで軽車鋭騎を率いてまっしぐらに追いかけた。斉軍は地勢の険しい馬陵の道に伏兵を隠した。夕方に魏軍が急いで駆けつけた時に、多くの弩が一斉に放たれ、魏軍の大半は死傷し、龐涓は自殺した。この戦いは中国戦争史上、伏兵を設けて敵を殲滅した著名な戦闘例である。

報を流した。魏は十万の大軍を率いて斉を追撃したが、孫臏は日ごとに竈の数を減らすという方法を用いて、龐涓に斉軍は兵の逃亡が甚だしいと信じさせて、その心を傲慢にさせた。龐涓は再び計略にはまり、その歩軍を置き、その軽車鋭騎を率いて、昼夜兼行で追いかけた。孫臏は馬陵（現在の山東省郯《たん》城県内）の道が狭く、両側に要害多いという有利な地形を利用し、伏兵を隠させた。魏軍が夜に馬陵に着いた時には、疲労困憊していた。斉軍が一度にたくさんの矢を放つと、魏軍は大敗し、龐涓は憤懣やるかたなく自殺した。孫臏はその「其の必ず救うを攻む」と「形を示して敵を誘う」の軍事技術及びその地形に対する巧妙な利用をもって、実践の上で『孫子兵法』の軍事原則の類無き正しさを証明したのである。

漢代の韓信は『孫子』に対して詳しく深い研究を行った。彼が軍を率い兵を用いるには、最も上手に『孫子』を活用した。（『史記』淮陰侯列伝に見える）

紀元前二〇四年、韓信は井陘で趙を破った戦いを指揮した。趙王歇《けつ》と代王陳余は兵二十万を集め、井陘口（現在の河北省鹿泉市の西土門）一帯で韓信の数万の兵と決戦しようとした。韓信は夜中に二千の軽騎兵を選び、一人ひとり一つの赤旗を持ち、小さな道から抱犢山（現在の獲鹿市の西北）に行って隠れさせ、

拝将台●陝西省漢中市の南門の外にあり、劉邦が韓信を拝して将軍とした時に築かれたと伝えられている。

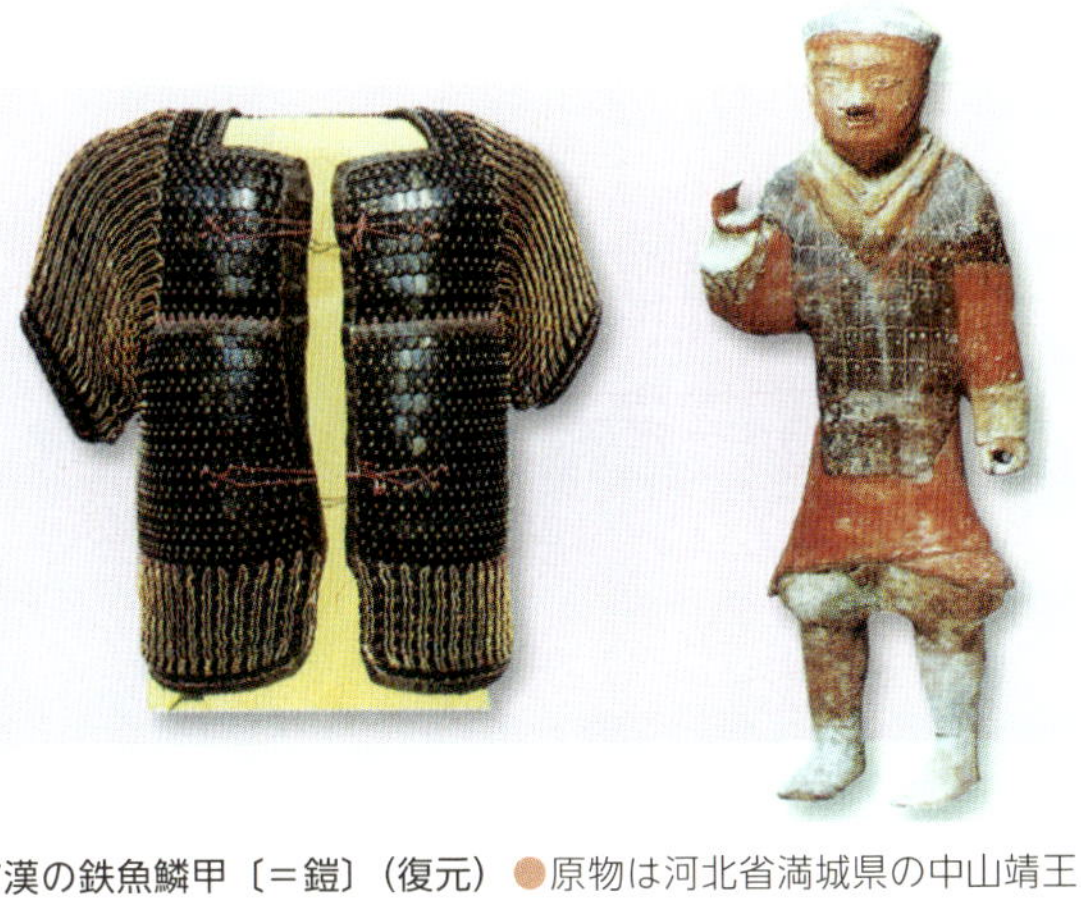

前漢の鉄魚鱗甲〔＝鎧〕（復元）●原物は河北省満城県の中山靖王劉勝の墓から出土。

また一万の兵を派遣して綿蔓水に行き、川を背にして陣を布かせた。川を背にして陣を布くのは戦争の慣例から言えば窮地であり、趙軍はみなそこで韓信は兵法を知らないと笑った。韓信は大将の旗を立てると、太鼓を敲きながら、井陘口を出たので、趙軍は砦を出て漢軍を攻撃した。韓信が敗れたと偽ると、趙軍は砦を空にして漢軍を追撃した。韓信の率いる人馬と川を背にして陣を布いていた一万の兵士は力を合わせて趙軍を阻み、抱犢山に伏せておいた軽騎兵は機に乗じて趙軍の砦に侵入して、二千の赤旗を立てた。趙軍は韓信を打ち破ることができないと見ると、軍を陣営に引き返そうと思ったが、砦の中がすべて漢軍の旗であるというのを見ると、すぐに軍は崩れて乱れた。漢軍は勢いに乗じて両面から挟撃して、趙軍を大破し、陳余を斬り、趙王歇を虜にした。この戦いは『孫子』の「之を亡地に投じて然る後に存え、之を死地に陥れて然る後に生く」〔九地篇〕の戦法を弾力的に運用したもので、中国古代戦争史上弾力的に兵を用い、少ない人数で多数に勝ったという著名な戦争例となっている。

漢の武帝は孫子の「上兵は謀を伐ち、其の次は交を伐つ」の原則によって、即位の二年目、外交攻勢を興して、努力して同盟国を獲得し、匈奴を孤立させ、それによって張騫が西域に使いするという壮挙が起きたのである。成功した「交を伐つ」は、北方で匈奴を伐ち勝利するために素晴らしい基礎を定めた。

後漢の名将馬援は『孫子兵法』の奇正相生ずの用兵の道を深く体得しており、戦争を指揮するたびごとに奇策を出して勝利することができた。建武十一年（三五年）、馬援は隴西《ろうせい》〔郡名。現在の甘粛省隴西県付近〕の太守に任じられると、多くの羌《きょう》族と立て続けに三戦した。まず羌人の先鋒を壊走させ、更にこっそりと小道から前進し、敵の意表を突いて、羌人の兵営を攻撃し、敵軍を四散敗走させた。羌人が精兵を北山の上に集合させると、馬援は北山に向かって陣を一列に並べ、暗い中を軽騎兵を分けて敵の背後に回らせ、夜に乗じて火を放ち、鼓を打ち大声を上げた。そこで羌人を大破して、辺境は安定したのである。

後漢の名将馬援●馬援は米を用いて地面に積み上げ、模型を作って敵情を分析し、作戦計画を研究した。これは中国や外国の軍事史上で砂で作った地形の模型を使って作戦の中に応用した最も早い実例である。

曹操は歴史上数の少ない軍事理論と戦争の実践を相結合した軍事家であり、数多くの有名な戦役、戦闘を指揮した。用兵作戦の方面では、曹操は孫子の「兵は詐を以て立つ」〔軍争篇〕

三国時代の鉄の戟と鉄のやじり。

呉の大帝孫権● 182年～252年、字は仲謀、呉郡富春（現在の浙江省富陽市）の人。三国時代の呉国の創建者で、歴史上では東呉の大帝と称される。

鉄の盾（復元）●『史記』の記載によれば、樊噲《はんかい》が劉邦を護衛して鴻門の会に赴く時に、手に鉄の盾を持っていた。

唐代の名将張巡● 709年～757年。鄭州南陽（現在は河南省に属す）の人で、唐代の名将。安史の乱を平定する中で重要な働きをした。

江陵古城遺跡● 219年、呉の将軍呂蒙は、関羽が蜀の主力を率いて魏の襄陽、樊城を攻めて、江陵が手薄になったすきに乗じて、一挙に江陵を襲って占拠した。

の思想を継承し、「詭詐を以て道と為す」〔「計篇」・「兵は詭道なり」の曹操注〕を強調して、巧みに奇兵を用い、機に乗じて変化して勝ちを制した。例えば建安三年（一九八年）、曹操が張繡を河南の鄭州に囲むと、劉表は軍を送って張繡を助け、曹軍を挟んで東西から挟撃する形を作った。曹操は囲みを解いて東に退却し、張繡に追撃するよう誘った。曹操はまた敗走するように装って、更に張繡・劉表の両軍が力を尽くして追撃するように誘い、その後突然奇兵を出して敵軍を大破したのである。

二〇〇年、曹操が白馬の囲みを解き、白馬の町の人々を連れて西に向かって軍を進めた時、袁紹の大軍が次第に追いついてきた。曹操は前に捕獲した軍需品や輜重品を見ると、妙案が浮かんだ。命令を下して、輜重を全部放り出し、将士には馬から下りて、鞍を外し、部隊には有利な地勢を見つけて休ませた。袁紹の騎兵は次々と輜重を奪い、めちゃくちゃに乱れた。曹操が軍に命令して一直線に敵軍を攻撃させると、袁軍はすぐに殺されてちりぢりばらばらになったのである。これから、曹操の用兵が孫子の「利でこれを誘い、乱してこれを取る」〔計篇〕の思想と深く一致しているのが分かる。

孫権は富春の孫氏の出で、孫武の子孫と称した。（『三国志』呉書・孫破虜討逆伝）彼は兵書を読むことを好み、『孫子兵法』をとりわけ好んで、部下にも読むように求めた。

呉の大将の呂蒙はもともと本を読まなかった。孫権が彼に読書を勧めると、彼は軍務が非常に忙しくて、読む時間がないので、読まないと答えた。孫権は言った。おまえに経書を研究して博士になれと言うのではない。以前、光武帝も軍務に忙しかったが、手から書物を離さなかった。曹操という人はあれほどの年配なのに、歳を取っても学問を好んでいる。おまえはどうして急いで『孫子』、『六韜』、『左伝』などの書物を読まないのだ。呂蒙は読書をすると、まるで人が変わったようになった。魯粛は彼の学問が広く、もはや以前の「呉下の阿蒙〔平凡な学識のない人〕」ではないと誉め称えた。彼自身も言う。士は別れて三日もしたら、新しい目で見るべきである。（『三国志』呉書・呂蒙伝注に引く「江表伝」）奇兵を出して荊州を奪い取った戦争では、呂蒙は勇気があり知謀もあり、『孫子兵法』を無駄に読んだのではないことが分かる。その当時、関羽が劉備に代わって荊州を守っていたが、常に東の方呉を攻めたいという心を持っていた。孫権は呂蒙の提案を受け入れて、荊州を攻め取ることを決定した。呂蒙は兵を陸口に駐留させ、表面上は関羽と一段と友好的にした。関羽は曹操の軍の駐留して守る樊城に進撃したが、一部の兵力を残して公安・南郡を守らせ、呂蒙を防いだ。呂蒙はその意味を察すると、重病のため建業に呼び戻されたというふりをした。関羽はその計略にはまり、だんだんと公安・南郡の兵力を減らして、樊城に向かわせた。呂蒙の部隊は商人に仮装し、簡単に南郡・江陵を攻め取った。それと共に蜀軍の将士の家族を落ち着かせ慰問し、関羽の使者を手厚くもてなした。蜀軍は戦闘する気持ちを失い、関羽は勢力を失い孤立したので、麦城に敗走し、荊州は呉に平定されたのである。これが中国史上で奇襲が勝ちを制した典型的な戦例である。

諸葛亮が草船で敵の弓矢を借りたことは誰でもよく知っていることであるが、これは小説家の作り話である。しかし、歴史上これに似た話が本当にある。それは張巡がわら人形で矢を借りた話である。

唐の安史の乱の時、唐の将軍張巡は真源城を守備して反乱軍の次から次への攻撃を退けたが、城中の矢がなくなってしまいそうになった。その時、張巡は敵から矢を借りることを思いついた。その晩、城壁の上では人影が揺れ動き、まるで守備軍に何か新しい動きがあるようで、城壁を囲んでいた反乱軍の注意を引き起こした。はたして、真夜中ごろ城壁の上部に何百何千という兵士がぶら下がっているのがぼんやりと見えた。反乱軍の将軍はすぐさま弓隊の兵士に城壁の上の兵士を射るように命令した。しばらく弓を射たが、一人も城壁から落ちてこなかった。反乱軍は翌日になってどういうことだったのかが分かった。城中の守備軍はすでに反乱軍の数万本の弓矢を儲けていたのである。数日たって、夜中にまた敵の城中で何百何千という兵士がぶら下げられた。反乱軍の将軍はこれは前の繰り返しにすぎないと考え、兵士に弓を射るなと命令した。城壁の上で何度もこういうことが繰り返されると、反乱軍は二度と大したこととは考えずに、弓を射ようとも、応戦しようともせず、ただ面白いと思っていた。張巡は時機が到来したと思うと、ある夜に城中の五百名の勇士を下ろして、反乱軍の軍営を急襲したので、反乱軍は大いに乱れた。この時、城中からまた一群の人馬が突進し、一面「殺せ」の声、反乱軍は恐れおののき、一敗すると収拾がつかなくなった。張巡は仮を以て真を乱すの手段を採用

張巡がわら人形で矢を借りる

朱元璋は、すなわち明の太祖である。字は国瑞、濠州（現在の安徽省鳳陽県）の人。明朝開国の皇帝で、著名な軍事家である。

「同治中興第一の功臣」、湘軍の統帥曾国藩

湘軍の将軍胡林翼

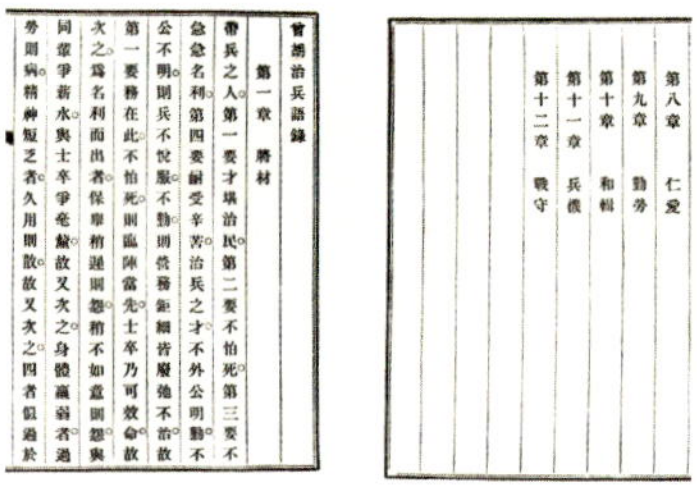

『曾胡治兵語録』書影

蔡鍔《さいがく》● 1882年〜1916年、湖南省邵陽市の人。民主革命家、軍事家。

して、まず弓矢を借り、続けて敵を惑わし、最後に奇を出して勝ちを制した。孫子の詭道の理論が余すところなく発揮されている。

一三六〇年、長江中流域を占拠していた陳友諒は強大な水軍を率いて、采石から長江に沿って東へ下り、応天府〔現在の南京市〕に進撃し、朱元璋(11)の占拠していた地を併呑しようとひたすら考えていた。朱元璋の部将康茂才は陳友諒と古くからの知り合いであった。朱元璋は康茂才を呼んで、彼に向かって言った。「今度陳友諒が進撃してくるが、彼を騙そうと思う。陳友諒に手紙を書いて投降するというふりをして、彼に内応の返事をして欲しい。更に彼に偽の情報を渡し、彼の兵力を三つに分けて応天府を攻撃させて、彼の兵力を分散してくれ。」康茂才は朱元璋の指示に従って陳友諒に手紙を書いた。陳友諒は予想通り騙され、盧龍山〔現在の南京市獅子山〕の木の橋で合流する約束をした。朱元璋は陳友諒の所から逃げてきた兵から情報を得ており、彼らの攻撃のルートを明らかに知っていたので、大将の徐達や常遇春たちを長江に沿ったいくつかの重要な関門に分けて待ち伏せさせた。朱元璋は自ら大軍を率いて盧龍山を守備し、陳友諒が自ら網に飛び込んでくるのを待った。

陳友諒はすぐさま命令を下し、すべての水軍を出発させ、彼自ら兵を率いて、一路江東橋に向かった。約束の地点に着いてみると、なんと木の橋はなく、ただ石の橋があるだけだった。陳友諒はそこで騙されたと気がつき、急いで船隊に撤退するように命令した。朱元璋はすぐに兵士に進撃するように命令した。陳友諒は突然の襲撃を受け、数万の軍隊はすぐに大混乱に陥った。陳友諒は部下の保護の下、一艘の小船を奪ってやっとのことで逃げのびた。この作戦は孫子の「利を以て之を誘い、本を以て之を待つ〔計篇「利而誘之」〕の思想を十分に具現している。

清の末期に入ると、近代西洋思想の影響を受けて、志士や学者の関心の先は西洋の学問となり、『孫子兵法』は昔日の地位を失い、新しい研究成果も少なかった。しかし、二千年以上にわたる伝承の歴史がある『孫子兵法』は、深い文化の蓄積としてすでに深く中国人の脳の中に記されており、近代の軍事実践の中で『孫子兵法』の影を見ないことはなかった。太平天国の乱を鎮圧した曾国藩(12)と胡林翼〔一八一二〜一八六一〕は軍事思想上では多く『孫子兵法』を手本としている。中国近代の軍事家蔡鍔《がく》編著の『曾胡治兵語録』というこの語録体の兵書は、曾国藩と胡林翼の治軍思想を詳述しており、蒋介石が手元に置いていつも読んでいた書物である。

曾国藩、胡林翼、蔡鍔と孫子の言うことを比較してみると、彼らの間で軍事学術上の伝承関係を見いだすのは難しくない。『曾胡治兵語録』の中で、『孫子』を明らかに引用しているのは数多く、しかも『孫子』をこっそり引用しているのは更に多い。

例えば、主客・虚実・攻守・治乱などの問題は、みな孫子の軍事思想の範疇に属する。『曾胡治兵語録』は多くの方面で『孫子兵法』と期せずして一致しており、曾国藩、胡林翼の成功した軍事実践の裏付けとなっている。

　封建制の司令官が『孫子兵法』に好意を示しただけではなく、農民反乱の指導者たちにもその中から多くの栄養を汲み取り、敵に勝ち勝利を制した者がたくさんいた。太平天国の有名な軍事家石達開（一八三一～一八六三）がその中の傑出した代表である。石達開は少年時代にとりわけ『孫子兵法』を愛読し、兵を率いて作戦を行う時には深くその影響を受けた。

太平天国の指導者洪秀全と太平天国の最高軍政権力を象徴する天王玉璽。

　金田の武装蜂起（一八五一年）初期、洪秀全《こうしゅうぜん》(13)、楊秀清《ようしゅうせい》が太平軍の主力を率いて北上し、長沙の外側に到着した時、北は堅城に臨み、西は湘江に臨み、後ろには追撃してくる兵があって形勢はとても不利であった。この時、石達開は一隊の奇兵を率いて湘江を渡り、清軍より前に西岸の有利な陣地を占領した。

太平軍の武器装備。上の二つは太平軍が製造し使用した大砲。下の左は太平軍が使用した鉄の刀とピストル。下の右は「李秀成」の名が彫ってある太平天国の将軍の佩刀。

まもなく清軍の提督向栄が部隊を率いて攻撃してきたが、石達開は地の利に基づいて、水陸洲（現在の橘子洲）で林に伏兵を設け、すぐさま清軍千人以上を殲滅し、向栄は一人逃れた。この戦いは、太平軍の受け身の態勢を大きく改善したのである。

上に述べたすばらしい戦争例から、『孫子兵法』が戦争に対して永遠の指導的な価値を有していることが分かる。『孫子兵法』が述べている戦争の法則と原則、具体的に表している人文の英知とずば抜けた計略は、後世の兵家がいくら取っても尽きることがなく、いくら用いても尽きることのない智恵の源泉となっているのである。

批判からの再生

近代に入ると、西洋は堅固な船と強力な大砲で中国の玄関を叩きそして開いた。中国と西洋の文化が直接衝突し始めたのである。西洋近代軍事科学の進歩、及び中国近代での対外戦争中の劣勢な地位は、中国人に『孫子兵法』を中心とする伝統的な兵学理論に対して反省を促し、伝統的な兵学思想はいまだ嘗てなかった新しい挑戦に直面した。一定期間の質疑と静まった時期が過ぎた後、幾人かの有識の士は、『孫子兵法』を代表とする兵学理論はやはり合理的な核を持っているとだんだんと認識するようになった。もし西洋の近代軍事学の精華を取り入れ、新しい軍事実践の需要に適応することができれば、古い兵法はきっと再び青春の輝きを現すのではないか。このような認識の下で、孫子研究が一つの新しい高みの上で再び始まったのである。

砂土を用いた地形の模型での演習●清朝は練兵所を設け、全国の新兵の編成訓練の事務を一手に取り扱った。図は軍官の卵たちが砂土を用いた地形の模型での演習を行っているところ。

この時期の孫子研究を伝統的な孫子研究と比べてみると、重大な変化がある。一番目は、『孫子兵法』研究と近代戦争の実践が緊密に結びつけられて、戦役戦術ないし戦略思想が詳しく説明される中で共に新しい重大な発展があった。弓や刀の時代の諸注釈家の明らかにした理論と比べると、すでに質的な飛躍が起こったのである。二番目は、『孫子兵法』の理論と西洋の軍事理論が衝突しているうちに融合し、孫子研究をそれによって生まれ変わらせた。三番目は、『孫子兵法』の軍事理論に対して系統的な解明を行うことを重視したが、それは、単に文字や語の訓詁注釈、句や文章の解説講読だけではなく、すでに初歩的に『孫子兵法』の軍事理論を近代の軍事学術用語を用いて、戦争問題、戦争指導、戦略戦術、治軍思想などのいくつかの方面に要約し、後の人が更に科学的に『孫子兵法』の軍事理論を探求するための基礎を作った。

一九〇〇年、顧福棠《こふくとう》の『孫子集解』が世に問われたが、これは清末最初の新しい構想によって『孫子兵法』を研究した専門書である。顧福棠は言う。「『孫子兵法』は言は約にして意は博く、計に始まりて反間に終わり、之を経するに形・勢を以てし、之を緯するに火攻・奇権・秘算を以てし、悉く天下古今の兵説を挙げて其の中に包括す。此れ誠に千古兵家の祖、兵家の師なり。」これは、『孫子兵法』は言葉が要約されていて煩わしくはないが、重要な点は余すことなく含まれ、戦争に対しては永遠の指導的な価値があるというのである。その書は初めて大量の欧米の戦争例を挙げて、『孫子兵法』の作戦理論を裏付けている。その中にはナポレオン戦争、アメリカ独立戦争、南北戦争、普仏戦争などがある。『孫子集解』は『孫子兵法』と近代軍事学の結合を促進する上で先駆的な成果を上げている。

この時期に比較的影響のある孫子研究の著作には、更に蒋《しょう》方震《ほうしん》、劉邦驥《りゅうほうき》の『孫子浅説』、李浴日の『孫子兵法の総合研究』、公羊寿の『孫子兵法哲理研究』、銭基博の『孫子章句訓義』、陳啓天の『孫子兵法校釈』などがある。蒋氏は若い頃日本の陸軍士官学校歩兵科に留学し、しかも卒業試験が首席の成績だったので、日中両国の軍事界の人々に注目された。後に当時世界最強の陸軍と考えられていたドイツに赴いて実習した。その後、保定陸軍軍官学校の校長となり、陸軍大学のトップとなり、民国の軍事界では非常に有名であった。彼はかつて『孫子新釈』を書いて、梁啓超の発行している『庸言』雑誌第五号（一九一四年）に掲載した。これは彼が西洋の近代軍事思想を系統的に運用して『孫子』を研究した始まりである。この書は作者がドイツに赴いて軍事を学んで帰国した後に書いたものである。その

広東省黄埔要塞のドイツ製のクルップ大砲

近代の軍事家蒋方震● 〔1882～1938〕中華民国時代の著名な軍事理論家。浙江省海寧市の人。国民党は彼に陸軍上将〔日本の大将に当たる〕を追贈した。彼は兵法を詳しく研究し、著述も豊富で、「兵学泰斗」の名誉を得ている。

後、劉邦驥と協力し、旧注を参照総合して、『孫子浅説』（一九一五年）を共同編集した。作者は『孫子新釈』縁起篇の中で言う。「吾他国の学説を取りて、之を中国に輸せん〔採り入れよう〕と欲するも、吾盍《なん》ぞ我が先民固有の説を挙げて、光揚して之を大にせざらんや。」まさにこれは祖国の兵学文化遺産を高く評価し、併せてそれを発揚し輝しいものにするという思想の指導の下に、彼は西洋の軍事理論の観点を運用して『孫子』を研究し、『孫子』の兵学体系に対して新しく解釈を行ったものである。この本の考え方の筋道は広く、あるいは有名人の言論を引用したり、あるいは『孫子』中の一つの観点に自分の意見を加えたり、多く実際に結びつけ、また多く意味を推し広げたり、展開させたり、いつも急所を突いている。

『孫子新釈』は『孫子』を完全に注釈した著作ではなく、縁起と計篇の二つの部分を含んだだけのものではあるが、しかし作者は「計篇」に内在する体系を五つ、すなわち戦争の定義、建軍の原則、開戦前の準備、戦略戦術の要綱、勝敗の原因に分け、かつ各々に注釈を加えている。その書の中にはクラウゼヴィッツ[14]やモルトケ[15]などの言葉をたくさん引用し、併せて重点的に将軍の「五徳」のために解釈と分析を行っている。この書物は『孫子』研究がすでに近現代西洋軍事理論と全面的に融合する新しい段階に入ったことを表している。

蒋方震は更に、近代軍事理論を用いて十三篇の包含している軍事思想体系を明らかにしようと試み、「計篇」は軍政と君主の徳との関係を論じ、「作戦篇」は軍政と財政との関係を論じ、「謀攻篇」は軍政と外交との関係を論じ、「形篇」は軍政と内政との関係を論じていると考えている。公羊寿は近代軍事学から出発し、『孫子』の兵学体系を定謀・命将・出師・審形・窺勢・接戦・攻守・因敵と用間などの十個のお互いに関連する方面に帰納し、合わせて十三篇の内容をこの十個の方面から新しく組み合わせている。これらのすべてはみな歴代の『孫子』研究からの新境地であり、『孫子』研究と世界の軍事史研究が有機的に結合していることを表しており、それによって顕著な開拓的意義を備えている。

ドイツの近代軍事家モルトケ〔1800～1891〕ドイツの軍事家で軍事理論家、元帥。大モルトケとも称される。

ドイツの近代軍事家クラウゼヴィッツ〔1780～1831〕『戦争論』などの軍事著作を書いている。

著名な国学者銭基博は、抗日戦争の期間中積極的に抗戦を宣伝し、また浙江大学の顧谷宜教授と協力し、ロシア語の本から『ドイツ兵法家クラウゼヴィッツの兵法精義』を翻訳した。民国二八年（一九三九）、銭基博は国民党の南岳抗日幹部訓練班教育長李黙庵の要請を受けて、南岳に赴いて『孫子兵法』を講義した。銭基博には『増訂新戦史例・孫子章句訓義』（上海：商務印書館、一九四七年）の著がある。その書物は博引旁証で、近代西洋の「新戦史例」を借りて中国の古典を説き、クラウゼヴィッツの『戦争論』の関連する論述と第二次世界大戦中の戦争例をもって『孫子』の意味を一歩進めて解説している。銭基博の書、蒋方震の書は、共に『戦争論』と『孫子』を比較しており、中国と西洋を比較するという新しい学術の気風を代表している。

　民国の著名な軍事学家楊傑（一八八九〜一九四九）は古代の兵書を読むことを好んだが、『孫子十三篇』についてとりわけ得たものが多かった。楊傑は雲南の陸軍武備学堂で学び、北洋の保定武備学堂に派遣され、その後官費で日本の士官学校で学んだ。彼は『孫子兵法』、『戦争論』などの中国と外国の軍事理論を入念に研究し、参謀部次長、陸軍大学教育長を歴任した。彼は英語、ドイツ語、日本語、ロシア語、ラテン語などの言語に精通し、ヨーロッパ二十九ヶ国に赴いて軍事を考察し、チャーチル、スターリンなどの外国の首脳と知り合いとなり、国際的に名の知られた軍事学者となった。スターリンは彼の『蒙古騎兵の性質とその使用方法』の一書を誉め称え、彼が戦略の専門家であると言った。英国の国防大臣は彼と第一次世界大戦を議

ヴェルダンの戦い〔1916 年〕の瞬間。

郵便切手――台児荘での大勝●日本が中国侵略戦争を開始した初期、その華北方面軍は二つに分かれて徐州の門戸の台児荘に向けて前進した。その意図は津浦鉄道線を通じさせて、華北・華中の戦場を連結しようというのである。中国の守備軍は勇敢に反撃し、2 万人に近くを失うという代償を払って、日本軍に大打撃を与え、平型関での大勝利の後を継ぐ真っ向からの戦いでの大勝利を得た。

一代の巨人毛沢東。

戦闘中の紅軍。

論した時、偽の国防計画書を取り出して楊傑に見せた。楊傑はそれを見た後、この計画は本物ではない、そうでなければ英国はきっと亡びるだろうと言った。国防大臣は驚き怪しんでどのように改めたらよいかと尋ねた。楊傑の述べた改正の意見は本物の計画書と大同小異であった。その国防大臣は楊傑の軍事に対する造詣に非常に敬服し、軍事学の泰斗（権威者）であると称賛した。楊傑には『国防新論』、『孫子兵法解』、『孫武子』などの著作があり、孫子の軍事思想を高く評価している。

再び輝く

二千年以上前の火薬や核を用いない兵器の時代に生まれた『孫子兵法』は、近現代の戦争の実践の中で結局どれほどの理論的価値と指導上の意義を持つのか？　若い中国共産党指導者の革命戦争の成功が、この問題に対して肯定的な答を与えている。伝統的な軍事著作、特に『孫子兵法』の詳しく述べている軍事思想の継承と発展が、彼らの成功した思想上の武器の一つである。

毛沢東、この軍事的指導者と軍事理論家を一身に合わせた世紀の巨人と『孫子兵法』との血のつながった関係はとても密接である。毛沢東の軍事思想は、より多くを中国古代の軍事思想の啓発に受けており、それは中国古代の優秀な軍事文化遺産、とりわけ『孫子兵法』の運用・発展・継承と新機軸に対する結果である。

毛沢東はかつて他人に対して「私は確かにたくさんの中国古代の戦争に関する書物を読み、『孫子兵法』などの著作を研究したことがある」と語ったことがある。一九三六年、西安で統一戦線活動に従事していた葉剣英と劉鼎に、『孫子兵法』を買ってくれるように頼んでいる。毛沢東の軍事著作の中には、「彼を知り己を知らば、百戦して殆うからず」（謀攻篇）というこの千古不易の名言が何度も引用されている。毛沢東は言う。「中国古代の大軍事家孫武の書の中の『彼を知り己を知らば、百戦して殆うからず』のこの言葉は、学習と使用の二つの段階を含んで説かれたもので、客観的な現実中の発展法則を認識することから、併せてこれらの法則に従って、自己の行動を決定し、目前の敵に打ち勝つまでを含んで説いているのである。我々はこの言葉を軽く見てはならない。」また言う。「孫子の法則『彼を知り己を知らば、百戦して殆うからず』は今日に至ってもやはり科学的真理である。」毛沢東の『孫子兵法』の把握と運用は、最高の水準に達していると言える。紅軍時期の毛沢東がまとめた遊撃戦の「十六字訣」（敵進めば我退き、敵駐まれば我擾《みだ》し、敵疲れれば我打ち、敵退けば我追う）――は、実際は孫子の「強なれば而《すなわ》ち之を避け、怒なれば而ち之を撓《みだ》す」（計篇）などの謀略理論の活用である。

「其の鋭気を避けて、其の惰帰を撃つ」（軍争篇）は毛沢東が「中国革命戦争の戦略問題」中で重点的に述べかつ発揮した一つの重要な軍事原則である。彼は「弱い軍が強い軍と戦う必要条件の一つは、すなわち弱いところを選んで撃つということである」と指摘している。彼は紅軍の三度の反包囲討伐戦に勝利した経験を総括した時に次のように考えている。数の上でも強さの上でも紅軍よりもはるかに勝っている敵の前では、決して正面から出撃することはできない。すなわち所謂「敵を国門の外に御す（制御する）」であって、「実を避けて虚を撃つ」の原則を用い、敵の鋭気を避け、退却という戦略を採って、機動戦を行い、敵が深入りするように誘い、「敵の鼻を引っ張って逃げる」という過程の中で、一方では敵の精も根も尽き果て、軍隊の気力を挫けさせ、他方では敵軍の弱点を徐々に露わにさせる。その後で、その弱体化した軍隊あるいは孤立無援の敵に対して、兵力を集中して、一挙に全滅させる。敵が強く味方が弱いという状況の下では、速やかに勝利を得るということはできないので、決してやみくもに前進したり、あるいは死にものぐるいで敵に

平型関での大勝●八路軍 115 師団が平型関の前線に赴く。

莱蕪戦役で国民党李先洲の集団８万人弱を全滅した。

ぶつかったりすることはできず、必ず相手の鋭気を避けて自分の軍事的力を保存して、時期を待って敵を破るのである。これは積極的な防御戦略の実施であり、『孫子兵法』と図らずも一致している。

孫武は、戦争指揮の上では柔軟であることを主張し、無理に一つの方法にこだわり、一度決めたら永遠に変えないということに反対した。毛沢東は岳飛の「運用の妙は、一心に存す」〔『宋史』岳飛伝〕の用兵の道を結びつけて、この「妙」を我々は柔軟性と呼んでいると指摘している。柔軟性とは、聡明な指揮官が客観的な状況に基づき、時期と情勢判断を把握して、タイムリーかつ適切に処理を行う一種の才能であり、すなわち所謂「運用の妙」である。この「運用の妙」に基づいて、外線作戦での速決の進撃戦では比較的多く勝利を得ることができ、敵味方の優劣の状況を変えることができ、我が方の敵に対する主導権を実現することができ、敵を圧倒してこれを打ち破ることができ、最後には勝利は我が方のものになるのである。毛沢東の指揮した「四渡赤水」[16]、「莱蕪戦役」[17]、「淮海戦役」[18]、「抗米援朝第一戦役」[19]など多くの著名な戦役は、みな絶えず敵情の変化に基づいて、時宜に合わせて作戦の部署を変え、常に機先を制して敵を制することを守り、最後に戦争の勝利を得た典型的な戦例である。毛沢東は、敵によって異なり、柔軟に作戦方針を決定して、兵力を使用するの理論と実践に関しては、孫武の「敵に因りて勝ちを制す」〔虚実篇〕の軍事原則を大きく豊かにした。

毛沢東は孫子の「兵とは詭道なり」〔計篇〕の思想について深く体得している。毛沢東は彼の『持久戦を論ず』の中で次のように指摘している。「計画的に敵に錯覚を起こさせ、不意の攻撃を与える」、「敵の目と耳をできるだけふさぎ、彼らを眼を見えなく、耳を聞こえなくさせなければならない。彼らの指揮官の心をできるだけ混乱させ、彼らを精神障害にして、我々の勝利を奪い取らなければならない。」実践の上では、毛沢東は口では東を攻めると言いながら西を攻める戦術に最も長けており、敵を振り回して徹底的に疲れさせ、機動戦の中で機会を狙って敵を殲滅した。

まさに毛沢東の深い中国伝統兵法の基礎知識と中国の特殊な国情に対する認識とによって、彼は労働者と農民を導いて勢い盛んな中央革命の根拠地を創建し、中国革命を導いて労働者農民武装闘争の正しい道を探しだし、蒋介石の軍事的包囲討伐を大きな智恵と勇気をもって粉砕したのである。遵義《じゅんぎ》会議[20]で、ある人が毛沢東はちょっと『孫子兵法』を読んだだけにすぎないだけだと嘲った。毛沢東はすぐに反問して聞いた。「君は『孫子兵法』に何章あるか知っているのか?」まさに『孫子兵法』の東に声して西を撃つ〔兵法三十六計〕、其の無備を攻め、其の不意に出つ、実を避けて虚を撃つなどの軍事原則の柔軟な応用と創造的な発展であった。毛沢東はこうやってやっと紅軍を危機の中から救い出すことができ、一幕一幕に精彩な活劇を演じたのである。『孫子兵法』の永遠の軍事指導の価値は、毛沢東の軍事的生涯の中に著しく現れている。

「四渡赤水戦役」は毛沢東の軍事指揮芸術の最高峰であり、孫子の軍事思想が現在の戦争条件の下でも依然として指導的意義を持っているということの明証でもある。紅軍が遵義に進軍して占拠した後、蒋介石は大軍を集中して遵義に迫り、中央紅軍が北方四川省に進んで紅四面軍と合流したり、あるいは東に進んで湖南省に入って、紅二軍、紅六軍と合流するのを阻止し、中央紅軍を烏江西北の四川省と貴州省両省の辺境地区で包囲殲滅しようとした。この時、中国共産党中央、中央革命軍事委員会は、中央紅軍が遵義から北上し、瀘州の上流で長江を北に渡り、四川の西北地区に進み、紅軍四方面軍と一緒に総反撃を行い、四川省を赤化しようと決定した。もし長江を渡ることが上手くいかなければ、しばらくは四川省の南に止まって活動し、時機をうかがって、宜賓の上流から北の方金沙江を渡ることになっていた。

　一九三五年一月一九日、中央紅軍は土城方面に向かって進撃を開始し、一月二八日の明け方、紅軍の一部は南北両方面から青崗坡地区の敵に向かって猛攻を開始し、敵に重傷を与えたが、いまだ敵を全滅することはできなかった。この時、四川省の敵の後続部隊二個旅団が急遽増援としてやってきており、赤水城以南の四川省の敵の二個旅団も西北から紅軍の側面と背面に対して攻撃した。中国革命軍事委員会は思い切って決定を下し、すぐに戦闘から撤退することとし、古藺《りん》南部の地区に向かって前進し、長江を北に渡る地点を探した。

　一月二九日、紅軍の主力は三方面に分かれて赤水河を西に渡り、古藺と徐永地区に向かって前進した。中国共産党中央と中央軍事革命委員会は、敵がすでに長江沿岸の防御を強化し、かつ優勢な兵力でいくつかに分かれて我々に迫っているのを見て、二月七日になると長江を北に渡るという元々の計画の執行をしばらく延ばすことを決定し、各軍団に四川省での敵の追撃を逃れて、改めて四川省と雲南省の境にある扎西《さっさい》（現在の威信

紅軍は瀘定橋を急ぎ奪った●写真は瀘定橋の旧址。

烏江天険● 1935 年 1 月、新しい戦略方針を実現するために、中央紅軍は無理に烏江を渡り、国民党の「追撃掃討」軍を烏江以南の地区に置き去りにした。

県）地区に集中するように命令した。

紅軍が扎西地区に進むと、敵は紅軍が長江を北に渡るだろうと判断し、宜賓間の各々の主要な渡し場に兵を増やすほかに、また雲南軍と四川軍の潘文化部隊を扎西地区に迫らせ、紅軍に対して別方面から一緒に攻撃しようとした。敵軍の主力がすでに紅軍に四川省と雲南省の境に引き寄せられ、貴州省の北の兵力が空虚であるという状況を見て、紅軍は敵の不意に出て軍隊を回して東に進み、貴州省に戻ることにした。紅軍は太平渡と二郎灘でまた赤水河を渡り、再び遵義の町を攻撃占領したのである。

紅軍が遵義で大勝利をした後、蒋介石は三月二日に急いで重慶に飛び、自ら紅軍に対する包囲攻撃を指揮し、トーチカと重点進撃を組み合わせた戦法で、南は守り北は攻め、紅軍を遵義と鴨渓のこの狭い地区に包囲して殲滅しようとした。敵の新しい包囲攻撃を粉砕するために、紅軍は相手の計略の裏をかき、遵義地区を行ったり来たりして敵を探しているふりをして、敵が迫ってくるのを誘った。紅軍のこの行動は予想通り敵を移動させ、敵の呉奇偉の部隊が北で烏江を渡り、雲南省の孫渡の部隊が紅軍に近づいた時に、紅軍は突然兵を北に向け、茅台から赤水河を三回目の渡河をして、再び四川省の南に入った。敵は紅軍がまた長江を北に渡ると誤認し、急いで部署を調整し、四川省の南に紅軍を圧迫し、再度紅軍に対して包囲を行い、紅軍を長江の南岸地区で殲滅しようとした。これを見て、紅軍は急いで行動して軍を戻して東に進み、赤水河の四度目の渡河をし、再び貴州省に入った。紅軍の主力は南に向かってすべて烏江を渡り、巧妙に敵の包囲網を逃れたのである。

遵義会議以降の紅軍は、毛沢東の直接の指揮の下で、東に声して西を撃ち、敵の長を避け、敵の短を撃ち、何度も敵の錯覚を引き起こして、積極的に戦機を作り出し、機動戦を用いて敵を殲滅した。四度赤水河を渡ったのは、毛沢東の軍人としての生涯の中での絶妙な働きである。孫子の「実を避けて虚を撃つ」、「形を示して敵を動かす〔勢篇「形之敵必従之」〕の用兵の原則が、ここでは十分に示されている。

米国海軍陸戦隊の准将で、孫子を研究している軍事専門家の

抗戦初期の毛沢東。

毛沢東と小八路軍が親しく交流。

サミュエル・グリフィス〔一九〇六～一九八三〕は『孫子兵法』英訳本の前言の中で次のように語っている。「孫子の思想の毛沢東に対する影響は非常に大きい。それは毛の軍事戦略と戦術著作の中に明らかに現れており、その中の〝抗日遊撃戦争の戦略問題〟、〝持久戦を論ず〟、〝中国革命戦争の戦略問題〟などの文章に最もよく現れている。毛は明らかに『孫子兵法』の原則に注意して激しい戦争〔武器を用いた実際の戦闘〕にもうまく適用したし、また静かな戦争〔謀略戦など〕にも適用した。長年たった後になって、機会があって『孫子兵法』の原則を外国の「帝国主義」に反対する静かな戦争の中で運用したが、しかし彼はそんなにもたたないうちに蒋介石との武力による戦闘の中で、これらの原則を応用して驚くべき成功を勝ち取ったのである。」

毛沢東は長期にわたる革命戦争の実践を経たが、彼の戦争に対する認識、彼の戦争指導技術には『孫子兵法』の影響を示していないものはない。一九三六年、毛沢東は彼の書いた「中国革命戦争の戦略問題」の中で、多くのところで『孫子』の理論を引用して、中国革命の経験を総括している。例えば、彼は「軍争篇」の「佚《いつ》を以て労を待ち、飽を以て飢を待つ」、「其の鋭気を避けて、其の惰帰を撃つ」、「計篇」の「其の無備を攻め、其の不意に出づ」、「謀攻篇」の「彼を知り己を知らば、百戦して殆うからず」などを引用している。

毛沢東が解放戦争の時に総括した、毛沢東の戦略・戦術理論の核心内容を構成する「十大軍事原則」には、『孫子兵法』の精髄と魂が十二分に表現されている。例えば、その中の第一条「先に分散あるいは孤立している敵を攻撃し、その後集中していて強大な敵を攻撃する」は、孫子の「実を避けて虚を撃つ」の思想の具体化であり、第四条「戦争ごとに絶対的に優勢な兵力〔敵に二倍、三倍、四倍、時には五倍あるいは六倍する兵力〕を集中して、四方から敵を囲み、全滅させることに全力を注ぎ、一人も逃さない。」は、すなわち孫子の「敵に并せて向かうさきを一にす」の思想を十分に表している。そして第五条「準備をしていない戦争はせず、自信のない戦争はしない。戦争ごとにつとめて準備をし、敵と自分との条件を対比した後に勝利するという自信を持つようにつとめる。」は、更に孫子の先ず勝つ〔形篇〕思想と一脈通じている。

毛沢東の『孫子』研究史上、郭化若〔一九〇四～一九九五〕が『孫子兵法』を研究するのを指導したのは、その中での一つの重要な活動である。毛沢東が郭化若に『孫子』を研究するのを具体的に指導したのは、抗日戦争の初期に始まり、彼は話をしている中で、郭化若のために研究の方向・目的と方法を確定した。一九三九年八月、毛沢東は自分の側にいた「高級参謀」郭化若に向かって言った。中華民族の歴史遺産を発揚するために孫子の書を読まなければならない。『孫子兵法』中の卓越した戦略思想を精密に読み込み、その戦争指導の法則と原理を批判的に受け入れ、併せて新しい内容でそれを補わなければならない。彼は更に言う。孫子の生きた時代の社会・政治・経済の状況・哲学思想、及び孫子以前の兵学思想を深く研究し、その後で『孫子兵法』そのものに対して研究を行って初めて『孫子兵法』を深く理解することができる。毛沢東自身は、まさにこのように身をもって実行したのである。彼は中国革命戦争を指揮する過程で、『孫子兵法』の思想の精華を十分に参考とし、汲み取り、この古代の兵学聖典を継承発展し、その内包の弁証法的な輝きにまばゆい光を放たせた。

毛沢東の晩年、郭化若に『孫子今訳』を新しく改訂するように指示し、「併せて孫子の序言を改版して、悪いものは除き良いものを採り入れた序言を書くように希望した。」郭化若は遺嘱に従い、十数年をかけて、『孫子』の文献を整理し、『孫子』のテキストに訳注をつけ、何度も序言を書き改め、『孫子今訳』（一九七七年）、『十一家注孫子』（一九七八年）、『孫子訳注』（一九八四年）などの専著を出版した。郭化若は毛沢東の命令を受けて『孫子』を研究し、大半の心血を注いで、「マルクス主義的立場と観点を運用して『孫子兵法』を研究した第一人者」の学術的地位を得、「一代の学者将軍」と称賛されている。

中国共産党の多くの高級将軍はみな『孫子兵法』を深く研究している。陳毅《ちんき》元帥に「兵を論ずる新しい孫子呉子」と称賛された「大軍事家」（鄧小平の言葉）劉伯承《りゅうはくしょう》元帥は、現代戦争の時期に『孫子兵法』をうまく用いた代表的人物と言うことができる。すでに一九一二年に重慶軍政府陸軍将弁学堂に学んでいる間に、劉伯承は『孫子兵法』を何度読んだか分からず、ほとんど一字一句暗唱することができた。一九三六年秋、長征の道で、劉伯承は夫人の汪栄華《おうえいか》に向かって言った。「勝つ戦争をするには、謀略を重んじ、戦略戦術を講ずるには、すなわち多くの本を読み、研究しなければならない。『孫子兵法』、『三国志演義』、『史記』、『漢書』を、我々は読まなければならず、研究しなければならない。」一九五〇年冬、中国人民解放軍軍事学院が成立したばかりの時、院長に任じられていた劉伯承は積極的に『孫子兵法』を研究するよう主張し、『孫子兵法』を「戦

郵便切手——百連隊大戦●抗日戦争の時期、八路軍は華北地区で105の連隊の兵力を使い、日本軍の占領していた交通線と拠点に対して大規模な進撃を始め、日本軍の「鉄道を柱とし、道路を鎖とし、トーチカを錠とする」という戦略に重大な打撃を与えた。

「一代の儒将（学者将軍）」郭化若●その著に『孫子今訳』、『孫子訳注』などがある。新中国成立後の孫子研究の基礎を確立した人。

劉伯承が隴海戦役の参戦部隊を検閲。

役法」課程の指導教材とした。劉伯承は孫子の兵学体系に対して詳しく深い研究を行い、自ら「勢篇」を校訂したことがある。陶漢章《とうかんしょう》は『孫子兵法概論』（解放軍出版社、一九八五年版）の中で、劉伯承元帥はかつて孫子の兵学体系を謀略・兵勢・正兵と奇兵・虚と実・用兵の主導性と弾力性・用間などの六つの方面に分け、軍事学院の授業では受講生に系統立った話をしたと述懐している。

劉伯承が引用した『孫子兵法』中の最も多い句は、「彼を知り己を知らば、百戦して殆うからず」で、併せてそこから自己の「五行」理論を発展させた。「五行が定まらなければ、きれいさっぱり負ける」、これが劉伯承が作戦を指揮する際にいつも口にしていた有名な言葉である。「五行」は中国文化の伝統の中では本来金・木・水・火・土の五種類の最も基本的な元素を指し、それらの相生・相克[21]の進展変化が世の中の万事万物を生み出すのである。劉伯承は「五行」というこの術語を借りて、任務・敵情・我が軍の状況・地形と時間の五つのことを表した。劉伯承は作戦を指揮し決心をする時には、この五つの条件を基礎とすると考えていた。もしもこの五つのことがはっきりしていなければ、すなわち「五行定まらず」で、必ず兵を失い将軍を戦死させるであろう。「敵情」、「我が軍の状況」はすなわち『孫子兵法』中の「彼を知り己を知る」の翻案であり、劉伯承は孫子の地形の価値に対する重視を継承し、それを「五行」の中に入れた。『孫子兵法』に言う。「夫れ地形とは、兵の助けなり。」（地形篇）、「天を知り地を知らば、勝ちは乃ち窮まらず。」（地形篇）上手に地形を利用すれば、いつも予想しない効果を得ることができるのである。劉伯承はその翻訳した「ソ連軍のかなばさみ型攻勢を論ず」の一文の後に次のように書いている。

「まず解答しなければならない問題は、どこの地形が我々が敵を殲滅するのに便がよく、その敵がどのような障害をもって抵抗しようとするかである。その次に答えなければならない問題は、敵が絶えず囲まれ殲滅されたという失敗の経験と知識があれば、このような地形にいる時にどのように行動するかである。もし我々の敵情と地形の判断が正確で、巧みに絶対的に優勢な兵力を集中し、かつ上手に地形を利用し、こっそりと包囲し、敵の弱点に狙いを定め、突然のかなばさみ型突撃を行えば、容易に敵を殲滅するという効果を得ることができる。」劉伯承は

郵便切手——遊撃戦

百戦百勝で、その常勝の秘訣は、すなわちまだ戦わない前に「五行」を定めることであった。劉伯承の指揮した一連の成功した戦争例は、彼の「五行」理論の運用を十分に表している。

劉伯承は孫子の「奇正の相生ずるは、循環の端無きがごとし」〔勢篇〕の用兵原則を深く理解していた。彼は言う。「正兵と奇兵とは、弁証法的統一であり、将軍たる者の掌握しておかなければならない重要な法則である。奇の中に正があり、正の中に奇があり、奇正相生じ、変化して窮まりない。」抗日戦争中、劉伯承の指揮した七亘村での何度もの伏兵は、すなわちその弾力的な用兵であり、奇正相生ずの典型的な戦例である。八路軍は日本軍の第二〇師団の一部が測魚鎮を通って平定に来襲しようとし、その後方の輜重部隊が測魚鎮の宿営に進んできているのを偵察して知った。劉伯承は、井陘と平定間の小道にある地勢が険要な七亘村は、敵が兵を動かし食糧を輸送する時には必ず通過する土地であると判断し、ここに伏兵をすることを決定した。一九三七年一〇月二六日九時頃、日本軍の輜重部隊が待ち伏せ地区に進入した。八路軍の伏兵は突然立ち上がって攻撃し、二時間の激戦の後、日本軍三百余人を殺し、大量の輜重物資を捕獲したので、その他の日本軍は測魚鎮を避けた。日本軍が主要な道を貫通させたいと焦っているという情勢を見て、劉伯承は七亘村が依然として日本軍が進軍する時に必ず通る道だと判断した。なぜならば、ここを避けては別に道がないからである。そこで七亘村でもう一度日本軍に突然の打撃を与えようと躊躇なく決定した。一〇月二八日朝、敵の輜重隊が予想通り元の道に沿って西に進んだ。日本軍は八路軍が同じ地点でもう一度伏兵を設けているとは夢にも思わなかった。八路軍は同じ場所で再度伏兵による痛快きわまる攻撃戦を行い、日本軍百余人を殺し、ラバと馬数十匹を捕獲した。劉伯承は「一度勝った戦闘は二度としない」の伝統的な戦法を改め、奇と正がめまぐるしく変化し、敵の予想外のことを行い、指揮する部隊は、三日のうちに同一地点で二度伏兵を設け、二戦二勝の戦果を得たのである。

中国現代戦争史の中で、『孫子兵法』の影響を受けていないものはなく、これも『孫子兵法』が現代戦争の中で依然として広汎な活用性と指導的価値を持っていることを証明している。『孫子兵法』は中国共産党人の手の中で、無限の生気を放ち、無窮の威力を示し、人民軍が敵に勝ち勝利を制する宝物となっている。

劉伯承と鄧小平が渡江作戦の配置を行う。

孫子兵法ブーム

一九四九年一〇月一日、中華人民共和国が成立を宣言し、中華民族歴史上燦然と光り輝く一頁を開いた。同時に、『孫子』研究の黄金時代も迎え、半世紀の中で、『孫子』研究の著作は四百四十部以上出版され、発表された論文は千九百余篇になり、その総量は歴代論著の総数を超えた。一九八〇年代以来、『孫子兵法』は国内外で広く関心を持たれ、かつ広く社会生活の各領域で参考にされ、応用されている。『孫子兵法』研究組織が相次いで成立し、学会も絶えず開かれ、研究する集団も絶えず拡大し、研究方法も絶えず新機軸が打ち出され、研究成果の数も驚くべきものであり、研究のスタイルも豊富多彩で、歴史上いまだかつてなかった「孫子ブーム」が出現し、独立した学問分野、孫子学が今にも生まれそうである。

一九八九年、中国孫子兵法研究会が北京で真っ先に成立した。それに続いて、国内のいくつかの省、市でも相次いで『孫子兵法』の研究機構が成立した。国外では、マレーシアや日本などの国でも相次いで孫子兵法学会、国際『孫子兵法』クラブなどが成立した。各大衆的学術組織は積極的に活動を展開し、学術交流が盛んに発展している。

中国人民解放軍軍事科学院戦略部と総後勤部及び山東省恵民県が共同で発起し挙行した第一回孫子兵法国際研究討論会は、一九八九年五月、孫子の故郷恵民県で開かれ、現代「孫子ブーム」の幕を開いた。現在まで「孫子兵法国際学術討論会」はすでに七回開かれ、規模は絶えず拡大しており、各種の新しい成果が絶えず大量に現れている。世界各地からやってくる孫子兵法研究の専門家・学者が一堂に集まり、孫子兵法の研究と応用の各専門テーマについて、自分の意見を述べ、百家争鳴の学術的情勢を形作っている。

これまでの『孫子兵法』研究討論会では、孫子兵法研究史、孫子兵法と伝統戦略文化、孫子兵法と現代国際安全、孫子兵法の社会と経済などの領域での運用などの方面について、学者たちは深く研究し交流した。『孫子兵法』の人類共同の文化遺産としての価値は深く明らかにされ、それは広い賛同を得ている。

第七回孫子兵法国際研究討論会及び各地で開かれた多くの孫子兵法と企業経営管理国際研究討論会、孫子兵法と市場経済国際研究討論会、海峡両岸孫子と斉文化学術討論会などは、『孫子兵法』の知名度を拡大し、かつ最も新しい研究成果を世に問

土産物の『孫子兵法』。

恵民県孫子故園。

い、『孫子兵法』の研究と運用を新しい高まりに押し上げている。
改革開放以来、山東省恵民県は孫子の故郷として孫子文化を発揚する高まりを巻き起こした。孫子兵法城の開城式典は二〇〇三年一〇月に恵民県で盛大に行われた。二千名以上の国内外の観光客が空前の盛況の開城の儀式に参加した。孫子兵法城の計画面積は七千二百畝〔約四百八十ヘクタール〕、予算総額五億元、現在完成している第一期工事の武聖府は総投資額六千五百万元、広さは十六万㎡、十五の秦漢式の古代の宮殿の正殿と二百二十四室の廂房〔正房の左右にある棟〕からなり、気勢盛大、雄大壮観な秦漢式の建築群をもって、孫子十三篇及び三十六計などの兵学文化の要素を全面的に表現している。中国孫子兵法研究会副会長で著名な孫子学研究専門家の呉如嵩は言う。「孫子兵法は世界公認の最古の軍事理論書であり、その作者孫武は兵学の始祖と称賛されている。現在、孫子の故郷にこのような孫子兵法城を作ることは、疑いもなく中国の優秀な文化を発揚する生き生きとした表れであって、その功績が千年後にも残る壮挙である。」

中国孫子兵法研究会成立の後を受けて、中国内外に孫子兵法研究機構と学術団体が相次いで大量に出現した。例えば、山東孫子兵法研究会、蘇州孫武子研究会、深圳孫子兵法研究会、遼寧孫子兵法研究会などである。二〇〇七年一月、台湾で最初の正式に申請立案された孫子兵法の民間研究組織―「中華孫子兵法研究学会」が台北で成立した。各地の研究機構と学術団体の出現は、孫子研究の繁栄と発展を一歩促進し、一連の大きな研究成果を生み出した。例えば、中国孫子兵法研究会が組織し編纂した『孫子兵法大全叢書』は十の特定のテーマに分けて分冊出版された。呉如嵩主編の『孫子兵法辞典』は、孫子兵学に対

山東省恵民県孫子兵法城。

して百科全書的な整理や帰納を行った。謝祥皓と劉中寧の集録した『孫子集成』は、歴代の『孫子兵法』の重要な版本を包括しているなど、一連の重要な成果である。

最近二十年来の孫子研究の重要な特徴の一つは、研究成果の表現体裁と形式が多様化に向かう傾向があるということである。出版された百部余りの専門書について言えば、その中には専門的で深く精密な考証と理論の専門書もあれば、普及と向上を互いに結合し、万人が楽しめるという趣旨を貫徹した一般的な本もあり、更には学問をもって世の中に役に立とうとつとめ、孫子の基本原理を現代社会生活に参考とし運用しようとする実用的な書籍もある。具体的に言うと、文字の訓詁と考証すべて備わっていて、綿密さに優れた点があるものとしては、楊丙安の『孫子会箋』、呉九龍主編の『孫子校訳』、李零の『「孫子」古本研究』などがあり、文章の筋道を詳しく解き明かして精確適切でその深さに特長があるものに、郭化若の『孫子訳注』、呉如嵩の『孫子兵法浅説』、『孫子兵法新論』、陳学凱の『制勝韜略』、陶漢章の『孫子兵法概論』、黄朴民の『孫子評伝』などがあり、原著を正確流暢に注釈し、兵法を内容は奥深いが分か

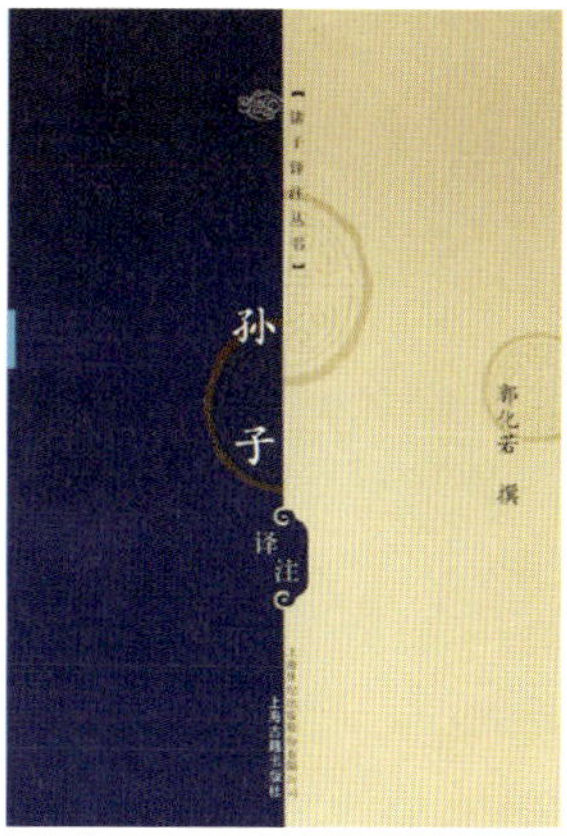

郭化若『孫子訳注』書影。

英文版竹簡『孫子兵法』。

『孫子兵法』の中国語版の一部。

りやすく説明していて読者に喜ばれているものとしては、軍事科学院の『孫子兵法新注』、龐斉の『孫子兵法探析』、斉光の『孫子兵法評注』、黄葵の『孫子導読』などがある。孫子の一生の事績の研究に関するものとしては、楊善群の『孫子評伝』、謝祥皓《こう》・李政教主編の『兵聖孫武』などがある。孫子の理論の現代社会生活に対する示唆と応用に関する専門書としては、李世俊などの『孫子兵法と企業管理』、楊先挙の『兵法経営十謀』、肖長書の『孫子兵法と経営の道』などがある。

近年来、更に『孫子兵法』に関する辞典・連環画・漫画などが次々に世に現れている。出版製作の工芸の面でも、華やかさを競い合っており、木の彫刻・竹の彫刻・シルクの刺繍・金の板など様々な方式で、様々なレベルの読者が孫武及びその兵法著作に接触し理解するために、十分に有益な助けとなっている。『孫子兵法』は二千五百年後の今日でもますます青春の光を放っているのである。孫子の輝かしい思想は世間の人びとの智恵に恩恵を及ぼす源泉となっている。

各種版本の『孫子兵法』。

訳注

（1）**茅元儀**　一五九四年～一六四〇年。軍事百科全書『武備志』二百四十巻を完成した。

（2）**鬼谷子**　生没年未詳。斉の人で、縦横家の蘇秦、張儀の師とされるが、その存在に対しても疑問が持たれている。『鬼谷子』の書が伝えられているが、『漢書』藝文志や『隋書』経籍志にその名が見えないため、後代の作と考えられている。

（3）**太公望呂尚**　周王朝建国の功臣。渭水の岸で釣りをしていて周の文王に遇い、文王に認められて仕えるようになった。文王の死後、武王が殷を滅ぼすのに功績を立て、斉に封ぜられた。

（4）**張良**　生年不詳～紀元前一八六年。前漢初期の政治家・軍師。字は子房。韓の皇族の出で、韓が秦に亡ぼされた復讐をしようと始皇帝の暗殺を謀るも失敗、漢の劉邦に仕えた。若い時に黄石公から太公望の書を学び、兵法に通じた。多くの作戦の立案をし、劉邦の覇業を大きく助けた。漢の三傑の一人とされる。後に留〔江蘇省徐州市の一部〕に領地を授かったので留侯とも呼ばれる。

（5）**霍去病**　紀元前一四〇年～紀元前一一七年。前漢の武帝時代の武将。大将軍衛青の姉、衛少児の子。同じく衛青の姉であり、霍去病の伯母である衛子夫が武帝に寵愛されたため、霍去病も武帝に寵愛された。騎射に優れ、十八歳で衛青に従って匈奴征伐に赴き、その後も何度も匈奴征伐に功績を上げて驃騎将軍に任ぜられた。大功と武帝の寵愛によって権勢並ぶものがなかったが、わずか二十四歳で病死した。

（6）**杜牧**　八〇三年～八五三年。晩唐期の詩人。号は樊川《はんせん》。風流詩と詠史、時事諷詠を得意とし、七言絶句に優れた作品が多い。杜甫の「老杜」に対し「小杜」と呼ばれ、また同時代の李商隠と共に「晩唐の李杜」とも称される。祖父に中唐の歴史家杜佑がいる。日本人には非常に愛された詩人であるが、『唐詩選』には一首も掲載されていない。

（7）**通典**　唐の杜佑（七三五～八一二）が書いた、中国の歴史上はじめての形式が完備された政書。全二百巻、考証一巻。黄帝と有虞氏（舜）の時代から唐の玄宗の天宝の晩期の法令制度の沿革に至るまでを記録している。

（8）**神宗**　一〇六七年～一〇八五年在位。北宋第六代皇帝。王安石を抜擢し新法を施行した。

（9）**武挙**　武科挙。科挙の武官登用試験のこと。文官登用試験は文科挙と呼ばれる。武挙は清代には武経と呼ばれた。文科挙と同様に武県試・武府試・武院試・武郷試・武殿試（皇帝の前で行われるが学科のみ）の順番で行われ、最終的に合格した者を武進士と呼んだ。試験の内容は馬騎、歩射などの実技と筆記の学科試験が課された。学科試験には、武経七書と呼ばれる『孫子』、『呉子』、『司馬法』、『三略』、『李衛公問対』などの兵法書が出題された。

（10）**王陽明**　一四七二年～一五二九年。明代の思想家、官僚で武将。朱子学の「性即理」の思想を批判的に継承し、読書のみによって理に到達することはできないとして、実践を通した「心即理」の陽明学を起こした。一方で武将としても優れ、多くの功績を立てている。

（11）**朱元璋**　一三二八年～一三九八年。明朝開国の皇帝、明の太祖。洪武帝《こうぶてい》と呼ばれる。貧困な家庭に生まれたので、最初は僧となった。一三五一年、白蓮教徒の紅巾の乱が勃発すると、紅巾軍に身を投じ、頭角を現して実権を握り、元を追い払って明を建国した。

(12) **曾国藩** 一八一一年～一八七二年。清朝末期の軍人、政治家。湖南省湘郷県（現在は湘郷市）の人。太平天国の乱が起きると、命を受けて湘軍を組織し、乱の鎮圧に功績を上げた。両江総督や欽差大臣を歴任したが、洋務運動にも参加した。また後進の育成にも力を注ぎ、その下からは李鴻章が出ている。

(13) **洪秀全** 一八一四年～一八六四年。太平天国の乱の指導者。広東省の読書人の家庭で生まれたが、科挙の試験に失敗する。その後キリスト教へ改宗し、自らのキリスト教の解釈による拝上帝教を説き、信徒を増やした。一八五一年、洪秀全は清朝に反旗を翻し、天王と称して太平天国を建国した。彼らは一時は隆盛を誇るが、内部の分裂もあり最後には清朝に滅ぼされた。

(14) **クラウゼヴィッツ** カール・フィーリプ・ゴットリープ・フォン・クラウゼヴィッツ。一七八〇年～一八三一年。プロイセン王国の軍人で軍事学者。彼の死後発表された『戦争論』は、戦略・戦闘・戦術の面での優れた業績で、後世に大きな影響を与えた。

(15) **モルトケ** ヘルムート・カール・ベルンハルト・グラーフ（伯爵）・フォン・モルトケ。一八〇〇年～一八九一年。プロイセン及びドイツの軍人、軍事学者。普墺戦争・普仏戦争を勝利に導き、ドイツ統一に貢献した。近代ドイツ陸軍の父と呼ばれる。

(16) **四渡赤水** 本文一三八～一四〇頁で詳述。

(17) **莱蕪戦役** 一九四七年二月中国共産党人民解放軍と中華民国国民解放軍の間で、山東省莱蕪地区で発生した戦闘。

(18) **淮海戦役** 一九四八年～一九四九年に行われた中国共産党人民解放軍と中華民国国民解放軍の間で発生した戦闘。淮海とは現在の江蘇省、山東省、河南省、安徽省の交わったあたり一帯を指す。人民解放軍がこの戦闘で勝利したため、長江以北の広大な地域を解放し、長江渡河作戦も可能となった。

(19) **抗米援朝第一戦役** 一九五〇年一〇月～一一月。中国人民志願軍が北朝鮮を援助して朝鮮戦争に参加し、米国を主力とする国連軍と戦った戦闘。

(20) **遵義会議** 一九三五年に、貴州省遵義県（現遵義市）で開かれた中国共産党の会議。この会議で共産党内のソビエト留学組の力が失われ、毛沢東の軍事指導権が高まった。

(21) **五行の相生・相克** 五行思想は、万物が木・火・土・金・水の五種類の元素からなるという説である。またその五種類の元素は「互いに影響を与え合い、その生滅盛衰によって天地万物が変化し、循環する」という考えが根底に存在する。その循環については「相生」、「相克（相剋）」がよく知られている。「相生」は木→火→土→金→水→（木）〔木は火を生じ、火は土を生じ、土は金属を生じ、金属は水を生ず〕の順番に生み出していく。「相克（相剋）」木→土→水→火→金→（木）〔木は土に克ち、土は水に克ち、水は火に克ち、火は金属に克ち、金属は木に克つ〕というもので、この順番で循環していくとされる。

第五章

『孫子兵法』の非軍事分野での応用

『孫子兵法』は兵法家に勝利を制する宝物とされているだけではなく、その他の社会領域、例えば経営管理・市場競争・外交交渉・医療衛生・体育競技・教学技術・講演技巧などの領域でも、日に日に広く応用されている。なぜならば、『孫子兵法』は事柄を置いて理を言うという特徴を備えているだけでなく、しかも奥深い哲理性と普遍的な意味での指導性を備えているからである。張廷灝《ちょうていこう》はその著『孫子兵法からことを行う方法まで』の「序言」の中で言う。「十三篇の中に提示されている多くの原理は、もちろん当時の戦争について述べているのであるが、しかしどうして政治・外交・社会・物事の処理やその他競争の性格を持つ様々な競技に用いられないことがあろうか?」注意すべきことは、『孫子兵法』は人間の社会生活のあらゆる領域に指導的価値を有しているが、人間のあらゆる典型的な競争の領域に一層適合しているのである。競争の範囲が一層広がり、競争のレベルが一層高まり、競争の条件が一層成熟すればするほど、『孫子兵法』の指導的作用が一層発揮できるのである。

山東省恵民県が建てた孫武塑像及び『孫子兵法』竹簡

●孫武像は著名な彫塑家李友生と青年画家李学輝が創作した。塑像は台座からの高さが 8m、重さは 80 数トン。グレーの花崗岩からできている。

兵戦は商戦のごとし——『孫子兵法』と商業

『孫子兵法』は人びとの経済活動の多くの領域に応用することができるが、商業活動に対しての指導性が最も明白である。所謂「商場は戦場のごとし」、「商戦は戦争のごとし」はまさにこの現象を典型的にまとめたものである。

一、商業分野での応用の始まり

中国で最初に兵法の知恵を借りて商業を行って富を築いた人は范蠡《はんれい》であると言うべきであろう。范蠡、字は少伯、楚の国宛《えん》(現在の河南省南陽市)の人。春秋時代の有名な政治家・軍事家・商業家である。范蠡はかつて越王勾践を補佐して一挙に呉を滅亡させて、覇を中原に唱える偉業を成し遂げさせ、自分も功績によって「上将軍」に封じられた。

しかし、范蠡は「狡兎死して、良狗烹られ、高鳥尽きて、良

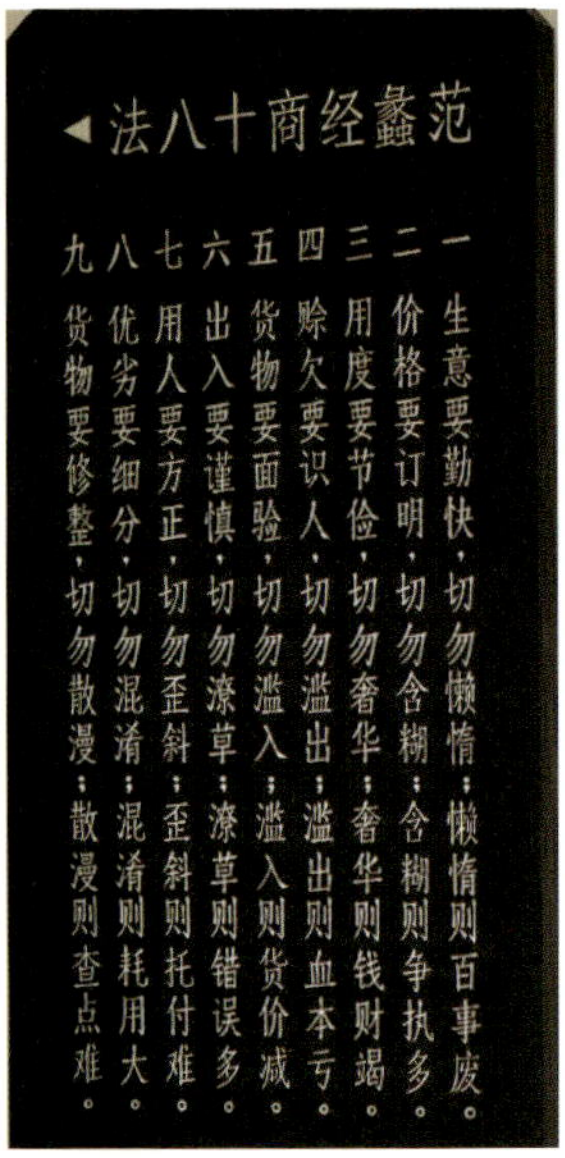

范蠡商業経営十八法の石碑。

弓蔵せられ、敵国破れて、謀臣亡ぶ」（『史記』淮陰侯列伝）の道理を深く知っており、呉を滅ぼした後、急いで勇退し、思い切って官を捨てて立ち去った。『史記』越王勾践世家の記載によれば、范蠡は越を離れた後、まず斉に来て住まいを定め、海浜で財産を作って商売を営むと、資産はすぐに数十万になった。斉王は彼が賢人であると聞き、彼を都臨淄《りんし》に招き、彼を拝して相国とした。范蠡は相国の位にあること二・三年、感嘆して言った。「家にいれば千金の資産を持ち、官にあっては卿相の位に達している。裸一貫で成り上がった庶民としては、これはすでに極点だ。長いこと尊貴な位に留まっているのは良いしるしではないのではと心配だ。」そこで大臣と将軍の印を斉王に返し、交際していた友人たちやかつて海辺で彼と一緒に開墾した村の人たちに金銭を分かち、自分は妻と子供を連れ、一人の平民として、こっそりと臨淄を離れて、また西に向かって立ち去り、陶地（現在の山東省陶市の西北）に住まいを定めた。

陶地は東は斉と魯、西は秦と鄭に接し、北は晋と燕に通じ、南は楚と越に連なる、「天下の中」に位置する理想的な商売の地である。范蠡がこの地を選んで商売をしたのは、おそらく兵家の「夫《そ》れ地形とは、兵者の助なり」（地形篇）の思想の影響であろう。彼は時節・気候・民情・風俗などの変化に基づいて、商品を取り次ぎし、その自然に従って時節を待って行動した。それほども経ずに、また大富豪となり、十九年のうちに三度千金を集めたのである。そこで、彼は自ら「陶朱公」と称した。范蠡の国を治め軍を治めることから政治を捨てて商業をするに至る経歴には、兵法の彼の商業成功に対する影響を推測することができる。彼はそのような大きな智恵の人であり、豊富な政治軍事闘争の経験が極限にまで達しており、思いのままに兵家の理論を商業活動に運用できたことは疑いがない。

山東省定陶県の范蠡像（ネット平原網のトップページ）

かりに范蠡がその本来持っていた政治や軍事経験に基づいて商業を行い富を築いた人であるとするならば、白圭（紀元前三七〇～紀元前三〇〇）は、中国で最初の自覚的に兵法を運用して商業を行って成功した経営家である。白圭は、名は丹、戦国時代の大商人である。商業を営むことに長けているということで名が天下に響き、「中国で最も優れた商人」と称されている。司馬遷は『史記』の中で、白圭の商売上での古典的言葉「吾の生産を治むるは、猶ほ伊尹《いいん》・呂尚《りょしょう》の謀、孫呉の兵を用いる、商鞅の法を行うのごとく是なり。」（『史記』貨殖列伝）を記載している。その意味は、私が産業を治め商業を営むのは、ちょうど伊尹や呂尚が謀略を用い、孫子や呉起が兵法を用い、商鞅が法制を用いるのと同じであるということである。

孫子は変の重要性を十分に強調し、時によって変じ、地によって変じ、敵によって変ずることを主張した。白圭の商業を営む基本原則も「時の変を楽みて観る」（『史記』貨殖列伝）であり、実りが豊作か凶作かの予測に依拠して、「人棄つれば我取り、人取れば我予う」（『史記』貨殖列伝）の策略を実行した。『孫子兵法』勢篇中に「鷙鳥の疾、毀折に至る者は、節なり」

の句がある。その意味は、鷙鳥のような猛禽が小鳥を捕まえることができるのは、それが短く迫ったリズムを把握しているからであるということである。白圭は商業を行って富を築くという目的に到達するために、「趨《はし》るときは猛獣鷙鳥の発するがごとし」〔『史記』貨殖列伝〕とも強調した。すなわち各種市場の情報を極めて重視して、反応も極めて早く、迷わず行動する。ひとたび市場の変化に出会えば、すぐに決定し、買ったり売ったりして、いかなるチャンスをも見逃さなかった。

孫子には「民をして上と意を同じゅうせしむ」〔計篇〕、「上下欲を同じゅうする者は勝つ」〔謀攻篇〕の視点がある。すなわち、国君と庶民、将軍と兵士とが上下一心、意思統一をして初めて勝利を得ることができるのである。『史記』では、白圭は商業管理中でも自分の欲望を制限することができ、食事、衣服はできるだけ倹約し、自分の下の人たちと苦楽を共にしたことが記載されている。すなわち、「飲食を薄くし、嗜欲を忍び、衣服を節し、事を用いる童僕と苦楽を同じくす」〔『史記』「貨殖列伝」〕である。

白圭はかつて彼の経営の道を学ぼうとした人に忠告した。「故に其の智は与に変を権るに足らず、勇は以て決断するに足らず、仁は以て取予するに足らず、強は守る所有る能わざれば、吾が

商聖白圭像●『漢書』〔貨殖伝〕中に言う。彼は貿易を行って生産を発展させる理論の始祖で、すなわち「天下の生を治むるを言う者の祖」である。白圭はこれによって後世の商人に「治生の祖」と称され、あるいは「世の中の財神」と称され、宋の真宗は彼を商聖に封じた。

『白圭治商図』壁画●古都洛陽の東周王城広場の左側にある。総延長 18.8m、高さ 2.8m。花崗岩の彫刻で、人物が生き生きとして真に迫っており、商聖白圭が当時民衆を率いて商業を行い、富を築いた場面が再現されている。

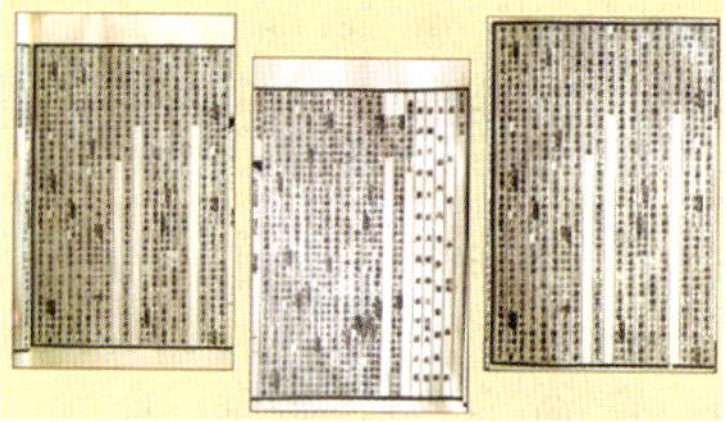

前漢司馬遷の書いた『史記』の書影。

術を学ばんと欲すと雖も、終に之に告げず。」（『史記』「貨殖列伝」）その意味は、商業を行う人は、もしその智恵が臨機応変の行為をするに足らず、勇敢さが果断に対策を決定するのに足らず、仁義が合理的に取捨することができず、強靭さが陣地を固く守ることができなければ、もし私の商業の経験と方法を学ぼうとしても、結局その人に教えることはできないのだ。

　昔の人が商売を行う時、自覚的あるいは無自覚的に兵法の影響を受けていることは、それが史籍の中にまた断片的な記載として載っている。

　司馬遷は「貨殖列伝」の中で、兵家の経営経験について、「生を治むるは正道なり。而れども富む者は必ず奇勝を用う」と総括して述べている。その意味は、商業家の産業を治め商業を経営する道は、奇を出して勝ちを制することにあるというのである。司馬遷は更に油脂を売る雍伯、飲み物を売る張氏、肉製品等を売る濁氏などの商人を列挙しているが、みな一つの業務を深く研鑽し、一技の長を掌握して、珍しい商品を取り扱って富を築いたのである。

　残念なのは、兵学による経営の初期の段階が春秋戦国時代というこの商品経済が相対的に発達した条件の下で出現したことである。漢代以降、「重農抑商」政策の遂行と思想界の「独り儒術を尊ぶ」という情勢の出現に従って、兵学による経営の萌芽は非常に早く夭折し、中国封建社会の非常に長い歴史の中では、兵法が商業に応用された実例と記載が見つかるのは比較的少ない。

二、商業分野における応用の復興

『孫子兵法』の現代商戦の中での応用は第二次世界大戦以後に始まり、日本の経済人が最初にこの方面での有益な試みを行った。

　大橋武夫（一九〇六～一九八七）は戦後東洋精密工業株式会社の社長、相談役を勤めた。東洋時計会社が倒産しそうになった時に、ためらうことなくその中の一つ小石川工場を引き受けて管理再建した。彼は『孫子兵法』を経営実践に運用し、すぐにその企業を立て直した。その後、彼は兵法経営塾を開設し、帝国ホテルで授業を始めた。授業の内容は、『孫子兵法』などの中国古代兵法書を基礎とし、その中から経営管理に適合した内容を選んで、商戦の実際と彼個人の経営体験を関連させて教授した。四期の講座が終了した後、大橋武夫は、一九八四年に『兵法経営塾―兵法は経営のソフトウエア』（マネジメント社）を出版し、彼の授業の状況と課程の内容を詳しく紹介した。彼の影響下で、日本の企業界で孫子兵法応用のブームが起き、「兵法経営管理学派」が出現した。

　松下電器の創立者松下幸之助（一八七四～一九八九）は、彼が裸一貫で成功することができた重要な原因の一つとして『孫子兵法』に裨益されるところが多かったと言っている。彼は孫子の「造勢」の思想を応用し、市場を制御し、一九一八年に百円で事業を興してから、発展させて現在の百三十余りの工場を

大橋武夫の『孫子兵法』を応用した専著の表紙。

有し、五大州にまたがる「松下王国」にしたのである。彼は社員に「中国古代の先哲孫子は、天下第一の神である。我が社の社員は必ず礼拝しなければならず、その兵法を真剣に暗唱し、柔軟に運用することで、会社は盛んになり発展する。」と求めている。

服部千春（一九三七〜）も『孫子兵法』を応用して、経営を行った達人である。彼は率直に言っている。「私は『孫子兵法』に基づいて金持ちになった。」彼は一九六一年に大学を卒業後、すぐに実業界に身を投じ、『孫子兵法』を用いて企業経営を指導する実践活動を始め、卓越した成果を収めた。服部は日本企業が今日世界の先進企業の列に入っていることができるのは、主に『孫子兵法』謀攻篇の「戦わずして人の兵を屈す」の用兵謀略を応用しているからであると考えている。孫子のこの戦わずして勝つの思想は、現代企業の発展戦略に非常に合致している。なぜならば、商業競争の最終目的は、自分の敵を壊滅することではなく、共に争い、共に生存し、共に栄えることだからである。激烈な市場経済の中では、多くの業界で内部で争いをし、誰も高額の利益を手に入れられない状況が出現するはずである。この時に、その他の会社が戦うことのない領域で、独自の道を切り開けば、その結果として往々にして一人勝ちをする。

松下幸之助の経営管理思想に関する著作『経営の道』の表紙。

服部が商戦の中で上手くいったのは、長年にわたって研究した『孫子兵法』の応用である。一九七四年、日中国交正常化間もなく、服部は自分が長年にわたって研究に没頭してきた五巻本『新編孫子十三篇』を中国の指導者毛沢東に献呈した。第四回『孫子兵法』国際研究討論会で、服部は現在の世界の人物遺産には四人の聖人、すなわち古代ギリシャのソクラテス、古代インドの釈迦、中国春秋時代の孔子、イエス・キリストがいるが、孫子は彼らと並んで第五番目の聖人とすべきであると提案した。

日本で、『孫子兵法』を深く理解しかつ上手に運用している人がもう一人いる。それは孫正義である。彼は有名なインターネットのベンチャーキャピタル会社「ソフトバンク」の創立者で、会社の資産は三百億ドル、個人財産は四十億ドルで、日本のメディアは、彼が「日本がネットの暗黒時代から抜け出すの

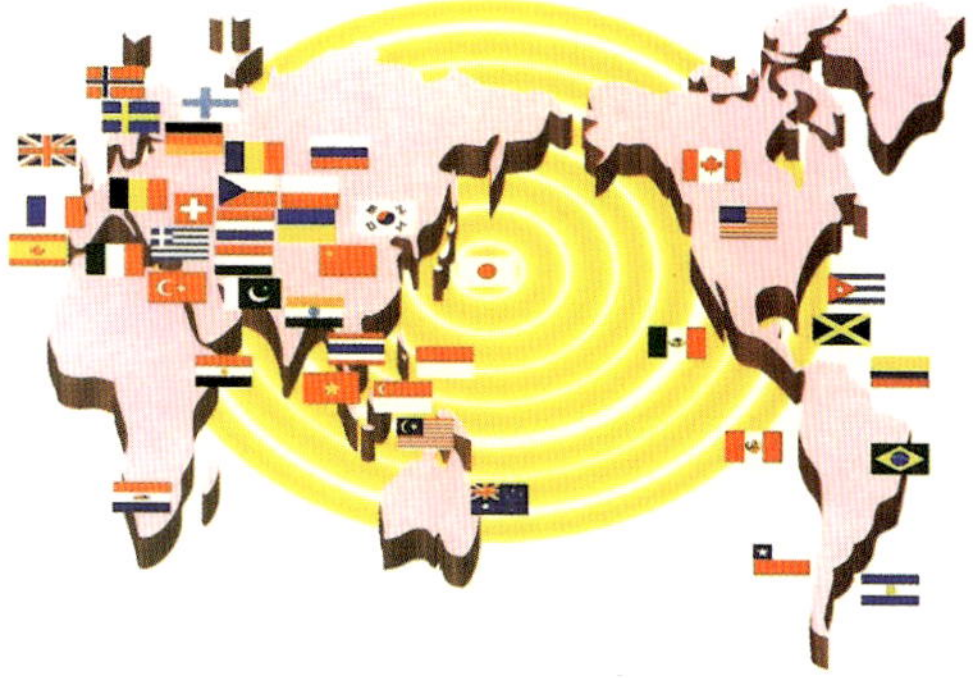
服部の企業が世界各地に広がっている様子。

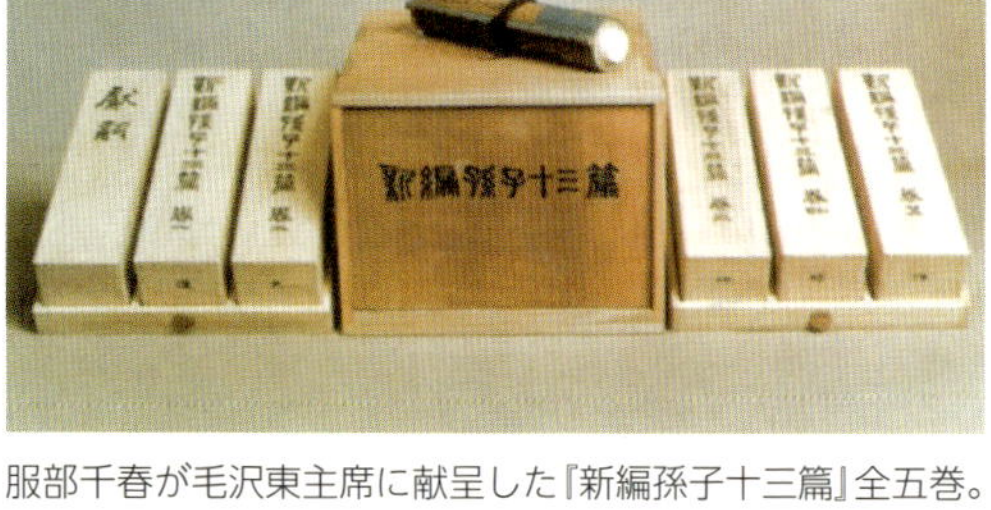

服部千春が毛沢東主席に献呈した『新編孫子十三篇』全五巻。

を先導した」と称しており、米国の『ビジネスウイーク(Business Week)』は、彼を一九九九年度の世界で二十五名の「優れた経営者」に認定し、雑誌『フォーブス（Forbes）』は彼を「日本でも最もホットな企業家」と称している。

孫正義は十九歳の時、不運にもB型肝炎にかかり、病院に入院していて二冊の本を読んだ。一冊目が中国の『孫子兵法』であり、もう一冊が英国の『ランチェスターの法則』である。彼は、この二冊の彼に対する影響が非常に大きいと言っているが、一つは中国の古典の著作であり、一つは現代工業を紹介した書物である。その後彼は一冊の本を書き、その書名を『孫の二乗の法則』〔PHP文庫〕と付けた。その核心は二十五文字、「一流攻守群、道天地将法、智信仁勇厳、頂情略七闘、風林山火海」である。孫正義は言う。「私が大きな成功を得た時、この二十五文字を繰り返して精読し、これをもって私に安に居りて危を思うように戒め、大きな損失に遭遇した時、一週間で十数億ドルを損失したが、私はこの二十五文字を繰り返し精読して、再起するように自分を励ました。」非常に明白なことは、孫正義の成功の秘訣が孫子の思想をその個人の経営経験や深く感じたところと結び合わせることができたところにある。

日本の学者村山孚《まこと》（一）は、日本の兵法による経営管理の現象について総括して言っている。「日本企業の生存と発展には二つの柱がある。一つは米国の現代経営制度であり、一つは『孫子兵法』の戦略と戦術とである。」

米国経済学界は孫子兵法の応用において日本人に比べて遜色がない。ある有名な米国籍の中国人作家は言う。「中国経済が盛んに発展するのに従って、米国経済界の人々は中国千年の『孫子兵法』に対してますます好奇心を持ってきており、いかに孫子兵法を利用するかが、欧米人がマーケットでの必勝を詳細に研究する時のもう一つの秘訣になっている。」世界最大のネット書店「アマゾン」には、現在百二種にもなる『孫子』関連の書籍が並び、その中ではサミュエル・グリフィスの翻訳によるオックスフォード大学出版社一九八六年版のペーパーバック本が最も読まれており、毎年その書店の科学分野ベストセラーの上位にいる。

日本の著名な企業家孫正義。

すでに2000年以上前に、孫子は「彼を知り己を知らば、百戦して殆うからず」〔謀攻篇〕と鋭く指摘している。この名言は、今日の変化の激しく激烈な世界的な競争という大きな環境の下で、やはり重大な現実的な意義を持っている。写真は「多国籍企業の成功した経営の中国企業国際化へのヒント論壇」で発言する楊壮氏。

米国マーク・マクニーリィ著『ビジネスに活かす「孫子の兵法」：経営者が身に付けるべき六つの戦略』（邦題）〔原題は、『経営人の六項目の戦略修行：孫子の兵法と競争原理』で、日本では翻訳がPHP研究所から2002年に発行〕の表紙。

米国の著名な経営学者ジョージは『経営思想史』[2]の中で述べている。「君は経営の人材になりたいのか？　必ず『孫子兵法』を読みなさい。」米国ゼネラルモータース会長ロジャー・スミスは、一九八四年に自動車八百三十万台を売り、世界のトップとなった。彼はどのようにして成功を作り出したのだろうか？『ウオールストリートジャーナル　アジア（The Wall Street Journal Asia）』の報道に言う。なぜならば彼は「戦略家の頭脳を持ち、二千年以上前の中国の戦略家が書いた『孫子兵法』の中から学ぶことができたからである。」西方の経営理論が長期にわたって君臨していた米国ハーバード・ビジネススクールなどの有名な高等学府で、専門家や教授たちが次々と兵法経営理論に注意を向けだし、兵法理論を企業の経営管理の中に移植しており、孫子の兵法を好む人がますます増えている。

最近米国で出版された影響力のある新刊書――『ビジネスに活かす「孫子の兵法」：経営者が身に付けるべき六つの戦略』〔二〇〇二年ＰＨＰ研究所〕は、マクニーリィという米国人の書いたものである。彼は米国ＩＢＭの戦略顧問を務め、かつては米国陸軍の将校であった。その本の中で『孫子兵法』中の概念と思想について要約、抽出と統合を行い、併せて数十の世界に名を知られた有名な多国籍企業の戦略の成功失敗と得失を結びつけて、経営者が把握しておくべき六つの戦略原則を提出した。専門家は批評して、「この本は『孫子兵法』を企業が実行することのできる戦略原則として統合した最初の本であり、『孫子兵法』と現代の企業の戦略的経営を、最も非の打ちどころなく結合している。」と言っている。この本の推薦文の中には次のような言葉がある。「もしあなたがマーケットが戦場のようであると感じたことがあるならば、この中国古代の大家に基づく書物は多くのことを教えてくれるであろう。」

北京大学の北大国際ＭＢＡプロジェクトは、米国スタンフォード大学と北京大学が共同して行っているプロの経営者育成トレーニングプロジェクトで、それは中国と西洋の経営思想を融合した基礎の上に、孫子の兵法の戦略体験課程を設定している。本課程は『孫子兵法』を要約して紹介した基礎の上に、実例ごとに分析討論することを主とし、現地の教学・体験と研究討論などの多様な形式を結合して有名な戦争例を分析し、学生が企業の経営戦略が直面している実際の問題を思考し概括し、学生の市場競争という環境の中での意志決定と執行能力を高めている。その米国側の院長である楊壮は言う。「『孫子兵法』は戦略理論領域で世に伝わる作品であり、世界兵法史上の古典であり、企業が勝利に至るための大著である。」

『孫子兵法』はマレーシアで広い影響を及ぼしている。聞くところでは、マレーシアの首相マハティール〔一九二五〜〕は一生のうちで二冊の本を最も重要視しているが、そのうちの一冊が『孫子兵法』である。マレーシア孫子兵法学会会長の呂羅抜〔ロバート・ルー〕教授は熱心に中国の伝統文化を研究し、孫子学術研究に四十年以上夢中になった。一九九一年から今日に至るまで、彼は毎週講座を開き続け、『孫子兵法』に関して行った講演は数百回になる。彼は孫子兵法を世界情勢と商売の実践を分析するのに応用することを重視する。彼は言う。『孫子兵法』に説くところの戦争の法則と商売をする時の法則とは非常に多く共通している。孫子は「守るは則ち足らざればなり、攻むるは則ち余り有ればなり」〔形篇〕と言うが、商売も同じように攻めでなければならず、守るのは苦しいのである。

中国企業界で『孫子兵法』の応用で比較的成功したのは、きっとハイアールの張瑞敏〔一九四九〜〕であろう。

張瑞敏は『孫子兵法』が好きであるが、しかし彼の応用は盲目的でもなければ、それのみを貴ぶのでもない。ハイアールには一つの経営公式がある。日本式経営（集団意識と苦しみに耐える精神）+米国式管理（個性を伸ばすことと新しいものを作る（イノベーション）競争）+中国伝統文化の経営の精髄＝ハイアールの管理モデルである。ハイアールには更に一つの理念がある。「ハイアール〔海尔〕は海である。」「海はたくさんの河を受け入れる。すべてを受け入れるから大きい。」ハイアールが日本と米国の現代経営文化及び中国の伝統文化を融合し吸収したのは兵法を応用しまた兵法を越えた最も素晴らしい表れである。張瑞敏は、彼に最も大きな影響を与えた三冊の書物は、一つが『老子』、二つ目が『論語』、三冊目が『孫子兵法』であると言っている。まさに『老子』の中の「順応自然」、「淡泊明志」〔この語は共に『老子』にはない〕が、張瑞敏に激烈な市場競争に直面しながらも落ち着いた心を保たせ、『論語』の中の誠信の思想が、ハイアールの団体精神を作るのにキーとなる重要な作用をし、『孫子兵法』中の戦略戦術思想が、張瑞敏に変幻極まりのないマーケットリスクにいかに柔軟に対応するかを理解させたのである。

一九九〇年代から、『孫子兵法』の応用の普及化に従い、『孫子兵法』が商戦での応用に適合するかの論争がネット上で静かに始まった。この論争の出現にはその必然性がある。なぜならば兵法経営のブームの中で、人びとは兵法と商戦の共通性をまだ正しくは理解しておらず、多くの企業家はそこで、『孫子兵法』の商業応用上での多くの誤りに陥ったからである。

北京大学MBA国際米国学院長楊壮教授と北京大学MBA2002年卒業生が米国ニューヨークで行った卒業式での記念写真。

呂羅抜先生がマレーシア孫子兵法学会の代表団を率いて中国を訪問した時、『孫子兵法』の歌を高らかに歌った。

楊克明著『海尔（ハイアール）兵法』表紙。

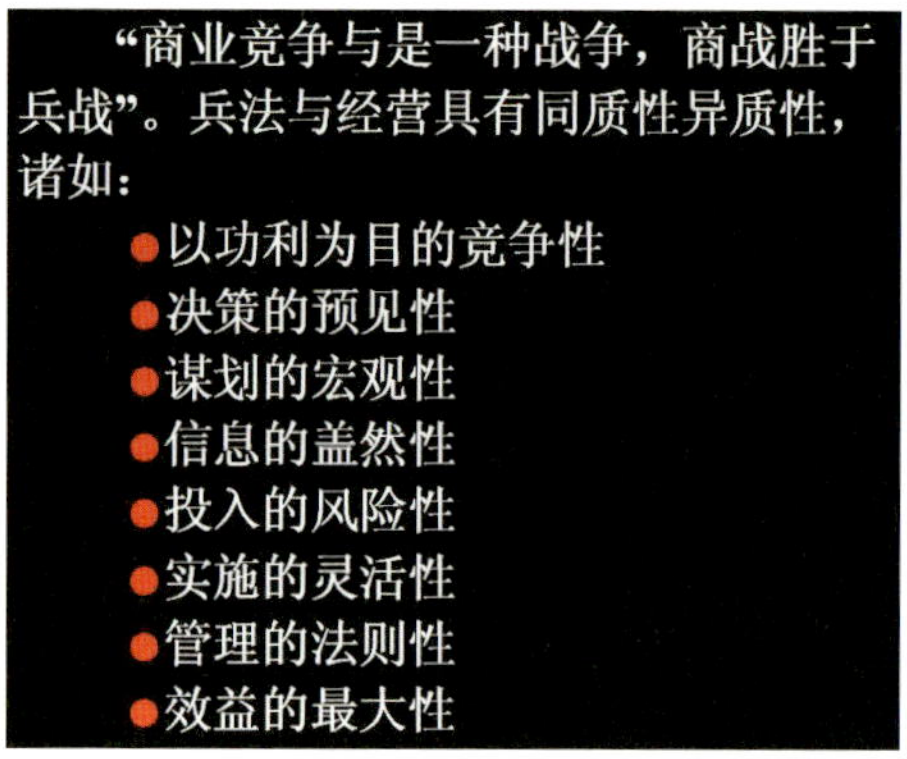

中国孫子兵法研究会副会長呉如嵩教授の総括した兵戦と商業競争の同質性の要点。

三、兵戦と商戦の共通性

1．商業の戦場は軍事の戦場と同じであり、共に対抗性・残酷性・危険性と複雑性を有している。孫子は、「兵とは国の大事、死生の地、存亡の道なり。」〔計篇〕と強調している。マーケットでも「勝てば王侯、敗るれば寇《こう》」であって、強きが勝ち弱きが敗れるという法則を貴んでいる。軍事活動と商業活動の最大の共通性は、その競争の本質が同じであるというところにある。競争が兵道と商道の交わる点で、そしてこの交点が軍事的謀略を商業領域に引き入れることのできる科学的合理性を決定している。

2．孫子が述べている戦争と商業活動は、共に有限の資源を最大に利用するということを追求するが、共に有限の資源であるという条件の下で、最も適した戦略を採り、資源の最大利用を実現し、最後に一定の目的に達しなければならない。両者は共に人・財・物・時間・空間などの要素に関係するが、共に最も優れた戦略思想があってはじめてこれらの要素に最大の作用を発揮させることができるのである。その他に、それらはみな組織管理の基本的機能、例えば計画・組織・指導者・制御などの方面に関係するはずである。

3．兵戦と商戦は共に功利を目的とした競争であり、両者の従う最高の原則は共に、利に赴き害を避け、最少の代価で最大の成果を獲得することに努めることである。孫子の謀略の中で「利に合わば而《すなわ》ち動き、利に合わざれば而ち止む」〔九地篇〕、「利に非ざれば動かず、得るに非ざれば用いず、危うきに非ざれば戦わず」〔火攻篇〕などの思想は、完全に商業経営を指導する活動に用いることができる。その他、商戦のチャンスと戦争の時機とはふつうあっという間にすぐに過ぎてしまうので、いつも計画を立て、方策を決定し、かつ投入するリスクを避けなければならず、そこで企業経営の方策決定には孫子の兵法の運籌

呉瑜章先生は『孫子兵法』を用いて VOLVO 社の成功の道を解読した。

決策の理論を借用することができる。

4．孫子の謀略は、軍事思想文化の精華として、政治・経済・軍事・外交など各方面を総合して考察した基礎の上に打ち建てられた高レベルの総合理論である。それが強調する、巨視的計画を重んじ、実を避け虚を撃つことを重んじ、味方の力量要素の全体的効果を重んじ、天の時・地の利・人の和を重んじ、「為す所有ると為さざる所有る」を重んずるなどの戦術戦略の基本原則は、対立統一の法則を体現しないことはなく、大戦略の思想を備えている。その認識論と方法論は、ビジネス戦略の領域で普遍的な指導的意義を有する。

5．軍事謀略とビジネス戦略は、表面上から見ればことを謀る〔計画する〕のであるが、しかし本質的には人を謀るのである。『孫子兵法』の中で、「民をして上と意を同じゅうせしむ」、「上下の欲を同じゅうす」、「令文斉武〔之を令するに文をもってし、之を斉うるに武を以てす〕」〔行軍篇〕、「道を修めて法を保つ」〔形篇〕などの軍を治める策略は、優秀な企業文化を建設し、従業員を激励し、企業の団結力を高める発展的な考え方と直接相通じ、共用できるものである。そして孫子の「智・信・仁・勇・厳」という将軍を選ぶという方法に関しては、企業の指導者・中堅・人材を選ぶことにとって重要な参考にすべき価値を持っている。商業上の競争において、人材を得た者がマーケットを獲得でき、才徳兼備の人材を選び、用いることができることが、企業成功の鍵である。

四、商業競争上に応用する際の誤り

1．商業競争と兵戦の本質的区別を軽視する

兵戦は敵を消滅して自己を保存するが、商業競争の目的はマーケットを勝ち取り、顧客を勝ち取ることである。とりわけ現代の商業戦争の中では、お互いの利益は、お互いの中にあり、多くの状況の下では共存共栄が商業競争中の最も良い選択であって、盲目的に兵戦の手段を用いて商業戦争の目的を達することはできない。商店が詐を用いるのと兵家が詐を用いるのとでは区別がある。孫子の詭道思想はあらゆる戦争の領域に用いることができ、それは戦争の本質的法則を反映している。しかし商店が詐を用いるのにはその範囲がある。それはビジネス交渉に用い、市場争奪には用いることができるが、契約を履行し、顧客に対応するには誠信でなければならない。

2．「術」を重んじ「道」を軽んず

『孫子兵法』中で勝負を決定するのには「道・天・地・将・法」の五大要素があって、「道」がそのトップにある。しかし多くの企業家が兵法を応用する過程の中で、多くが手本とするのは兵法権謀中の「術」である。その「術」は非常に強い目的性と功利性を持っている。そこで事務室の中では腹の探り合い、取引の場ではすべて落とし穴で、企業の経営管理では随意性と、投機性が充満し、企業のすべての運営構造が巨視的かつ長期的な戦略と管理能力を欠乏してしまう。

『孫子兵法』を商業競争に応用した図書の表紙●いくつかの出版物は『孫子兵法』と『三十六計』を交えて述べているが、これは必然的に商業競争に応用する際に孫子の思想への誤解を生ずる。

『孫子は君に“詐”を教えている』の表紙●作者が「詐」の文字の前に“ ”を付けているのは、商業競争の中で孫子の「兵は詐を以て立つ」〔軍争篇〕の思想を正確に理解し応用するように人々に注意を与えているのである。

3．兵家の権威を尊ぶ

戦争の残酷性・複雑性は、軍の司令官が絶対的な権威を有するように求め、孫子は「将は軍に在りては、君命も受けざる所有り」とまで言う。中国の企業家はこのような軍事領域での個人の権威に対して先天的な好みを持っている。これらの企業家が企業を経営する目的は、単にお金を儲け、社会のために価値を創造するだけではなく、更に一つの隠された気持ちがある。それはその企業の国王となることができるということであり、この企業の中ですべてを支配し、企業の唯一の主宰者となることである。

4．そのまま適用し、そのまま引き写し、形式に流れる

兵法の権謀は長期の軍事行政の活動の中から形成されたもので、その競争の残酷性がその実用性・簡潔さ・直接性の特性を決定している。ことわざに「言簡にして意賅《そな》わる」と言うように、『孫子兵法』はほとんど一句ごとにみな一つの原理、一つの通則である。しかし、非常に多くの企業はただその「形」だけを真似て、その「精神」を求めない。それは簡単に関係する条件に合わせて相応するところに当てはめたり、浅く表面的にまねをしたり、めちゃくちゃに当てはめて関係をいい加減に結びつけたり、むやみにこじつけて歪曲しごっちゃにしたり、無原則に孫子を神格化、一般化することに具体的に現れている。

孫子の「必ず大功を成す」〔用間篇〕と「実を避けて虚に就く」〔虚実篇〕の理論を、今日の生計を立て商業を営む中での応用について講演しているマレーシアの『孫子兵法』研究専門家呂羅抜。

5．非ヒューマニズム

兵法管理の中で、人の作用は非常に微妙である。『孫子兵法』は、一方では「卒を視ること嬰児のごとし」〔地形篇〕、「卒を見ること愛子がごとし」〔地形篇〕を強調する。もう一方では、「群羊を駆するがごとく、駆られて往き、駆られて来たるも、之《ゆ》く所を知ること莫し」〔九地篇〕と言う。これは兵法権謀は一方では「人の和」を重んじ、人心を獲得しようとしていることを表している。しかし、この「人心を獲得する」ことは非常に強い功利的な性質を帯びており、より多くの場合、兵法権謀背後の一種の手段になる。多くの企業家がこの思想を手本とする時、往々にしてヒューマニズムという根本的な現代の管理理念をおろそかにし、自分の会社の人事制度を誤った方向に導いてしまう。

6. 大道は形がないので、感覚に基づいて行ってしまう

玄妙性をより強調し、感ずるところに頼って方策を決めるのは、兵法管理の一つの重要な思想である。まさに孫子の言う、「兵を運らして計謀し、測るべからざるを為す」〔九地篇〕、「此れ兵家の勝ちにして、先には伝うべからざるなり」〔計篇〕である。孫子のこの臨機応変の用兵思想は手本にする価値があるが、しかし忘れてはならないのは、現代の企業経営管理は科学的管理理論の基礎の上に打ち建てられなければならないということである。もし「大道形無し」〔『太上老君清静経』〕を一つの無限の高みの上に発揮しようとすれば、管理の基礎を一つの幻の台の上に打ち建てることとなり、管理の大建築は最後には倒れてしまうであろう。

7. 謀略を重んじ、技術を軽んず

中国の兵法管理は道を重んじ器を軽んじており、それが過分に謀略を強調し技術をおろそかにすることを決定している。『孫子兵法』は時代の条件と内容自身の制限を受けて、士卒の技能に対する訓練と攻防の技術及び武器の改良の方面については十分には述べることができていない。これは多くの兵法式管理者を一面的理解に陥れ、細かなことに目を遮られ、謀略を重んじ、技術を軽んずるという誤った考え方に陥れる。携帯電話を例にとって言えば、外国のブランドではノキアのシェアが世界一である。その成功は人を基本とする技術にあって、市場での謀略ではない。それに比較して言うと、中国産携帯電話の市場は画策が一層多い。ほとんどがスターに頼って宣伝をし、価格も弾力的という戦略で、新形式の携帯電話が、最後の価格がひどい時には半分にまで下がる。しかし、長い目で見ると、これらの画策はブランドの価値を下げ、ブランドの製品以外に対する依頼性を高め、消費者の利益を保護するのにも不利である。

五、『孫子兵法』の商業分野での応用の将来性

以上述べてきた分析から、『孫子兵法』が商業の領域に応用できるということは疑いがないことが分かる。問題の鍵は、どのように応用するかということとふさわしい条件が備わっているかということである。この二方面が孫子の兵法応用の将来を直接決定すると言える。客観的に言えば、中国が世界の中に入っていく過渡期が終わるにつれて、中国の市場経済体制がしだいに整い、市場競争の条件がますます成熟することである。企業規模が拡大し、競争範囲が国際化し、競争環境の複雑性と残酷性が高いレベルでの戦略指導理論と高品質で効果の高い企業管理モデルを必要としている。これらはみな人びとが『孫子兵法』の高い知恵を掘り起こし、運用するための客観的条件となって

2004年9月に開かれた「『孫子兵法』研究と応用国際演壇」で総括発言をしている呉如嵩教授。

いる。主観から言えば、起業家と商人の『孫子兵法』に対する認識はますます理性化しており、まさに「術」の運用から「道」の悟りまで、一時的な関心と興味から長期的で自覚的な運用に向かっている。孫子研究の学術界も自分たちの研究方向の不足を認識し始め、学術理論の研究をもって重心とするところから、学術研究に基づき、重点を『孫子兵法』の実際の応用領域まで拡張しつつある。

何人かの学者は更に兵法式経営学を打ち建てるという優れた見解を提出している。例えば呉如嵩教授は、商戦の中で『孫子兵法』を運用するには、簡単に特定の事柄に当てはめることはできないし、まして牽強付会するべきでもなく、兵法式経営学の理論を打ち建てなければならない。そして、兵法式経営学を打ち建てるには、もともとの兵法理論や兵法体系を打破し、もともとの経営学理論も打破し、新しく混ぜ合わせ、構成しなければならない。このようにすると、一つの科学的理論指導体系が出現し、『孫子兵法』の応用は実践の上であれこれの問題が出現するには至らないだろうと考えている。

「薬を用いるは兵を用いるがごとし」――『孫子兵法』と中国医学

兵法は「勝ちを致す」の道を講じ、中国医学は「人を救う」の術を論ずる。表面的に見れば、薬を用いることと兵を用いることはお互い全く関係のないことであるが、本質的には相通ずるところがある。戦争は敵と味方双方の勝負であり、病気は人体の正と邪の抗争の過程である。したがって兵を用いて乱を治めるのと、薬を用いて人を救うのとは、その理は同じである。医者がもしよく薬の性質を熟知し、「君」・「臣」・「佐」・「使」〔一七二頁参照〕の合理的な処方の基本を掌握することができれば、治療をしている途中でも手慣れてたやすくでき、心の中には百万の軍隊がいるがごとく、本陣の中で作戦を立てて、千里の外で勝ちを制することができる。

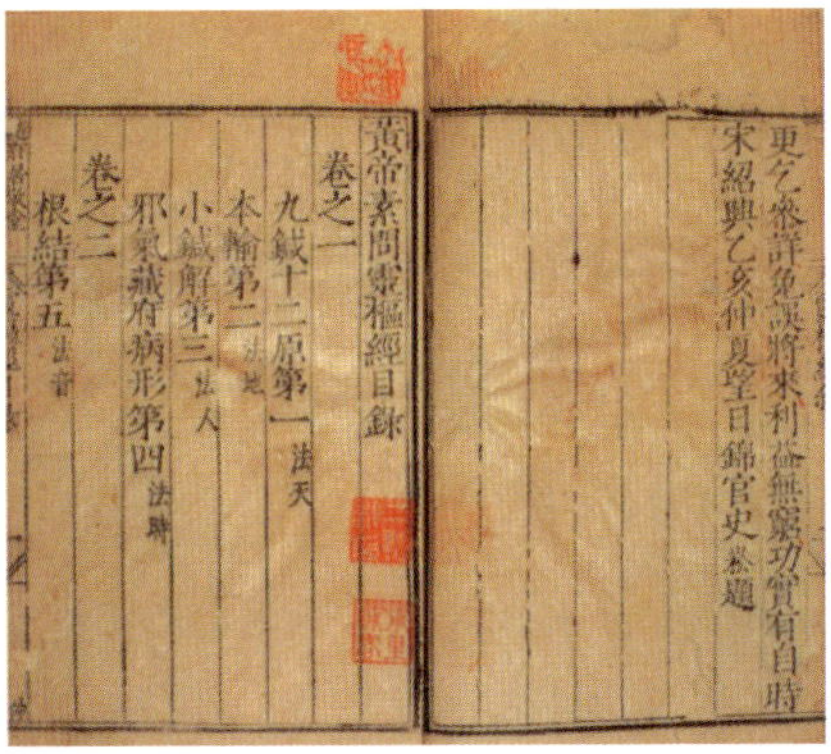

左は中華民族の始祖黄帝像。右は『黄帝内経』「霊枢」の写真。

一、古代医学中の兵法の応用

黄帝の名に依託されて作られた『黄帝内経《だいけい》』[3]は中国最古の医

学書であり、その中では多くの軍事用語を借用して医薬の道を説いている。

例えば、『霊枢《れいすう》経』巻八「逆順」では、兵法を引いて針灸の法に喩え、「兵法に曰わく、逢逢《ほうほう》の気を迎うること無かれ。堂堂の陣を撃つこと無かれと。刺法に曰わく、熇熇《こくこく》の熱を刺すこと無かれ。漉漉《ろくろく》の汗を刺すこと無かれと。」逢逢の気とは、敵の士気が生気にあふれ盛んなことを指す。堂堂の陣とは、敵の陣容が整っていることを指す。熇熇の熱とは、病人の熱がはなはだしいことを指す。漉漉の汗とは、病人が大汗をかいていることを指す。文全体の意味は、「『兵法』に言う、戦争をする時、敵がすさまじい勢いでやってきた時には、焦って正面からこれと交戦してはならない。敵の陣容が整っている時には、急いですぐに出撃してはならない。『刺法』でも言う。病人の熱が非常に激しい時、焦って針を刺してはならない。大汗をかいている時も針を刺してはならない。」である。非常に明白なことは、これは戦闘で進撃する時と病気の治療で針を用いるチャンスを比較して類推し、その矛先を避け、臨機応変に対応することの重要性を強調しているのである。

唐代の名医孫思邈。

隋唐時代の最も有名な医学者は孫思邈《そんしばく》（五八一～六八二）である。彼は隋代に生まれ、唐代に死んだが、百二歳まで生きたので、人々は薬王と称した。医者が慎重に薬を用いることと病気を治すことの重要性を明らかにするために、彼は兵学の原則を用いて医道を喩えたことがある。彼から見れば、「薬の性は剛烈、猶お兵を用いるがごとし。」（『千金要方』食治篇）薬物は病を治すことができるが、しかし、もし慎重に用いなければ、軽率に兵を用いるのと同じように深刻な結果をもたらす。また一方、まさに兵を用いるのに慎重すぎることができないのと同じように、薬を用いるのも慎重であれば慎重であるほうがよいわけでもない。この意を明らかにするために、孫思邈は更に一歩進めて述べている。「胆は大を欲して心は小を欲し、智は円を欲して仁は方を欲す。」（『旧唐書』孫思邈伝）「胆大」とは、勇ましい武人のように自信があって気概があること。「心小」とは、薄い氷の上を歩くように常に慎重で用心深いこと。「智円」とは、何事かにぶつかるとすらすらと臨機応変で、こだわってはならず、機先を制して敵を制する能力を持たなければならないこと。「仁方」とは、名誉を貪らず、利を奪わず、心の中は自ずから心がのびのびとしていることを指す。その思想の主旨は、孫子の強調している「慎戦」の思想及び「智」・「信」・「仁」・「勇」などの指揮官の素質への要求と非常によく似ている。

明代の医学者徐春甫（一五二〇～一五九六）はその著作『古今医統大全』の中で、『孫子』の「奇正」思想を用いて病気を治す基本原則を喩えている。彼は言う。「病を治むるは猶お対塁（＝対陣）するがごとし。攻守奇正、敵を量りて応ずる者は、将の良なり。針灸用薬、病に因りて治を施す者は、医の良なり。」その意味は、病気を治すのは両軍が対峙しているのと同じである。敵情の変化に基づいて、攻守奇正などの異なった戦法を採ることができれば、これは司令官の指揮が優れているということの表れである。病状の変化に基づいて異なる針灸の法と薬の用法を採用することができれば、これは医者の医術が優れているということの表れである。

孫子の奇正の思想には二重の意味があり、一つ目は兵力の部署を指し、二つ目は戦法の変化を指す。この両者は共に病気を治す過程の中に活用することができる。

兵力の部署の方面から言えば、主要な兵力をもって敵の正面を撃つのを「正兵」と呼び、二番手の兵力をもって敵の側面を撃つのを「奇兵」と呼ぶ。中国医学の薬の組み合わせもこの通りである。『神農本草経』は、その収録した三六五種類の薬を「君」・「臣」・「佐」・「使」の四種類に分類している。「君」とは処方する中で主要な作用をする薬で、「臣」・「佐」・「使」は補助作用をする薬を指す。前者は「正兵」のようなもので、後者は「奇兵」のようなものである。

戦法の変化の角度から言えば、通常の戦法を「正」と言い、臨機応変の戦法を「奇」と言う。医者が病気を治すのもまた「正治」と「反治」の法がある。「正治」とはすなわち、その病状の性質に対応して治療する通常の治療方法であり、主に病気の臨床での様子と病気の本質とが一致した状況に適用する。例えば、「寒き者には之を熱くす」、「熱き者には之を寒くす」、「虚なる者は之を補う」、「実なる者は之を瀉す」などである。「反治」とは、その病気のうわべの現象に従って治す一種の臨機応変の治療方法であり、ある種の兆候と病気の本質とが相反している状況で適用する。例えば、「寒因寒用」、「熱因熱用」など、すなわち熱をもって熱を治療し、寒をもって寒を治療するのである。前者は「通常の方法」を用いているのでこれを「正」と称し、後者は「反対である」ように見えるのでこれを「反」と称す。奇正の術が兵家にも、医家にも用いることができるということが分かる。

明代の傑出した医学者張景岳（一五六三～一六四〇）は、三十歳で兵役に従い、戦場で多くの功を立てたが、後に武装を解くと田舎に帰って隠居し、医道に没頭した。その名著『景岳全書』の中で、彼は病気を治すやり方を戦略戦術にたとえ、「八略」と称し、薬を選ぶ方法を兵を並べ布陣することにたとえ、薬を処方して病気を治す論述を「八陣」と称した。その目的は兵家の布陣と同様に、薬の全体的作用を発揮させようというの

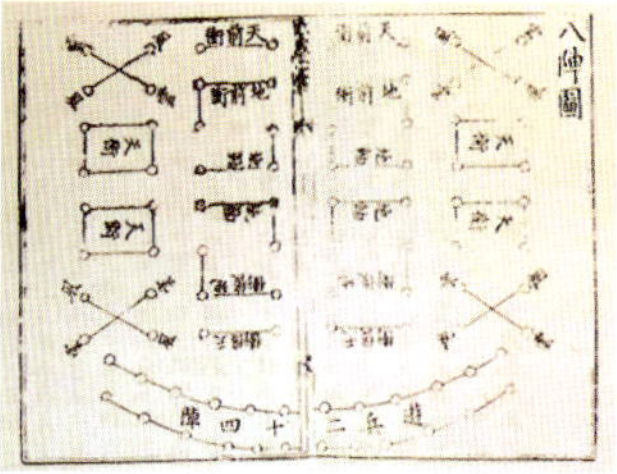

張景岳が創始した『古方八陣』中の最初の部分。

郵便切手——唐代の茶臼●古代には茶臼も生薬を引くために用いられた。

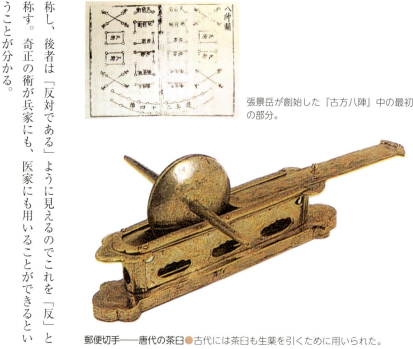

である。八陣の名は、一は補陣と言い、二は和陣と言い、三は攻陣と言い、四は散陣と言い、五は寒陣と言い、六は熱陣と言い、七は固陣と言い、八は因陣と言う。この分類方法は、後世の調合薬の分類と内臓器官の薬の用い方に重要な影響を及ぼしている。人びとは「仲景〔張仲景。後出〕以後、千古に一人」と称している。このように大々的に兵を引いて医を論じているのは、明らかに張景岳が兵法を好みかつ熟練していたことと長年の軍隊生活の反映であり、兵より出でていまだ兵を忘れずと言うことができる。

史上兵法と医学との共通性について系統的な結論を出したのは一八世紀中葉の清朝の名医徐大椿《ちん》〔一六九三～一七七一〕である。彼は自著の『医学源流論』の中で、わざわざ「薬を用いるは兵を用いるがごとしの論」の一章を記し、「病を防ぐは敵を防ぐがごとし」、「病を治むるは寇を治むるがごとし」、「薬を用いるは兵を用いるがごとし」などの医学上の理論を、全面的、詳細、正確に述べている。彼はかつて「病の患いと為るや、小なれば則ち精を耗じ、大なれば則ち命を傷つけ、隠然として一敵国なり。草木の偏性なるを以て、臓腑の偏勝なるを攻む。必ず能く彼を知り己を知り、多方以て之を制し、而る後身を喪い命を殞とすの憂い無し。」〔用薬如用兵篇〕と述べている。書の中には似たような比喩が更にたくさんある。例えば、六経[4]に従って伝わっていく病魔に対しては、まず先にそれがいまだ襲っていない部位を占拠しなければならないが、それはあたかも敵軍の必ず通る道を切断するようなもので、これを「敵の要道を断つ」と呼ぶ。勢いがすさまじい病魔に対しては、急いでそのまだ病気になっていない部位を守らなければならないが、これは自分たちの堅固な土地を守るようなもので、これを「我が岩疆〔高く険しい境界〕を守る」と言う。消化不良を帯びることで起こった疾病に対しては、最初にまず消化不良を取り除くが、これは敵の荷物運びの車が焼かれたようなもので、これを「敵の資糧を焚く」と言う。新旧の病気の併発症に対しては、必ず新旧の病魔が一緒になるのを防がなければならないが、これはあたかも敵の内応を切断するようなものであり、これを「敵の内応を絶つ」と呼ぶ。薬を用いるには経絡《けいらく》[5]をはっきり見分けなければならないが、これはあたかも偵察部隊を出すようなもので、これを「先導の軍隊」と言う。病気の発熱や寒気には通常と反対の方法で治す方法があるが、これは敵を分裂させたり仲違いさせたりする策略のようなもので、これを「間の術を行う」と呼ぶ。同一の病気に異なる症状が出るが、これはあたかも敵が数多いのと同様で、症状を分け、各々異なる治療方法を採る。これを「寡を用いて衆に勝つ」と言う。

清代の医学家徐霊胎、すなわち徐大椿。

徐大椿は最後に総括して言う。「『孫武子』十三篇、治病の法之を尽くせり。」その意味は、病気を治す方法は『孫子』十三篇の中に含まれていると言うのである。

二、兵と医が相通ずる構造

古代医学と『孫子兵法』の相通ずる理は、文化の伝統と思考方式の上から解読を行うことができる。中国古代の思考方式には二つの特徴がある。一つ目は全体的観念であり、二つ目は弁証法の思考である。

全体的観念は『孫子兵法』の思考の特徴の一つである。例えば、戦略計画上で、孫子が強調するのは戦争の全体の局面を対象として、戦争と関連する各方面を掌握することである。孫子の「五事」・「七計」の思想は、戦争に関連する政治・経済・外交・軍事・天の時・地の利・法治・人材などの各項目の要素を含み、しかもこれらの要素はみな一つの大きな系統の中に置いて総合的把握と系統的な分析を行う必要があると強調している。

全体的観念は中国医学の最も重要な特徴でもある。古人はすでに、天地は大宇宙であり、人体は小宇宙であると認識していた。人体は一つの有機的な全体であり、各種の系統〔システム〕によって組成される。これらの系統は相互に独立した各個の組成部分を含んでいるけれども、しかし各一部分はみな系統の中にあるということで、はじめて自己の機能と属性を備えることができるのである。そこで、病気を治すことに対して中国医学が強調するのは、全体の構造と系統の改善に着眼し、すべての構造と系統の効能を調節し健全にすることを通して病気を治すという目的に到達するのであり、これは西洋医学の病気を治す理論と明らかに異なる。図に示すように、西洋医学が関心を持つのは単に図の中の赤い部分、すなわち「身体器官の構造」部分のみである。それに対し、中国医学は人体の中の身意合一系統（身体器官の構造と生命意識・生命の欲望など、すなわち薄い青の部分を指す）と天人合一系統（青色の部分）をすべて自己の研究の範疇に入れる。

医者と兵家の二つ目の相通ずるところは、弁証法的思考の基礎の上に打ち建てられた動態的弁証法である。

『孫子兵法』の書の中で、孫子は「分散」・「形名」・「奇正」・「虚実」などの一連の対立と統一の範疇を用いて戦争の法則を明ら

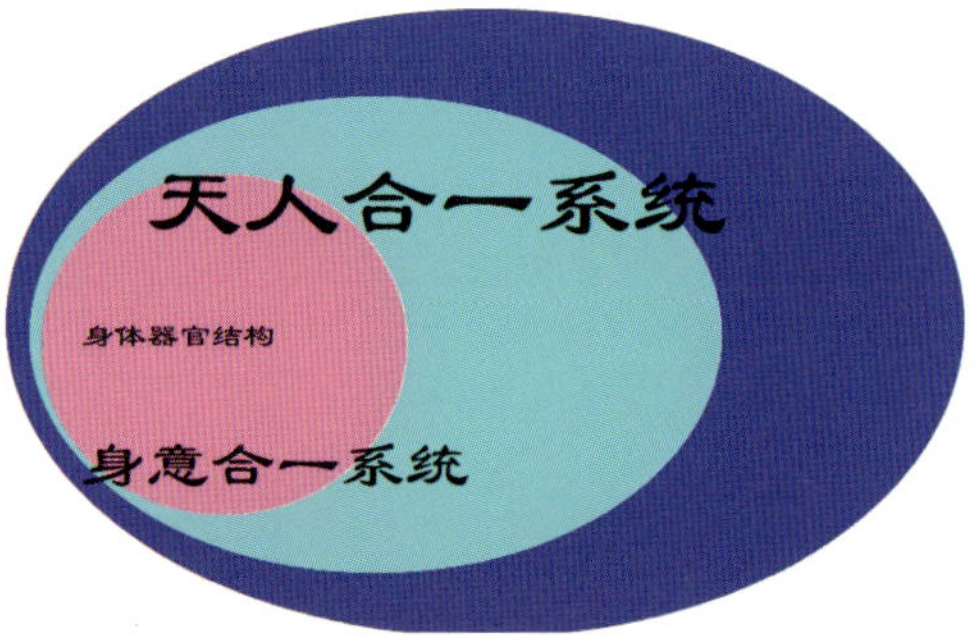

中国医学、西洋医学の医学理論対比図。

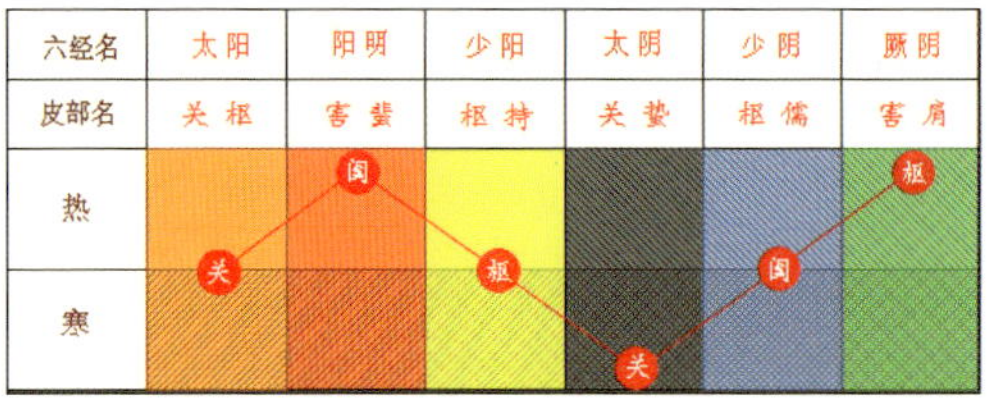

六経皮部と関・闔《こう》・枢の表。
（補注）六経皮部：東洋医学の経絡の概念で、体表を走る経脈のこと。陽経 3、陰経 3 に分かれ、六つの病気に対応する。関・闔・枢：経脈に存在する三種類の特徴、性質。

伝説によると八卦と石製の九針を初めて創った伏羲氏。

かにし、戦争の理論と原則を弁証法的に詳述している。孫子は、すべては変化の中にあり、すべては発展しなければならないものであるから、変化の目で取り扱い、機械的であることはできず、教条的であることもできない。そうでなければ、戦いに敗れるはずであると考えている。

中国の伝統医学も、素朴な弁証法をもって自己の理論の根拠としている。

言い伝えによれば、上古の「三皇」[6]の一人である伏羲氏は天文・地理を観察するのに通じており、時に昼と夜があり、陰陽が相克つ弁証法的哲理に通じており、八卦を創り、それを後世の中国医学理論の主な文化的根源の一つとしたのである。

後漢の名医張仲景〔一五〇？～二一九〕は弁証法の哲理に富んだ『傷寒雑病論』を書き、中国医学治療学の基礎を定めたので、「医聖」と称されている。その書物は傷寒の原因・症状・発展段階と対処方法を系統的に分析し、傷寒病に対する「六経分類」の弁証法的治療原則を創造的に確立した。所謂「弁証」とは、すなわち「陰陽・表裏・虚実・寒熱」であり、所謂「施治」とは、すなわち「汗・吐・下・和・温・清・補・消」である。その全体の理論体系を総合してみると、陰陽観・正邪観・標本観・病証観・常変観など、お互いの間の相互対立・相互依存・相互転化の関係を体現していないものはない。

医聖――張仲景●張仲景、名は機、西暦150年頃に生まれた。南陽郡涅陽県（現在の河南省南陽市）の人。彼は臨床の経験を結び合わせて、医学の大著『傷寒雑病論』を書いた。後の人がまとめて『傷寒論』と『全匱《き》要略』とし、中国医学の発展のために偉大な功績を残したので、世に「医聖」と称されている。

三、用兵と治病の指導思想と基本原則上の統一性

指導思想の方面から見ると、『孫子兵法』には医家にとって三つの示唆がある。

まず、道徳思想の示唆である。「進みて名を求めず、退きて罪を避けず」〔地形篇〕は孫子の将となる道を論述した最高の境地であり、これは医者の「死を救い傷を扶け、病を治め人を救う」という医徳の規準がちょうどぴったりである。一人の医

郵便切手――西魏、狩猟

者として、庶民の苦しみを救おうという願望があるからには、当然その場においてたちどころに決断し、勇敢に新しい考えを提出し、時を移さず有効に患者を救い、なかなか治らない病気を取り除くために、一定の危険を引き受けなければならない。『古今医案按』〔清・愈震著〕の記載によれば、金の四大家の一人である名医朱丹渓〔一二八一～一三五八〕が葉さんの下痢症を治した時、病人の気力が虚で病気を取り除くことができないということを考慮し、人参・陳皮・芍薬などの補薬〔栄養剤〕十数服を与えて病気をますますひどくさせ、それによって友人たちの議論を引き起こしたが、丹渓は全くかまわなかった。「胃気の傷」を補い終わると、すぐに煎じ薬でその体内に停滞したものを下すと、病気はすぐに全快した。丹渓はまことに医者の「善く戦う者」に恥じない。正邪虚実の情を洞察した後、多数の意見を退け、自分の城郭を固め、自分の正気を保ち、然る後に一戦して勝つ。まことに「進みて名を求めず、退きて罪を避けざる」者である。

その次は、「先勝」思想の示唆である。孫子は言う。「先ず勝つべからざるを為して、以て敵の勝つべきを待つ。」〔形篇〕すなわち戦うには先ず自己が周到な準備をなし、一分の隙もなくし、その後で更に待って、敵に戦って勝つチャンスを探さなければならないのである。中国医学では、「良医は、常に無病の病を治む。故に病無し。」と主張する。その意味は、優れた医者は、人びとの身体が健康の時に予防を強調し、養生を重要視し、健康を保持することにたくみである。これは、養生・健康作りと治病を非の打ちどころなく結び合わせており、その深い内包は、孫子の「兵を用うるの法は、其の来たらざるを恃むこと無く、吾が以て待つこと有るを恃むなり。其の攻めざるを恃むこと無く、吾が攻むべからざる所有るを恃むなり。」〔九変篇〕という兵家の戦略思想と完全に符合している。

「正を扶け邪を祛《はら》う」も同様の道理を持っている。中国医学は

朱丹渓画像。

『導引図』●1973年、長沙馬王堆漢墓から出土した帛画。今までに中国で発見された最も古い健康体操の図。

五禽戯●中国外科の始祖華佗が虎、鹿、熊、猿、鳥を模倣して作った健康体操。

若干の病気を招く要素をみな「邪」と呼んでいる。明らかに、方法を考えて「邪」を身体から取り除く、これが「邪を祛う」である。何を「正」と言うのか？身体自身の適応能力、抗病能力を普通「正」と言う。中国の医学には一つの言い方があり、それは「邪の湊《あつ》まる所、其の気は必ず虚」である。その意味は「邪」が人を発病させるのは、人の抵抗力が弱まっているからであり、それはすなわち正気が虚弱であるからであって、正虚と言う。正虚であるからには、正気を助ける方法を用いる必要があり、これを「正を扶く」と言う。中国医学の「正を扶け邪を祛う」の基本思想は、孫子の「自ら保ちて勝ちを全とうす」〔形篇〕の思想と一脈相通じていると言える。

第三は、「因変」思想の示唆である。「変」は孫子の用兵思想の一つの核心である。彼は「虚実篇」の中で、「水は地に因りて流れを制し、兵は敵に因りて勝ちを制す。故に兵に常勢無く、水に常形無く、能く敵に因りて変化して勝ちを取るものは、之を神と謂う。」と要約して言っている。医者も薬の処方を研究し、人によって異なり、病人の身体の状況、居る環境と疾病の実際の状況を見て用いる薬を選択しなければならない。すなわち所謂「病は万変し、薬も亦た万変す」である。金元四大家の一人の名医劉完素〔一一二〇?～一二〇〇?〕は「治変」の方法を十分に上手く運用して病気を治した。彼は一旦でき上がったら変わらない運命というものはないし、一旦でき上がったら変化しない病気というものもない。したがって、医者は処方し薬を用いる時には必ず臨機応変、具体的に分析しなければならないと考えていた。

具体的な治療の原則と方法の上で、中国医学はどのように兵法思想を参考にしたのであろうか？

まず孫子の「廟算」思想と中国医学の「四診合参」の診療方法との関係を通してその精髄を窺うことができる。望・聞・問・切の「四診法」は戦国時代の扁鵲《へんじゃく》[7]が作り出した中国医学伝統の診断法で、「望」はその栄養状況や顔色はどうかを観察する。「聞」はその五声[8]を聴くことである。「問」は患者の病歴・症状を詳しく聞きただすことである。「切」とは「切脈〔脈を診る〕」である。孫子の「廟算」思想は「五事」・「七計」に対する総合分析を通し、敵味方双方の詳細な状況を理解して、判断を下すことである。中国医学は「四診合参」を通して病人の病状や資料を分析し、症状に対応して投薬することであり、この二者は同工異曲と言うことができる。

全体性の治療原則に基づき、四診はまた更に広い内容を含んでいる。すなわち更に患者のいる地理的環境、診療時の季節気候を知ることによって、最後に全面的に正確な資料を得ることができ、正確な判断ができる。『医説』〔南宋の張季明の著〕の中に名医楊吉老が環境に基づいて病気を診断する佳話が記載されている。昔一人の役人楊立之が南方から楚州に転任した後、のどに癰《よう》〔化膿性感染〕が生じ、腫れて痛く、膿と血が止まらず、

後漢画像石中の神医扁鵲《へんじゃく》。

医者たちはどうしようもなかった。おりよく名医の楊吉老がこの地を通りかかり、病状を聞いた後に言った。「この病気は他の病気と違うところがある。まず先に生姜一斤を食べてから、はじめて別の薬を用いることができるので、これ以外他に良い方法はない。」果たして一斤の生姜を食べ終わった後、病状は大いに好転した。次の日楊吉老に教えを請うと、楊吉老は言った。「あなたは南で役人となっていましたが、鷓鴣《しゃこ》〔鳥の名〕を食べ過ぎました。そして鷓鴣はハンゲをとりわけ好んで食べます。時間が経って、ハンゲの鷓鴣体内での毒が作用して病気になったのです。生姜が半夏生を殺《そ》ぐという理に基づいて、そこで昨日私は生姜を使って治療することを主張したのです。」

処方の角度から言えば、中国医学の薬の配合は、兵家の兵を布陣するのに非常に似ており、正兵があり、奇兵があり、主攻があり、補佐がある。中華医薬の鼻祖桐君[9]が総括した「君」・「臣」・「佐」・「使」の処方規則はこの点を説明するのに十分である。「君」薬は、すなわち主薬あるいは主治薬であり、主な症状あるいは病因に対して主要な治療作用を起こす薬物である。「臣」薬は、すなわち補薬あるいは補助薬であり、主薬が一層良く作用を発揮するように協力する薬である。「佐」薬は、また兼制薬と呼ばれ、主薬が兼症を治療するのを助けたり、あるいは主薬を監視してある種の薬物の毒性と激しさを除いたり、あるいは反作用を引き起こす薬物である。「使」薬は、また引和薬とも言い、各の薬を導いて調和の作用を起こす薬である。面白いのは、その中の「使」薬の用法は兵家の用いる反間の計に非常によく似ていることである。明代の名医呉球〔生没年不明〕はかつて一人の少年を治療した。病人はとめどなく血を吐き、様々な薬は効果がなく、やつれて危険な病状になった。そこで病人の吐き出した血を取り、炒めて粉末にし、莫門冬《ばくもんとう》〔ジャノヒゲの塊根のこと。去痰・鎮咳・利尿剤に用いる〕を煎じたお湯で飲み下させると、その血はすぐに止まった。

「窮寇には迫ること勿かれ」〔軍争篇〕、「囲師には必ず闕《か》く」〔軍争篇〕は孫子の用兵の二つの基本原則である。孫子は強調する。敵が頑強に抵抗して不必要な損失を出すことを防ぐために、敵を包囲した時には、わざと逃げ口を一つ空けておいて、敵がもしかして逃げられるのではないか、戦わないで生き延びようという考えを抱かせ、そのあとで逃げ口の所に伏兵を置けば、一挙に敵を撃破することができる。中国医学の張子和〔一一五一～一二三一〕が創った汗・吐・下の三法もこれと同じ理屈である。所謂「汗」とは、汗をかくことであり、「吐」とは、どっと吐かせることであり、「下」とは、下痢をさせることである。病

中国医薬の始祖桐君像。

気が体の表面にある時には汗法を用い、病気が上半身にある時には吐法を用い、病気が下半身にある時には下法を用いる。この治病の原則の中心理念は、病気を治療する時には必ず病魔に逃げ道を与えなければならないことである。そうでないと、病魔は必ず体内に閉じ込められて逃げることができず、乱を起こして人を傷つけるはずである。かつて一人の患者が、冬の寒い時に家族と一緒に家を出て鍋料理を食べた。鍋料理はおいしく、食べる人は顔中汗だらけにならない人はいなかった。そのまま上着を脱いで更に食べたので、風邪を引き咳をした。患者はすぐにその地の病院に行ってたくさんの咳止めの薬を買ったが、効果がなかった。最後に一人の名医に治してくれるように頼むと、患者に「麻杏石甘湯」を飲ませた。二服の薬を飲み終わった後、鼻が通り、便が通じ、わずかに汗が出て、咳はたちどころに止まった。その原因は、体内の火が逃げ道ができて、病魔が瀉することができ、二度と体内に止まって人を傷つけることがなくなったからである。

金代の著名な医学家張子和。

　孫子は、表に現れているのを観察することを通して実際の敵の動向を認識することの重要性を非常に強調した。「行軍篇」の中で、所謂「三十二の敵を相るの法」をまとめている。「敵を相《み》る」とは敵を観察することで、それは一つの普遍的な哲学常識、すなわち現象を透視して本質を見るということを反映している。病状にもたくさんの表面に現れる現象があり、そしてその現象の背後に病気の本当の原因が隠されている。医者が病状を検査するのは、まさに表面の現象を通して病気の本当の原因を識別しなければならないからである。揣《すい》法〔推測法〕は『〔黄帝内経〕霊枢』外揣篇に基づいているが、その中に「外を司《うかが》い内を揣《はか》る」の説がある。「外を司う」とは、表面の様々な兆候を指し、「内を揣る」とは、内臓の病理的変化を推測することを指す。中国医学の診断学はどうしてこのような「表面から内側を知る」という方法を採って、「解剖して見る」という直接的な方法を採らないのか？それはなぜならば、中国医学は生命の本質はすなわち「気」の生物化学的運動にあると考えており、気の運動を観察するのは必ず生命体の活動状況の下ではじめてできることだからである。これが中国医学家が静態的解剖法を用いることのできないことを決定した。

　孫子は兵力を集中することの長所を何度も強調している。彼は「虚実篇」の中で言う。「我が方が兵力を一点に集中して、敵が十ヶ所に分散すれば、我が方は十を以て一に対することになる。」このようにして、我が方は衆を以て寡に勝ち、明らかな優勢を造って速やかに勝利を得ることができる。同様の理由で、治病の過程の中で、病状を明らかにした後、薬やその他の治療の措置を集中し、病気の肝心な点をもっぱら攻撃して、病気に対する強大な優勢を作り上げなければならない。例えば、張仲景の『傷寒雑病論』の一貫した薬を用いる原則は、『用いる所の薬は、必ず「效は宏く力は専ら」の品たるべし。用うべく用うべからざるの薬は、必ず定めて用いず。』現代の名医施今墨先生も言う。「難しい大病と思われる病気を治療するには、必ず優勢な兵力を集中し、一挙に攻撃することで初めて効果が現れる。古いやり方そのまま対処してゆくのは医の徳ではない。」

　このほか、医者が薬を用いるには、孫子の「求勢」の思想を参考として、薬の力を一度にして千鈞の力にすることもできる。力はどこから来るのか、「其の勢は険にして、其の節は短なり」〔勢篇〕、その勢いをすみやかに一点に集中して攻撃させる。そうしないと、薬の力は経脈の循環に従って流れて病原のある所に到達するので、その区切りは非常に長く、薬の力もだんだんと衰えるのである。毛沢東主席の担当医孔伯華先生の処方の特徴はすなわち、「其の勢は険、其の節は短」であり、人々はその薬の処方を「虎が嘯き龍が騰がる」のと同じように気勢が発揚していると形容している。先生は石膏を用いるのが上手く、時には数斤〔一斤は五百g〕の重さに達した。用いる量が人を驚かすほどであるが、常に起死回生の妙があり、その判断力はきわめて精確で、かつ病状の把握も間違いがないという自信を持っていた。

　最後に、用兵と治病とは共に頓悟の高い境地に到達することができる。孫子用兵の最高の境地は「無形」である。彼は「虚実篇」の中で言う。「敵情に基づいて用いる敵に勝つ策略は、かりに大衆の目の前に並べても、大衆は理解できない。人びとはみな、私が敵に勝ち、勝ちを制する方法を知っているが、私がどのようにこれらの方法を運用して勝ちを制するのかを知ることはできない。」中国医学の治病もこれと同じであり、優れた医者は、博聞強記と臨床の実践を通し、最後に「無形・無限」の弁証法的治療の大法を体得することができる。このような医者は、天地陰陽を洞察し、万物の属性を熟知し、思いのまま一つのものを取って病気を治す名薬とし、病気を「無形」の中で治すことができる。清代の名医葉天士〔一六六七～一七四六〕はこうやって一人の病人を救ったことがある。その婦人は難産で、多くの医者の陣痛促進薬はみな効き目がなかった。その日はちょうど立秋に当たり、梧桐の葉が次々と落ちていた。葉は無造作に一つかみの葉を拾い、陣痛促進薬の中に入れると、薬がのどを通るとすぐに無事に子供を産んだのである。みんなはわけが分からず、後になって葉に聞いてみると、その秘訣は、落ちた梧桐の葉は秋の粛殺の気を受けており、形はぼろ綿に似ており、その気は沈む。ゆえにこれを薬に用いれば真っ直ぐに下り、胎児はすぐに生まれることができたのである。

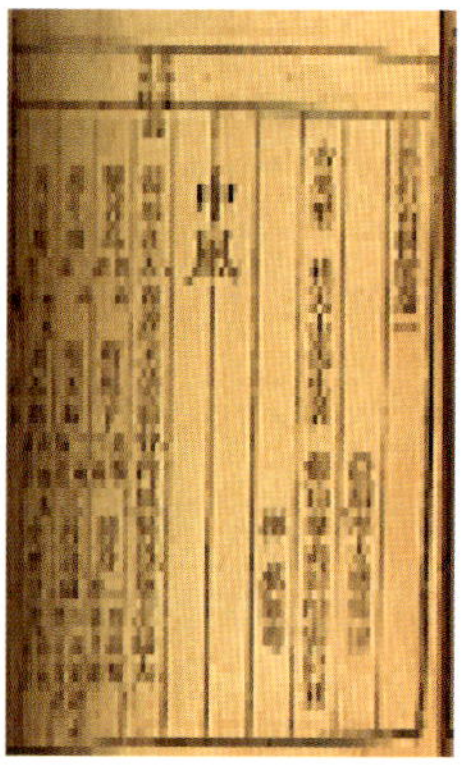

葉天士の『臨症指南医案』。

　これをまとめれば、兵家は敵に因り、情に因り、臨機応変に兵を用いることを重視する。所謂「能く敵に因りて変化して勝ちを取る者、之を神と謂う」〔虚実篇〕である。医家は更に人に因り、時に因り、地に因り、病に因って薬を用いることを強調し、「病万変すれば、薬も亦た万変す」を重んじる。兵学であっても、あるいは医学であっても、みな弁証法にあふれており、共に「悟」の一文字を重んじている。まさに易経に言う、「天下は帰を同じうして塗《みち》を殊にす。一致して百慮す。」（『易経』繋辞伝下）である。兵家と医家の相通ずるのは、まさに「天下の理は一なり」の理由によるのである。

「拳、兵同源」――『孫子兵法』と武術

武術と兵学は共に戦争の中で育まれる文化形態であり、両者は自然のつながりを持っている。拳の諺に「拳、兵同源」と言う。亡くなった著名な武術家温敬銘教授は生前常に言っていた。「古来拳を学ぶには兵法を知った。兵法を知らなければ戦わない。」広く深遠な中国伝統文化はそれらを国の宝とし、かつ密接につながり、同じ気風を受け継がせた。中華の武術もまさにこの融合の過程で、軍事謀略や軍事原則などの方面から多くの有益な部分を吸収し、独特の武学文化を形成したのである。

一、『孫子兵法』と武術の歴史的淵源

武術と戦争は共に原始人が生きることを追求した暴力行為に発している。ただ社会の発展と人類の進歩に従って、暴力の形に分化が生じた。個人の間の暴力的衝突は武術の技術を生み出し、集団の間の暴力的衝突は軍事的戦争の形成を促した。この二種類の同源異流の暴力による対抗の形は、似たような問題に対処して解決する方式の上で、必然的に多くのよく似た考え方を持つ。これが兵法理論と武術理論がお互いによく似た面を持つ根本原因である。

中国古代の兵家には兵権謀・兵陰陽・兵形勢と兵技巧の別がある。古代の武術はもともと「技撃」と呼ばれ、兵技巧の類に属していた。拳撃は「手搏《しゅはく》」、レスリングは「角抵《かくてい》」と呼ばれた。器具を用いるのには剣道や射法などの方面がある。兵技巧理論の方面での古典的作品には『墨子』城守などの諸篇があり、映画の『墨攻』はその独特な思想の内容と意義を深く反映している。兵技巧の主旨は、戦場で「敵を殺し」て勝つことである。その後、この「兵技巧」は「兵の用」の地位から離れたけれども、それによって兵学と絶縁することはなく、反対に兵家の学問上の理論を吸収して、兵法を武術の中に融合し、進んで一種

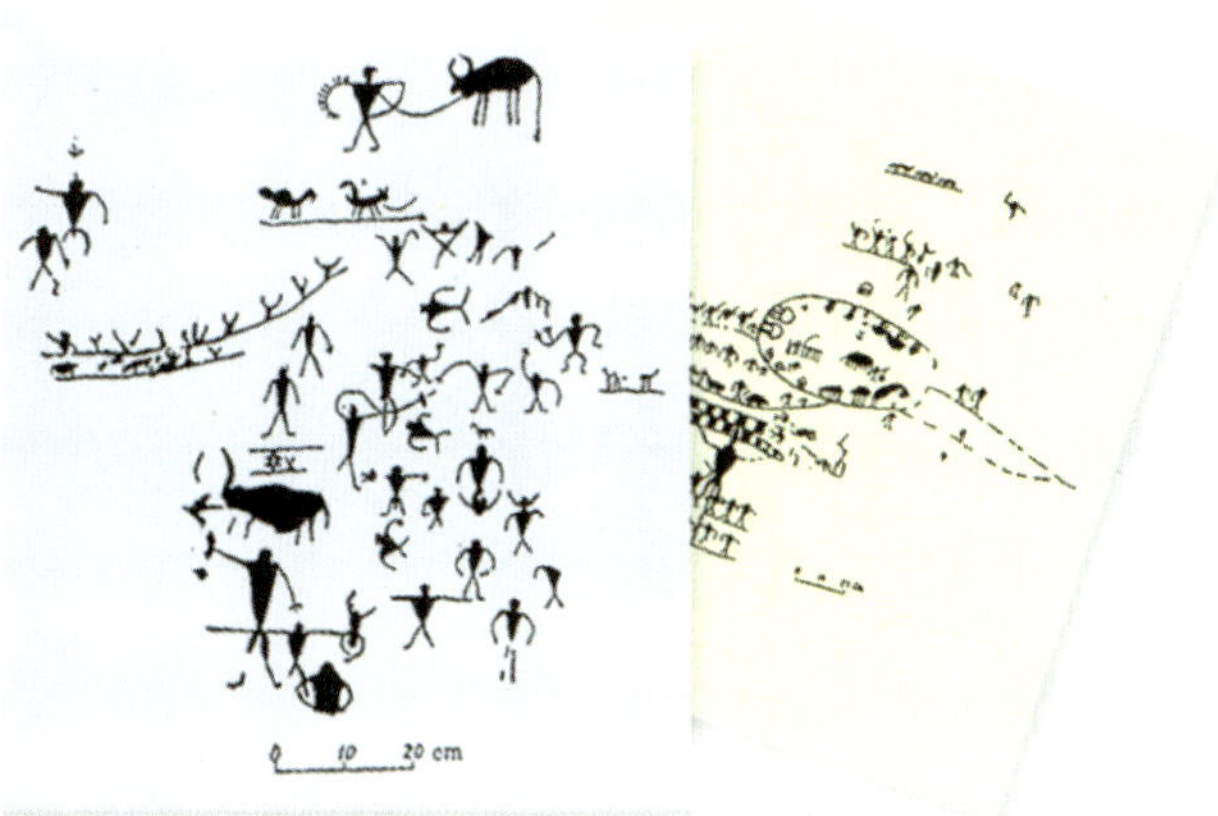

雲南滄源岩画中に描かれた部落の武装し徒歩で格闘している様子。

内蒙古陰山岩中に描かれている、部落が武装して弓で戦っている状況。

黄帝と炎帝が放牧と浅く耕すのに適した中原地帯を争奪するために、蚩尤《しゆう》と涿鹿の戦いを展開した。

の芸術として発展させ、最後には「敵を殺す」というありきたりのあり方を抜け出した。

『孫子兵法』と武術の関係は、時間の上からあらかたの推断をすることができる。よく知られているように、『孫子兵法』は春秋時代の末期に生まれ、武術もおおよそ春秋時代に生まれている。春秋戦国時代には武術の名手秦広文・叔梁紇、剣術家に越女・袁公・魯石公、射術の名手に飛衛・紀昌などがいる。特に多くの著名な武術の論著、例えば『礼記』射義篇、『荘子』説剣篇、「越女論剣」などはみなこの時期に生まれた。時間的にこのように近く、しかも内容にも共通性があるので、それらの間には密接な関係が必然的に存在していると推断できる。

『呉越春秋』勾践陰謀外伝の中での「越女論剣」に関する記載は、この問題を説明するのに十分である。その中で越女は言う。「凡そ手戦の道は、内に精神を実たし、外に安儀を示す。之を見るに好婦に似るも、之を奪うに懼《く》虎に似たり。形を布き気を候《うかが》い、神と倶に往く」。この言葉は『孫子』九地篇の「是の故に始めは処女のごとく、敵人戸を開くや、後は脱兎のごとくにして、敵は拒《ふせ》ぐに及ばず」と非常によく似ており、両者は共に戦場で敵に臨んだ時、表面上は静かで弱々しいことあたかも女の子のようであって、敵にいかなる威嚇をも感じさせない。しかし実際に進撃する時には猛虎のように勇猛であり、逃げる兎のように素早く、敵を抵抗できなくするのである。

戦国時代の荘子は「説剣篇」の中で兵法を剣の道に喩えている。「夫れ剣を為《おさ》むる者は、之を示すに虚を以てし、之を開くに利を以てし、之に後れて以て発し、之に先んじて以て至る。」これは『孫子兵法』の「〔敵に示すに弱を以てし〕、之を誘うに利を以てし、人に後れて発するも、人に先んじて至る」〔軍争篇〕

の思想と相通じている。この篇では、荘子は更に進んで剣道の三つの境地、すなわち匹夫の剣、諸侯の剣、天子の剣について述べている。匹夫の剣とは剣客の手の中の兵器であり、十人や百人を殺すのに十分である。諸侯の剣とはすなわち法度と仁徳の心であり、国を治めて乱れさせないのに十分である。天子の剣とはすなわち自然で道を守り、政治を民衆に返し、万民を和楽して天下の人びとを帰服させるのである。その中の匹夫の剣は実際は孫子の「伐兵」〔謀攻篇〕であり、諸侯の剣と天子の剣は典型的な「伐謀」〔謀攻篇〕である。荘子の言うところはただ政治の領域に偏っているにすぎず、更に高いレベルの謀略に属していて、孫子の大戦略思想に非常によく似ている。

司馬遷は『史記』太史公自序の中に「将たるの徳」を引用して、『孫子兵法』と武術との関係を論述し、誠信・廉潔・仁義・勇敢の優れた品格がなければ兵を語り剣を論ずることはできず、剣術家は必ず将たる者のように「内は以て身を治むべく、外は以て変に応ずべし」、君子の徳があり、併せて「道」の境地に達することができなければならないと強調している。彼はまた言う。「兵は万人の敵、剣は一人の敵なり（『史記』項羽本紀）。然れども戈を止むるを武と為す（『春秋左氏伝』宣公十二年）。旨は人を救うに在りて、人を傷つくるには在らず。故に「兵」と「剣」とは、「信・廉・仁・勇」の徳性有るに非ざれば、則ち「伝え論ずる」能わざるなり。」〔太史公自序。「非信廉仁勇不能伝兵論剣」〕

南宋の名将軍岳飛はまさに司馬遷の描き要求した典型的な存在である。彼は将たるの徳を具備し、兵法を活用できる軍事家であり、また腕力が人より優れた武術の名手でもあった。宋代

古代思想家——荘子●およそ紀元前369年～紀元前286年。名は周、戦国中期宋の蒙（現在の河南省商丘市）の人。一生涯人に知られることはなかったが、その著述は非常に豊富で、道家思想の集大成者である。

史聖司馬遷●司馬遷、字は子長。左馮翊夏陽（現在の陝西省韓城市）の人。若い時に各地を遊歴した。後に父に代わって太史令となる。漢の武帝の怒りに触れて獄に下され、宮刑にあった。許されて出獄した後中書令となったが、発憤して書を記し、『史記』を編纂して、不朽の作となった。（李学輝画）

郾《えん》城の大勝（杭州岳廟壁画） ● 1140年、岳飛は郾城（現在は河南省に属す）で金軍を撃破した。

の人の著作の中では、岳飛は幼い頃から『左伝』と『孫子兵法』を読んでおり、軍事学的な造詣は非常に深いことが何度も述べられている。しかも彼が自ら作り出した岳家拳は、古風で華やかさはないが、力は強く猛々しく、すばやくて隙がなく、技術は実用的であるなどの特徴があり、現在でも湖北省の黄梅・広済・蘄春などの地に伝わっている。その長年もてはやされてきた名句「運用の妙は、一心に存す」〔『宋史』岳飛伝〕は、従来不思議な軍事指揮技術の高度な総括と考えられてきたが、実のところまたどうして岳家拳の技術方面の至上の要求でないことがあろうか。

戚継光32勢拳法。

戚継光という明代の著名な軍事家は、長編の孫子専論を残してはいないが、彼が孫子思想に対して正確に把握していたことは疑いがない。彼は「孫子の書いていることはすべて原則的な軍事理論で、その内容は精緻の極点に達しており、すでにみだりに補うことはできないが、しかし具体的に行うこと、例えば兵士の訓練・攻城・守城などの技術的問題には触れていない。」〔『練兵実紀』自序〕と考えている。戚継光の著作『紀効新書』は、まさに孫子の「原則の精微」な基礎の上で具体的な細かな問題を解決している。その書の第一四巻――「拳経捷要篇」は、現在唯一の、史料と拳法とが備わり、兵法思想を十分に参考とした明代の武術専論である。彼が倭寇を平定した過程で作った鴛鴦陣法は、更に兵法と武術とが結合した古典的な成果である。兵法と武術との繋がりはこれによってもその一端を伺うことができる。

中国太極拳の成立と『孫子兵法』とは密接な関係がある。陳氏家譜の記載によると、太極拳の創始者陳王廷〔生没年不詳〕は、若い頃は兵を率いて戦う将軍でもあった。彼は退役して故郷に戻った後、陳氏の家に伝わる拳術と戚継光が編み出した長拳三十二式を素材とし、太極の思想を導きとし、『孫子兵法』などの兵学理念を融合して、影響の大きな陳氏太極拳を創った。太極拳は兵家思想を主要な特色とするものではないが、しかし、我々は太極拳の創出と兵家思想の歴史的な関係を否定することはできない。

以上、『孫子兵法』と武術の根源の関係の重要なところを述べてきた。武術理論家喬鳳傑は、源を同じくする武術の技術と兵法理論とは、必然的にある種の内在的統一性を含んでおり、両者がその後の発展の中で相互に影響したり、促進し合ったりする可能性を含んでいたと考えている。しかし、明確にしなければならないのは、純粋な武術技術と古代の軍事戦争の最終目的は、戦って敵に勝ち、敵を消滅することである。外からの規範のないこの二つの生死をかけた戦いの間の交流で、最も簡単に発生し、しかも最も簡単に効果を生み出す部分は、必然的に闘争の手段と対抗の戦術の方面である。

これは、歴代の武術の経典のある種の内容から十分に具体的に表すことができる。

左図：東晋時代の手に盾を持つ陶製の武士俑（江蘇省南京市富貴山出土）。
右図：唐代の甲冑を着た陶製の武士俑（甘粛省敦煌市老爺廟出土）。

二、『孫子兵法』の武術実践技能と戦術への応用に対する示唆

まず、多くの武術の典籍に孫子の「彼を知り己を知る」〔謀攻篇〕の思想内容を引用している。それはたくさんある武術はその流派が数多く、各流派の間には多くの違いがあり、かつ各々その独特のところがある。もし武術の競技の中で相手に思いのままに動かされたり、敗れたりしたくなければ、必ず相手を理解し、彼の攻防のやり方を把握することが必要で、こうやってやっと敵に勝ちを制することができるのである。例えば『陳氏太極拳彙宗』用武要言に言うように、「二人相敵するは、性命の関する所、外は諸を人に観、内は諸を己に観、己を知り彼を知れば、百戦百勝す。」『長拳拳論』にもそのような要求がある。「人と手を交わすには、必ず其の機を審らかにし、目を観察して相手の善悪を見、身体を観察して相手の体力を見、精神を観察して相手の意志を見、気勢を観察して相手の招数〔出方〕を見、然る後方に勝ちを取るの策を定むべし。」知の手段の方面においては、孫子が提出した「之を策《はか》り」・「之を作《おこ》し」・「之に形《あらわ》し」・「之に角《ふ》る」〔すべて虚実篇〕の四種類の偵察方法は武術家に対して非常に示唆がある。「之を策る」とは、すなわち

計算分析を通して、敵の計画の優劣得失を判断すること、「之を作す」とは、すなわち敵を挑発することを通して、敵の活動の法則性を理解すること、「之に形し」とは、偽りの形を敵に示すことを通して、敵の優勢なところやあるいは弱くて致命的なところを理解することであり、「之に角る」とは、試しの勝負を通して、敵の虚実強弱の状況を探って明らかにすることである。これらの内容は武術家にとっては最も実用的であり、最も重視された。

その次に『孫子兵法』が示す戦争の本質的法則は、「兵とは詭道なり」〔計篇〕である。実際のところ、生死を賭けた戦いである武術が、また「兵とは詭道なり」と定義することができるのである。喬鳳傑は『採蓮手実践技撃法』の中で書いている。「実践の技法の中で、上を指して下を打ち、下を指して上を打ち、東を撃つと見せかけて西を撃ち、西を撃つと見せかけて東を撃ち、前を打とうと思って脇を偽り、脇を打とうと思って前を偽り、近い所を示して遠くを撃ち、遠くを示して近くを撃ち、退こうと思って進むふりをし、進もうと思って退くふりをし、それによって相手をからかい、迷わせて、相手の判断能力を破壊するのである。」これは孫子の「詭道十二法」と何と似ていることか。武術の経典『太極拳経譜』の中にも類似した記述がある。「佯わりて輸〔負〕け詐りて敗れ、勝ちを権衡に制し、順に来たり逆に往き、彼をして測る莫からしむ。」方守度老先生がことがある。『水滸伝』の中の林冲が洪教頭を棒で打った例を挙げて言った「枷をはめ鎖を付けられた八十万禁軍の教頭が、気勢激しく迫る洪教頭の挑戦に面した時、まず遠慮したいと言った。数回手合わせをした後、場外に飛び出して負けを認めた。枷を外した後正式に手合いを始めると、やはりまず後ろに退き、洪教頭を得意にし、相手を軽んじさせて、向こう見ずに突進し連続して攻撃させた。その調子が乱れるのを待って、林冲は洪教頭をたった一撃で地面に打ち伏せた。負けたと偽って

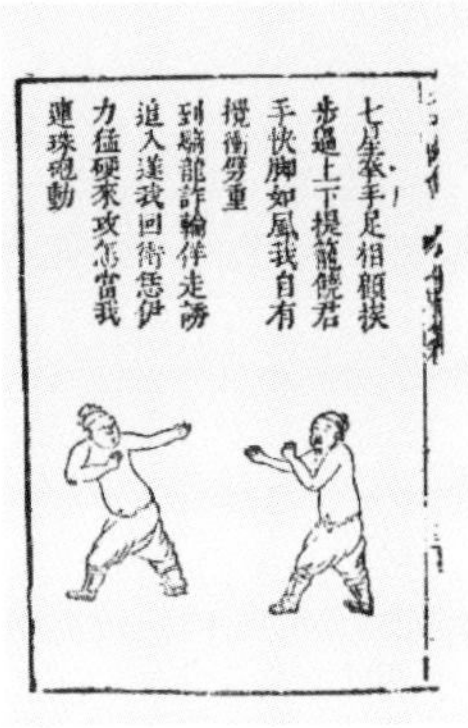

明の将軍戚継光の『拳経』32勢拳法“倒騎竜”訣の挿絵。その核心思想はすなわち「佯《いつわ》りて輸《ま》け詐《いつわ》りて敗れ、後に発して人を制す」である。

南朝武士画像磚、河南省鄭州市出土。

その後で敵を制したのである。」（『孫子兵法より見た兵法と武術の共通性』）林冲のこの方法は武術の術語の中では「己を蔵して形を掩《おお》う」と呼び、『孫子兵法』中では「形を示して敵を誘う」（『孫子』計篇では「利而誘之」とある）と呼ぶが、両者は本質的にはいかなる区別もない。

第三は、孫子の「勢は険にして節は短なり」の思想が、武術理論の中でもまた深く体現されていることである。『行意拳論』では五快〔「快」とは速さ〕を要求している。「審勢〔情勢判断〕快・出招〔攻撃する手〕快・上歩〔前進〕快・変招〔変化〕快・撤歩〔後退〕快」である。更に快〔速さ〕・准〔正確さ〕・狠《こん》〔激しさ〕を要求する。「巧中に快を求め、快中に准を求め、准中に狠を求める」のである。方守度老先生はかつて関羽の例を引用してこの道理を説明した。『三国志演義』中の名将関羽は武芸絶倫、手に青龍偃月刀八十二斤を持ち、剣術は神の如く、准〔正確〕でもあり狠〔激しい〕でもあった。出陣する時はスピードの速い赤兎《せきと》に乗り、刀は重いが馬は速く、勢いは疾風のごとく、速さは稲妻のようであった。十万の軍中でただ一刀で顔良を斬り殺し、韓福を誅した時もただ一刀、刀を持った手を振り上げたかと思うと、頭から肩まで、馬の下で斬った。杯をもらってから華雄を斬った時も、陣営に戻った時にはその酒はまだ温かかった。その速さ、正確さ、激しさは、想像することができる。（『孫子兵法より見た兵法と武術との共通性』）

三国時代の名将関羽●関羽（？～220)、字は雲長、河東解県〔現在の山西省永濟市〕の人。三国時代蜀の有名な将軍。

第四は、伝統的な武術の武芸実践の中で、所謂「長を揚げ短を避く」は、また孫子の「実を避けて虚を撃つ」〔虚実篇〕の原則の活用である。その主旨は、自分の方の身体的素質と技術動作の方面の不足は巧妙に隠して、自己の長ずるところは徹底的に発揮するという点にある。足の技術が不十分であれば、できるだけ敵と離れて戦うことを避けて、敵に接近しなければならない。腕の技術が不十分であれば、敵と近くで無理に戦いを挑むことはできるだけ避けなければならない。何も持たずに器械にぶつかるには遠近をはっきりさせなければならず、敵に離れている時には有効な攻撃をできなくさせ、近い時にはその器械の長所を発揮させなくさせる。まとめると、実際の状況に応じて自分の持っている特色と優れた点を発揮しなければならないということである。これについて、『拳諺』では「敵の能くする所と遇うも、己の長ずる所を展ず」と総括している。

『陳氏太極拳図説』では、「柔を以て剛に克つ」の角度から、「実を避けて虚を撃つ」の道理を論述している。「如し人来たりて我を撃つに、其の勢甚だ猛なれば、我は則ち之と硬頂〔強く対抗しようとは〕せず、肱と身と歩とを将《も》って一順身卸下〔力を抜き〕し、歩手は彼の旁面に落とし、彼の風頭を過ぎしむ。彼の鋭気は直ちに往きて前に衝《あた》り左右を顧みず、且つ彼の前に向かうの気力は、陡然として〔いきなり〕之を左右に転ずるは甚だ容易ならず、我は則ち旁らを以て之を撃ち、我の順力を以て彼の横にして無力なるを撃つ、易きか、易からざるか？吾故に曰わく、剛に克つは易く、柔に克つは難し、と。」

第五は、兵家は奇正を分かち、武術の用もまた奇正を分かつ。正とは、拳・脚・肘・膝で、格打の構えである。奇とは、構えと歩き方で、身体を動かし位置を変えることである。実践の応用の中で、奇をもって勢いを造り、正をもって敵を倒す。所謂剛柔相済け《たす》、陰陽兼ね備わり、内外合一と形神兼ね具わるであって、奇正の変の具体化でないものはない。孫子は言う。「奇正の変は、勝げて窮わむべからざるなり〔勢篇〕」奇と正とは一つの対立する概念であり、ある人から言って「奇」であるものが、別の人にとってはもしかすると「正」であるかもしれない。もともと「奇」である技術が、一旦相手によって適応されて「正」の技術にも変化する。要するに、すべては相手が予測できるかどうかを規準とするのである。武学の書籍である『孫禄堂武学録』〔孫禄堂（一八六〇～一九三三）は孫氏太極拳の創始者〕の中で、作者は孫子奇正の変の無限性を深く論じている。「用いる所の虚実奇正も亦た専ら意を奇正虚実に用いる有るべからず。己の手〔掌を下に向けて〕は彼の手〔掌を上に向けて〕の上に在り、勁〔力〕を用いて拉回〔引きもどす〕するは、鈎竿を落とすがごとし〔つかめる〕。之を実と謂う。〔両方とも掌の向きは同じで〕己の手は彼の手の下に在り亦た勁を用いて拉回するも、彼の手は己の手を挨不着〔つかめない〕。之を虚と謂う。奇正の理も亦た然り。奇は正ならざる無く、正は奇ならざる無く、奇中に正有り、正中に奇有り、奇正の変、用いる所窮まりなし。」このような理解は孫子奇正思想の精髄を得ていると言うことができる。

郵便切手——西晋時代の格闘●この古代の絵画は格闘の場面を表している。西晋の時代は、漢民族が統治民族であり、郷里や命を守るため、武力を尊び、勇敢に戦った。考古資料によると、北方草原の遊牧民族の裸で組み合って戦うことが、この時代に農耕社会の漢民族に入った。

第六は、異常に残酷な古代の軍事戦争から言えば、具体的な戦術と精神要素の結合はきわめて重要である。そのため、孫子は敵に臨んで戦う時の軍隊の士気の重要性を非常に強調している。「三軍には気を奪うべく、将軍には心を奪うべし」（「軍争篇」）というのは、敵に重点を置いて言っており、「之を亡地に投じて然る後に存え《ながら》、之を死地に陥れて然る後に生く」（「九地篇」）というのは、自分の方に重きを置いて言っている。そして、「静かにして以て幽《ふか》く、正しくして以て治まる」（「九地篇」）は、主に千軍万馬を指揮する指揮官に対して言っている。武術の先輩の著作でも精神を強調する論述は少なくない。戳脚《たくきゃく》[10]の『交手要訣』に言う。「凡そ人と手を交うるには務めて胆を壮起し来たるを要す、蓋し胆は心の輔、胆壮なれば心亮《あきら》かに、手脚自ずから忙乱せず」。『少林交手訣』に言う。「一虎能く十人の胆に勝つ。敵に臨んで要《も》し十虎の勇有らば、一人胆大にして百人怕《おそ》る」。『大成拳訣』にも言う。「胆気放縦ならば、処処法有るも、胆怯《おそ》れ心虚なれば、勝ちを取る能わず」。強調するに値することは、古代の兵家と伝統武術は共に精神力と自己の実力が一致することを非常に重視しており、両者は「万法胆をば先と為す」を強調すると同時に、「芸高きの人〔優れた能力を持つ人〕胆大なり」ということの深い哲理も忘れてはいなかったのである。

三、『孫子兵法』の武術の全体的指導思想に対する啓示

1．先ず勝つべからざるを為して、以て敵の勝つべきを待つ

武術は内外兼修の運動項目であり、基礎的な知識や技術に対する要求は非常に高く、ただ苦しい努力を払うことによって、堅固な基礎を持つことができる。いかなる武術であろうとも、みな外側の訓練から内側に入り、雑から精緻に達する。外は内の基礎であり、外側の厳しい基礎の訓練がなければ、内側の精髄には絶対に到達しないし、体得することもできない。そこで、伝統的な武術家たちは、思想上先ず孫子の「先ず勝つべからざるを為して、以て敵の勝つべきを待つ」の戦略意識を確立することを十分に理解していた。『拳諺』に言う。「備え有れば能く人を制し、備え無ければ人の制するを受く」。また言う。「七十二芸須《すべから》く苦練すべく、春夏秋冬休閑せず。毎天練習すること数百遍、恒を持して定然として好漢と成る。」世の中の人はみな少林拳法はまさに日頃の苦しい訓練の結果であるということを知っている。

太極拳も内功の修練を十分に重んじている。具体的には太極拳の推手[11]の中に現れている。すなわち自分の勝利の基礎は自分の平衡能力が運動している中で安定して保たれていることにあり、剛に遇えば則ち柔、軟に遇えば則ち硬、相手の攻撃を適切でしかも合理的に処理し、大きな力の攻撃あるいは突然の襲撃を受けても、依然として安定を保つことができ、常に動いていて、まったく動揺しないことにあると強調している。

喬鳳傑は言っている。多種類の拳法の中では、更に敵に勝つためではなくて、ただ自分がいかなる状況の下でも常に不敗の地に立つことができる技術や戦法を求めることをわざわざ定めている。例えば太極拳は「不偏不倚《き》、過ぎ及ばざること無し」、「不即不離、不沾《せん》不脱〔意味的には「不即不離」と同じ〕」をもって基本的技術法としている。采蓮手の中には一種の「不変を以て万変に応ず」の、専ら相手の各種の攻撃に対応する万能の防御フットワークがある。ほとんどすべての伝統拳法は、敏捷に避け移動することを核心とする遊撃戦術が、攻撃の実戦から言っても非常に重要であるということをみなよく知っているのである。

2．人を致すも人に致されず

中華の伝統武術の外国の武術と異なる一つの本質的特徴は、哲学上の思考を融合することで、孫子の「人を致すも人に致されず」〔虚実篇〕の思想に十分に現れている。これは対抗闘争の中での思想意識の基本的方法の問題である。対抗の過程の中で、武道家は撃ちたいところを直接撃とうと考えているわけではなく、まず相手の思考様式を分析判断し、まず相手にその目

的を達成させないようにし、しかも相手に自分の目的を分からないようにする。そこで敵が動かなければ自分も動かず、敵がちょっとでも動けば、自分はその意図を察知して形を変え位置を動かし、相手に先んじて動き、主導権を握って、相手の根本を打ち砕き、相手をどうなるか分からないという恐怖の中に陥れる。最後は相手を攻撃するか、その生命を奪うか、あるいは手足を打ち砕くかを考える。ゆえに名人は常に次のように言う。「中国の拳法は一種の因果拳であり、相手が地獄の何層目に落ちようとするかは、すべて相手自身が決定するのであって、自分はただ勢いに従って変化しているだけである。」

3．敵に因りて勝ちを制す

「敵に因りて勝ちを制す」は孫子用兵の重要な指導的思想の一つである。孫子は「虚実篇」の中で言う。「水は地に因りて流れを制し、兵は敵に因りて勝ちを制す。故に兵には常勢無く、水には常形無し。能く敵に因りて変化して勝ちを取る者、之を神と謂う。」喬鳳傑教授はこの思想に対する理解が非常に深い。彼は言う。「実を避けて虚を撃ち、形を示して敵を誤らせ、正合して奇勝するなど、疑いもなく非常に正確であるが、しかし、

漢代の習射画像磚（拓片）●漢の軍制の規定では、いまだ訓練されていなかったり、あるいは技術が未熟な兵士は応召して戦争に赴くことはできなかった。

原始時代の岩の画上の武舞で、時代は新石器時代末のもの。舞っている人は、大部分が片手に盾を持ち、もう一方の手に兵仗〔刀や槍〕を持っている。

山東省嘉祥県武梁祠の漢代の画像磚上にある、足を踏んばり弩に矢を付けている図。

どうやってこれらの戦術方法を完全に実施できるのか？　これはもしかしたら永遠に法則化のできないものである。事前設定があり、条件が整っているということがせいぜい初心者の思考方法である。しかし本当の偉大な軍事家と武術家は、必ず一種の完全なる無我で臨機応変に対応するのである。」そんなわけで、所謂「敵に因る」とは、その実はすなわち「無我」の結果であり、人類の大いなる智恵の発現であり、智者の心の奥深くの潜在能力の爆発であり、絶妙なる芸術の境地であり、それはすでに経験した高いレベルから日に日に経験を超越した方向への発展であり、これはちょうど兵家の言う、「運用の妙は、一心に存し」（『宋史』岳飛伝）、「此れ兵家の勝ちにして、先には伝うべからざるなり」のようである。

千年の古刹——少林寺●少林寺は河南省登封県にあり、少室山の北麓・五乳峰の下の茂った林にある。寺は北魏年間にインドの高僧菩提達磨によって建てられ、中国仏教禅宗の「祖庭〔仏教の始祖が布教伝法をした場所〕」となり、「天下第一刹」と号した。達磨は禅宗を伝えると同時に更に「心意拳」を伝えており、寺内の僧侶たちの訓練や充実を経て、天下に名の知られた武術の流派に発展した。少林寺は少林拳の発祥の地として天下に名を知られている。現存する少林寺の建築物は明清の頃に再建されたもので、殿、亭（あずまや）、塔などの各種の建築物があり、今日の少林寺は著名な観光スポットとなっている。

四、『孫子兵法』と武術との高い境地での統一

1．哲学面での融合

『孫子兵法』と武術は共に古代の素朴な弁証法思想の基礎の上に建てられている。陰陽は中国弁証法思想の最高のレベルであり、武術の各種の拳法はみな異なる側面から陰陽というこの一対の基本的範疇での弁証関係を表している。例えば長拳の基本的要求は、動くこと濤《なみ》のごとく、静かなること岳のごとく、起つこと猿のごとく、落つること鵲のごとく、立つこと鶏のごとく、站《た》つこと松のごとく、転ずること輪のごとく、折れること弓のごとくなど、陰陽の理を内包していないものはない。技撃の運用の方面から言うと、陰陽もあらゆるところに存在する。例えば、手を出だすは陰と為し、手を収めるを陽と為し、攻は陽と為し、守は陰と為す。技法の運用から言うと、柔を以て剛に克ち、剛を以て柔を制し、実を避けて虚に就き、引進して空に落とし、後に発して先に至り、陰陽変換すなどは武術の至るところに見ることができる。

孫子は弁証法的角度から兵家の進攻と防守の二種類の戦略思想の統一を論述している。彼は「形篇」の中で言う。「敵に乗ずるべき機会がなければ、敗北することはないので、しばらく防いでそれを待つ。敵に乗ずるべき機会があれば、破ることができるので、奇攻を出してこれを取る。守備するのは我が方の兵力が足りないからであり、進攻するのは兵力が敵を越えているからである。上手く防御する人は、自己の兵力を深くて測ることのできない地下にあるように隠し、上手に進攻する部隊は

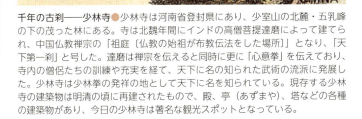

まるで天から降ってきたかのように、敵が防ぐことができなくする。このようにしてはじめて自己を保全し全勝することができる。」

武術の理論家周世勤は指摘している。孫子のこの二種類の戦略思想と実施原則は、武術の中に運用すると、主に「人と組み打ちをするのを主とする」と「敵を防ぐのを主とする」の二種類の攻防武術の方式として現れる。

太極拳の指導思想は「敵を防ぐを主とする」であり、その特徴はまろやかで柔軟でゆっくりであり、推手の時も「己を捨てて人に従う」を重んじて、他人と抗わず、内側の力をもって相手に対抗する。これは孫子兵法の防御の戦略と一脈相通ずる。

長拳短打と少林拳の指導思想は「人と組み討ちをする」である。その特徴は「冷・弾・脆・快・硬」、動作は堅強で力があり、猛烈で早く、スピードが速くて遅い相手を攻撃するのを重んじ、あまりに急で対処する間がないという勢いで、先に発して人を制し、強く進撃し、向かうところ敵なしである。これは孫子の進攻の戦略と同じである。

2. 道徳面での浸透

『孫子兵法』は国や軍隊を安全に保つことをその根本理念とし、「戦わずして人の兵を屈す」を戦争の理想の最高の境地とする。中国武術は己に克ち身を正し、寛厚謙譲、また悪を懲らしめ善を揚げ、国家や家を保全することを修身の最高目標とする。嵩山少林寺がその名を天下に揚げたのは、主に歴史上かつて唐の太宗が天下を統一するのを助けたり、明朝が倭寇を防ぐのを支持して僧兵を組織したりして、家を保ち国を守るという根本理念を体現したからである。その他に、最上の武者が大量の武力

中岳嵩山古廟●中岳嵩山は中国の有名な五岳の一つで、その主峰は河南省登封県にあり、最高峰は1440mである。歴代帝王が常に嵩山を巡遊し、封禅し、文人墨客の足跡も各所にあり名所旧跡も非常に豊富である。少林寺もその一つである。

幽静にして神秘的な少林寺。

少林寺の武僧が唐王李世民〔太宗〕を守ったのは、歴史上有名なエピソードとなっている。

を後ろ盾としていながら、軽々しくは戦端を開かず、謀をもって相手を制したり、徳をもって相手を制したりしている。『武林』一九八三年一二期に、中国の著名な武術家孫禄堂が一九三〇年に日本の武道家と武芸の試合をした話が紹介されている。この年孫はすでに古稀を越えていたが、ある時六名の日本の有名な武道家が名前を聞いて上海の虹口の家を訪問し、武芸の試合をしたいと申し込んだ。孫は年齢だからとやんわりと断ったが、断り切れなかった。そこで後院の稽古場に案内すると、稽古場には四つの石製の腰掛けがあった。一人の武道家はその力は抜群で、手で五百kgを推し、足で四百kgを蹴り飛ばせると言っていた。すぐに跳び上がると片足で石の腰掛けの一つを一丈ほど蹴り飛ばし、もう片足で更に八尺蹴り進めた。孫は仕方なく力比べに同意すると、先を譲ってまず相手に攻撃させることとした。古稀の老人が地面に仰向けになると、二人の武道家に両手を押さえ、二人の武道家には両足を押さえ、もう一人には頭を押さえ、もう一人には数を叫ばせて、もし三までで立ち上がれなければ負けとすると言った。その言葉が終わらないうちに武道家たちは獲物を襲う飢えた虎のように孫を地面に押し倒した。日本人が「三」と叫んだ時に、孫は遊身八卦法を用いて、「ムカデのように」地面からぱっと跳び上がると、五人の日本人は次々と地面に倒れた。日本人たちは非常に驚いて、心の底から敬服し、二十万元の銀貨を出すので、日本に来て拳を教えて欲しいと頼んだが、孫はやんわりと断った。武術家全勝の典型的な例と言うことができる。

五代の頃の武士彫像。

元代の剣を背負った武士俑。

3．思考方式の理解と応用

『孫子兵法』は理論の形態によって中国文化を感じる思考パターンであり、武術は運動の実践をもって中国文化を体得する一種の手段であって、両者は共に「魚を得て筌を忘れ、意を得て形を忘る」（『荘子』外物篇）の思考の境地を追求している。『孫子兵法』は用兵芸術の高い境地を努力して悟るように非常に強調している。彼は「此れ兵家の勝ちにして先に伝うべからざるなり。」と言う。その意味は「いくつかの兵家の勝ちを制する道理と方法は、ただ心で悟ることができるだけであって、言葉で伝えることはできない」ということである。武術にも一つの諺があり、「拳打千遍、身法自ずから現る」と言う。一つの武術の動作を体得するのはものすごく難しいというわけではないが、それが深く身についた後、その上下内外の高度な調和、その力と技の体現、その心と精神と意識の配合、及びその付与した哲理は、すなわち人々が修練をやり続け体得することによってはじめて深く会得することができる。「長き曲も終に尽くる有るも、此の芸は絶ゆる期無し」。民間のある老拳士が畢生の力を傾けてある拳術を研究鍛錬したが、それはおそらくは運動の表面的な把握に対してではないであろう。入神の域、「無形無法」の自然の境地に達することで、ますます之を得ること易《やす》からざるも〔それを手に入れることは難しいけれども〕、その楽しみは窮まり無しと感ずることができるのである。

兵家は善く弈《えき》す――『孫子兵法』と囲碁・象棋

棋とは奕《えき》〔囲碁〕である。「奕」中の機知・果敢・敏捷は伝統兵学文化の謀略思考・弁証哲理と対抗芸術を十分に体現している。そこで囲碁象棋の類は競技遊戯として、その形態・打ち方と規則はあらゆる脳を使う競技のうちで最も軍事に近い。囲碁・象棋〔中国将棋…シャンチー〕・軍隊将棋・五目並べの示す対立する双方が「戦い合う」のは、敵と我が方の両軍が対峙し、兵を移動させ将軍を派遣するのと同じように、布局し対陣するのである。「兵家は善く弈す」は囲碁象棋の類と軍事の相互に啓発する働きを明らかにしている。

一、兵と棋の起源

囲碁象棋の類の発生と戦争は直接に関連しており、軍事を模倣するということがその最初の機能形態であった。

尭が囲碁を作るの図●尭は中国古代伝説上の皇帝。

上の写真は、甘粛省水昌県鴛鴦池から出土した原始社会末期の陶製の瓶の上に描かれた碁盤。下の写真は、その他の器物の上に描かれた碁盤の図案。

縦横が交錯する盤の図形から見ると、囲碁は原始社会にすでにそのひな形があった。原始社会の末期、貧富の分化の出現と私有制の発生に従い、部落の間では土地争奪と水資源の争いが始まった。そこで土地の大小を占領することを目的とする「囲碁」の模擬戦争が現れたのであり、その中で占領した空間の範囲が水資源の有無、すなわち「目」の有無を決定した。「目」はすなわち水源であり、今でも井戸を掘ることを一「目〔中国語では「眼」〕」の井戸を掘ると言う。

歴史上、「尭が囲碁を作った」という故事は、別の角度から言えば、原始社会にすでに囲碁があったという事実とその兵法との関係を説明する。仙人蒲伊が尭帝に、そのものにならない息子の丹朱をいかに教育するかについて勧めた時にこのように言った。「囲碁はただのゲームではございますが、しかし兵家の謀略と一致しております。囲碁の千変万化では、完全に同じ局面は現れません。もし深思熟慮するのでなければ、勝ち負けの原因を求めて得ることはできません。」家に戻ると、尭は文桑の木を用いて碁盤を造り、犀の角と象牙を用いて碁石を造り、光彩鮮やかで普通の音とは異なる碁盤を作り出した。丹朱は尭の教えの下で囲碁をマスターすると、それ以来果たして長足の進歩を遂げた。

　春秋戦国時代、戦争は毎年起こって途絶えることはなかった。人びとは軍隊の編成・布陣・将軍の派遣などの方法をまねて、一つの新しい遊戯を作った。これが象棋の最初の形式である。

　現在の河南省の雲夢山に、戦国時代に鬼谷子師徒が当時活動したことに関係ある三十数カ所の遺跡が残っている。その中には孫臏と毛遂[12]が象棋をしたという図の遺跡と、孫臏と龐涓とが象棋をしたところという遺跡がある。

「象」とは象形の「象」で、動物のゾウではない。ある人は、「象」は人間が自己の知恵を運用して万物の表象を操っているという表象の意と考えている。英国の有名な科学者ジョゼフ・ニーダムの書いた『中国科学技術発展史』の中では、「象棋は中国人の創造したもので、古代の中国人が戦争をまねて作った一種の遊戯である」と指摘している。

　象棋は明らかに古代の戦争生活の一種の姿の反映であり、中国古代の兵戦と兵種の名称を留めている貴重な「史料」でもある。我々は象棋の中に将（帥）・車・馬・士・卒（兵）[13]のいくつかの文字を見るが、これは明らかに先秦時代の軍事方面の遺制である。例えば、車・馬は昔の人が車戦や馬戦をしたことから生まれたものであり、兵・卒は歩兵から生まれたものである。象棋盤上の兵の数は五であり、進むことはできるが退くことはできないと決められているのは、これはもしかすると春秋戦国時代の兵制上「五人を伍と為す」（『周礼』小司徒）の制があったからであり、併せて戦争の時には兵士はただ進むことだけができて後退することはできないという法令があったからであろう。「炮」は象棋の中の一つの重要な駒として、比較的遅い時期に現れる。一般の人は、「炮」は宋代にやっと入ったものだと考えている。その理由は、本物の火器（火炮も含む）は宋代に出現したからである。しかし、よく知られているように、象棋の中の「炮」はずっと「砲」と書かれ、「石」偏であって、「火」偏ではない。それは石投げ機の「砲」から来ているのであって、宋代以降の火炮から来ているのではない。そこで、「炮」は遅くとも唐代中期以前には象棋の中にすでに出現していたと断言できる。

　蒙古象棋は内蒙古の民間で盛んに行われているスポーツ遊戯（中国では囲碁や象棋をスポーツの中に含んでいる）である。蒙古が勃興した時、草原から農業地区に進入し、城壁を攻め破る

孫臏と毛遂が囲碁を打つの図。

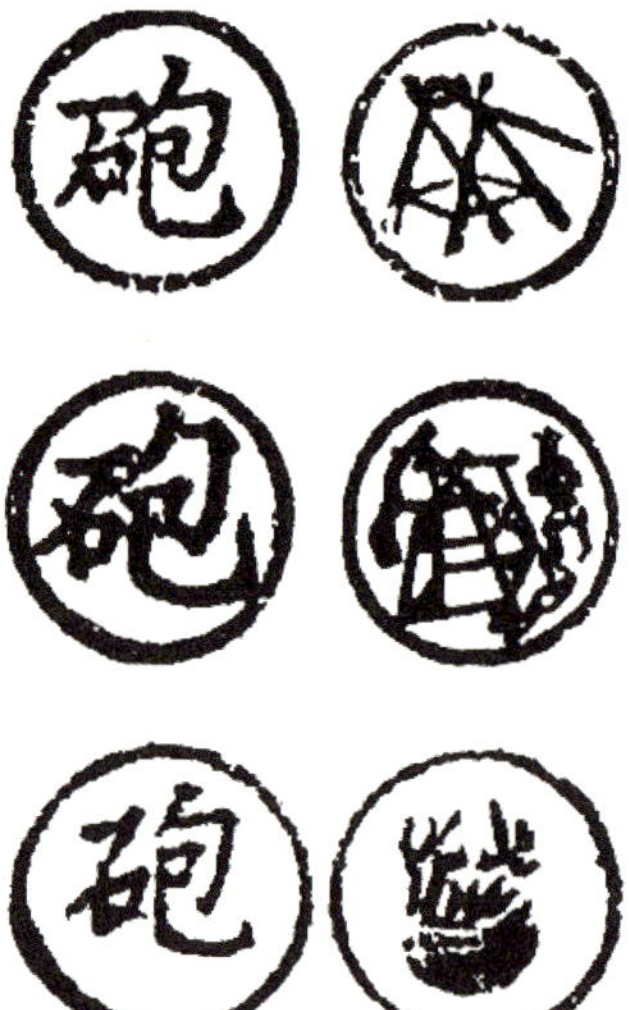

宋代の象棋の駒の中の炮。

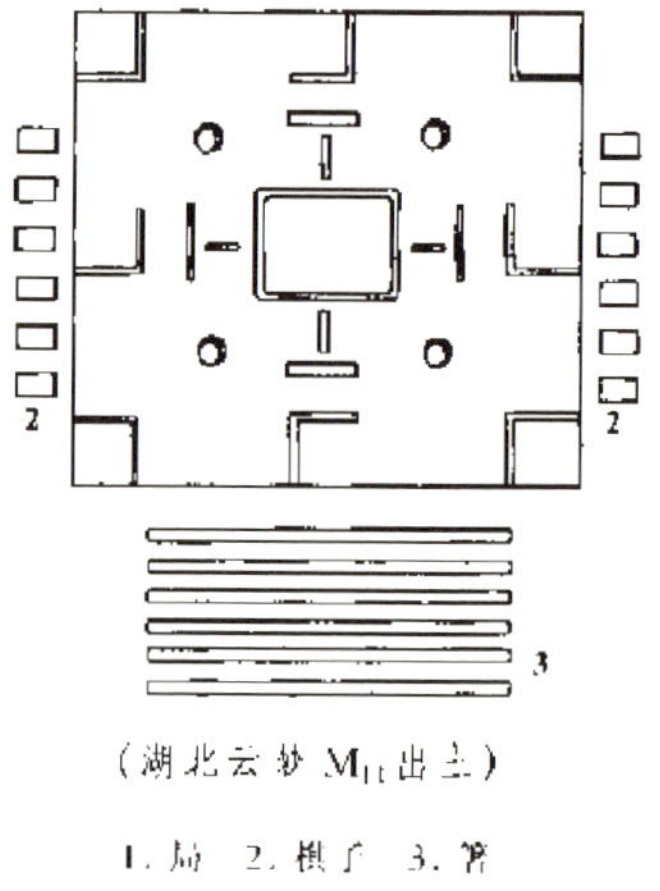

秦　六博棋具。

ために、金から投石機を学んだ。その後火薬炮を製造して、それが蒙古軍の城を攻めて打ち破る重要な武器になった。蒙古人はそれを将棋盤の上で運用し、一種の知的遊戯としたのである。

チェスが生まれたのも蒙古象棋と似ている。その歴史に関しては、普通古代インドの四人制遊戯「チャトランガ」が変化してきたもので、今まで二千年以上の歴史があると考えられている。この遊戯が一五世紀から一六世紀の頃にアラブ人の手によってヨーロッパに伝えられ、幾度もの変化を経て、現在のチェスになったのである。

中国古代には更に兵戦とよく似た六博棋があり、各々六枚の駒を持っており、その中で一番重要な駒を「梟《きょう》」と言った。「梟」の意味は、尊貴と勇猛ということであり、対局中には必ず「梟」を殺すことが勝ちであった。六博が行われている時はお互いに攻め立て、「梟」はチャンスができると、すぐに相手の「散」を取ることができる。同時に、「梟」は味方の「散」の協力の下で、兵や将を派遣し、敵の「梟」を殺す機会をうかがう。戦いの勝負は「梟」を殺すことで決まるが、これは兵法中の「賊を擒にするには先ず王を擒にす」(『兵法三十六計』中の「擒賊擒王」)という勝ちを求める規則と似ている。

二、『孫子兵法』の囲碁・象棋への影響

囲碁象棋の類が軍事の影響を受けていることは、昔から今までたくさん述べられている。中国古代の図書分類の中では、碁の棋譜を兵書の類の中に入れている。『隋書』経籍志にはすでに棋譜が兵書に入れられている。

後漢の桓譚《かんたん》〔紀元前二三?〜五六〕は『新論』の中で次のように述べている。「俗に囲棋〔囲碁のこと〕の戦有り、或いは兵法の類と言うなり。」彼は囲碁を用兵に喩え、「高明なる者は全局より出発し、胸に大略を懐きて勝券は握に在り〔必ず勝つ自信がある〕。低能なる者は則ち貪りて小利を求め、目光短く浅く、一子を争うが為めに先機を失う。」後漢の馬融[14]は象棋を小さな戦場と見なし、象棋を指すことを用兵作戦とした。彼は『囲棋賦』の中で次のように述べている。「囲棋を略観すれば、用兵に法り、三尺の局は戦闘場と為る。」その意味は、囲棋の謀略の法は、用兵に基づき、三尺の象棋盤は戦場であるというのである。

囲碁象棋の類と兵法とはこのように密接な関係があるので、兵学の聖典としての『孫子兵法』は当然それに対して深い影響を生じている。前漢から後漢の時代にはすでに無意識に孫子の「虚実」の思想を運用して囲碁を打つ人がいた。例えば囲碁の技術と理論に精通していた黄憲は『機論』を書き、専ら囲碁の虚実の形勢を述べている。彼の言う「機」とは現在の布石であり、その時には黄憲はすでに、布石が虚実の問題を解決する上で重視しなければならず、布石が良ければ、進んでは攻めることができ、退いては守ることができて、勝ちを得ることができると述べていた。この理論は中国の囲碁布石の戦略思想のために基礎を定めた。

北周の写本『敦煌棋経』は世界で現存する最古の棋経である。およそ千四百年前、すなわち南北朝時代の北周の時（五五七～五八一）、ある無名の賢人がお経の羊皮紙の背面に手書きした棋経一巻である。それが敦煌の蔵経洞から発見されたので『敦煌棋経』と名づけられた。この本の中で、作者は弁証法的視点から、『孫子兵法』のいくつかの戦略戦術思想を巧妙に碁を打つ上で用いている。全文は碁を打つ際の秘訣は思い巡らすこと、敏捷さ、弾力性にあり、反応は素早く、詳細で細かく観察してはじめて不敗の地に立つことができると鋭く論証している。

曲阜窯瓦頭村出土の漢代の碁を打つ画像磚。

唐代の古典的軍事名著『李衛公問対』の中で、李靖は囲碁で兵を喩え、唐の太宗李世民の問に答えている。唐の太宗が「私は兵法中の千章万句の中では、『様々な方法を使って敵を誤るように導く以上のことはない』というこの一句だと思う。」と言うと、李靖は答えて言った。「確かに聖上のおっしゃる通りで、おおよそ兵を用いる時に、もし敵が間違わなければ、我が軍はどうして勝つことができましょう。喩えてみますと碁を打つようなもので、両軍の勢力が均衡していれば、ある時一着打ち間違いますと、なんと挽回できません。そんなわけで、古今の戦争の勝敗は、その多くは一つの間違いから作り出されるのです。まして多くの間違いはなおさらです。」〔問対下〕

唐代の王積薪〔生没年未詳〕の『囲棋十訣』は、軍事の角度から囲碁を観察し思考したもので、多くの重要な結論を得ている。彼の総括した囲碁の十訣とは、

1. 勝を貪ってはならない。
2. 敵の陣地に入るのにはゆっくりとすべきである。
3. 敵を攻めながら自らを省みる。
4. 石を捨てて先を争う。
5. 小を捨てて大に就く。
6. 危険に逢えば必ず棄てる。
7. 慎重にして軽々しく急いではならない。
8. 相手が動けばこちらはそれに対応する。

紅拂記〔明代の伝奇小説〕中の李世民〔唐の太宗〕観棋図。

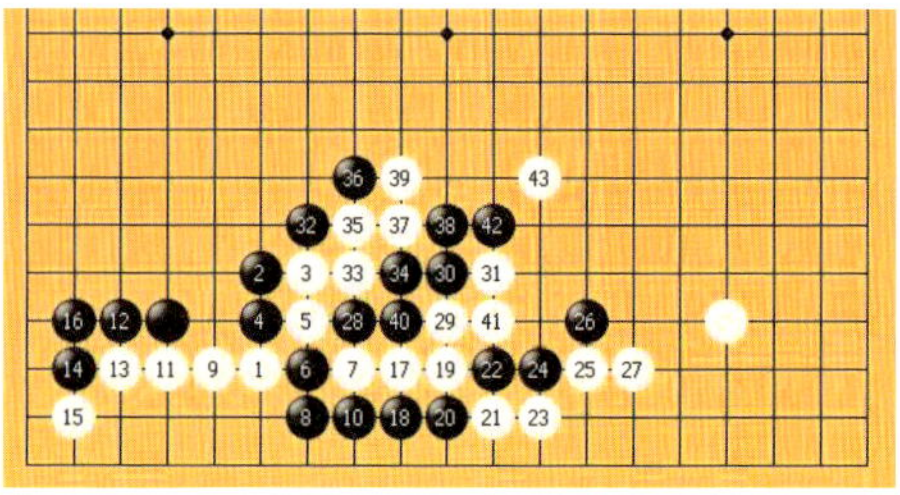

『忘憂清楽集』に載る『王積薪の一子で二つの困難を解く』。

9．相手が強ければ自分は守る。

10．孤立している時は和を取る。

これらの要訣はほとんど『孫子兵法』中の用兵の原則と思想を全面的に汲み取っているということが分かる。

宋代の劉仲甫〔生没年未詳〕には『棋訣』〔『棋経四篇』〕篇があり、布石・侵入・戦闘・取捨の四つの部分からなっている。彼は最後のところで総括して言う。囲碁と用兵は似ており、だいたい孫武と呉起の用兵の法に合致している。昔の人の言うように、「敵と相対した時には謀りごとを用い、敵の虚や弱をつき、冷静に心の中で考えて疑問難問をちょっとの間に解決する。動と静は結びつき、奇と正は予測することはできない。猶予して成功を失うことはなく、小さな利を求めて長遠の大局を防害することはない。」これは孫子の攻守・奇正・虚実などの用兵思想の精髄を非常に深く把握して棋道を論じていると言える。

宋の仁宗の皇祐年間〔一〇四九～一〇五四〕、棋界に棋戦と『孫子兵法』を結びつけた最初の著作――『碁経十三篇』が出現した。それは大学士張擬〔生没年未詳〕によって書かれたもので、その内容は次の通り。論局篇第一、得算篇第二、権輿篇第三、合戦篇第四、虚実篇第五、自知篇第六、審局篇第七、度情篇第八、斜正篇第九、洞微篇第十、名数篇第十一、品格篇第十二、雑説第十三である。この書の中で、張擬は碁を打つことは実は兵を用いることであると言い、彼は兵家の法をもって碁に用いることを主張した。彼は碁を打つ時には取ることもあれば棄てることもあり、小利を貪って大利を失うことはできないと考えた。しかも相手の布石の虚実を見抜かなければならないし、孫子兵法の説く「迂を以て直と為し」〔軍争篇〕、「速戦速決」、「利なれば而ち之を誘う」〔計篇〕、「囲みて之を殲す」などの兵法原則を活用しなければならない。これらの理論は、前の時代の囲碁理論の精華を継続して発展させ、孫子の思想を巧妙に運用して囲碁を指導しており、これは囲碁発展史上にあって十分に創意的である。

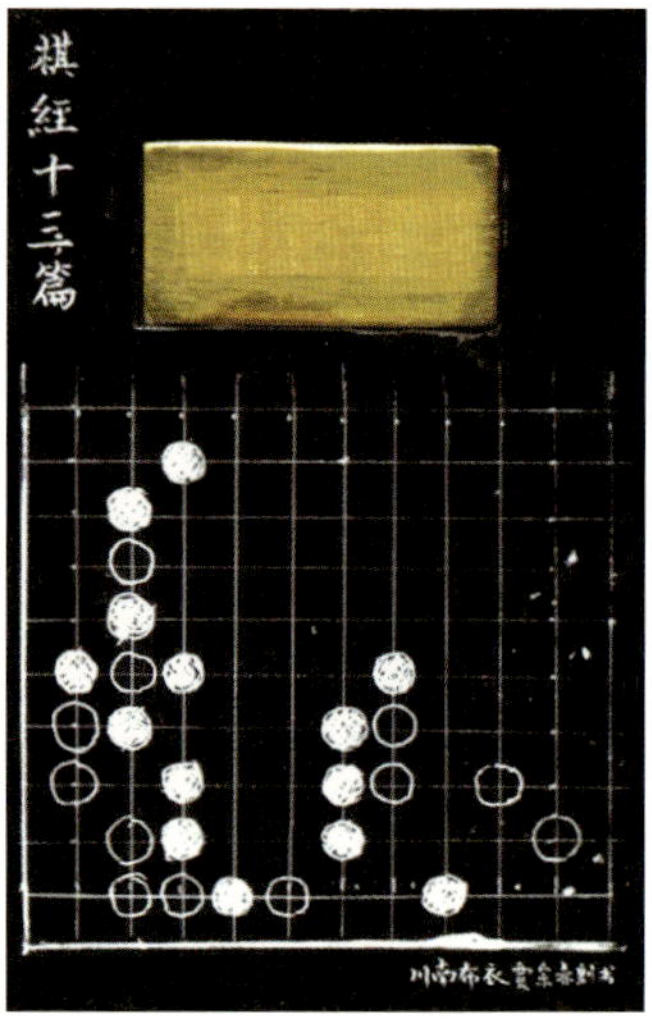

賈宗赤先生の極品の微刻作品――『棋経十三篇』。

明代の人許仲治〔生没年未詳〕は『石室仙機』の中で、兵家思想を用いて囲碁のレベルに対して解釈を行っている。「一に曰わく入神、変化不測にして能く先知し、精義神に入り、戦わずして人の棋を屈し、之と敵する者無し」。「六に曰わく小巧、遠く図るを務めず、小巧を施す」。「七に曰わく闘力、動けば必ず戦い、敵と相抗し、其の智を用いずして専ら力を闘わす。」〔これは張擬『碁経十三篇』の品格篇〕これはほとんど孫子が「謀攻篇」の中で述べた「上兵は謀を伐つ。其の次は交を伐つ。其の次は兵を伐つ。其の下は城を攻む」と一脈相通じている。

棋芸の最高の境地が孫子の「戦わずして人の兵を屈す」の思想の境界に達することができると明確に述べているもう一人は清朝の徐星友〔生没年未詳〕である。徐星友はその著作『兼山堂弈譜』の中で自己の棋風を詳細に述べている。「有形を制するは、無形を制するに若かず」。「善く戦いて勝つは、曷んぞ戦わず人を屈するに若かん」。所謂「戦わず人を屈す」とは、すなわち激烈な殺し合いによって勝ちを得るのではなく、少しずつ地を侵食して、最後の勝利を得ることである。この種の隠れて表に出ないが強固で力のある棋術は一般の人の到達できるところではなく、その後世に与えた影響は非常に大きい。

中国象棋最初の『孫子兵法』と結合した著作は、山西省の賈題韜《とう》の『象棋指帰』である。賈題韜（一九〇九～一九九五）は中国象棋棋論の基礎を定めた人で、彼は『戦場を視察する――棋盤』の一節で、孫子の「夫れ地形とは、兵の助なり」の論述を引用して、象棋を指すことを喩えている。彼は言う。「この点については、今まで棋譜はまだ言及されておらず、ただ長く駒を動かしていて技術の高い者だけが心の中でその意を知り、その駒の配置の位置を見て、その技術の高下を知ったのである。」

三、兵家は善く弈す

中国史上たくさんの軍事家や政治家に囲碁象棋をしたという伝説がある。これもある方面から『孫子兵法』が代表する兵家理論の囲碁に対する深い影響を反映している。

三国時代の大政治家で軍事家である曹操は囲碁の名手であり、彼は大の囲碁好きで、忙しい政務と軍務の余暇に常に人びとと碁を打つのを楽しみとしていた。三国時代の蜀の名将関羽

鄭成功が碁を打ちながら軍情報告を聞く。

が碁を打ちながら骨を削って毒を治したことはほとんど婦女子にも知られた故事である。

諸葛亮は若い時隆中に隠居し、琴棋書画[15]をもって楽しみ、国家を安定させる補佐の才能を養った。劉備が最初に諸葛亮を招いた時、農夫が畑で歌っているのを聞いた。「蒼天は円蓋のごとく、陸地は棋局に似たり、世人は黒白を分かち、往来して栄辱を争う。栄える者は自ずから安安、辱めらるる者は自ずから碌碌、南陽に隠居有り、高眠して臥すも足らず」〔『三国志演義』三十七回〕。『玉海』〔南宋の王應麟が編集した類書。二百巻〕にも言う。成都に棋盤市があり、そこは諸葛亮が軍営を置き布陣した場所である。劉備が呉を伐って、呉の名将陸遜に八百里の陣営を焼かれた時に、諸葛亮が八陣図を並べ陸遜が蜀に侵入するのを阻んだ。陣形図は四川省新都県弥牟鎮の東にあり、後世の人の作った詩がある。「魁台一丈高さ三尺、星の如く弈の如く連珠の如し。」諸葛亮が囲碁の戦法を引用し、陣形図を囲碁の石のように入り乱れさせ、奥深く微妙で窮まりなく、陸遜をして陣を見ると退き、蜀中に半歩も入れされなかったと伝えられている。

呉の上層の人にも碁が好きな人が非常に多かった。孫策・呂範・諸葛謹《しょかつきん》・陸遜らはみな囲碁の名手であった。『三国志』呂範伝に言う。呂範が山越〔中国南東部にいた少数民族。三国時代に最も活躍した〕を攻撃して戻ってくると、孫策に戦績を報告しようと考えた。孫策は呂範に立って話させず、二人は碁を打ちながら、戦争のことについて話し合った。〔『三国志』呂範伝には、孫策と呂範が碁を打った話はあるが、山越云々の話はない。〕

東晋の宰相謝安が淝水《ひすい》の戦い中に碁を打っていた話は多くの人が知っている。歴史書の記載によると、三八三年、苻堅[16]が自ら百万の大軍を率いて晋に攻め込み、淮肥〔現在の安徽省合肥市〕に至った時、都には衝撃が走った。謝安は命を受けた後も普段と全く変わらず、一日中琴・囲碁・詩・酒に浸っていた。その甥の謝玄は焦って、テントの中に入って計画を尋ねた。謝安は全く気にしないで「自然に計略が浮かぶだろう」と答えると、後は何も言わなかった。その夜、謝安は突然将軍一人ひとりに軍事情勢を話し、司令官たちに伝えて各々その任に当たらせ、最終的に八万の軍勢で苻堅の百万の軍隊を破り、淝水の戦

日本・歌川国芳『通俗三国志之内　華陀骨刮関羽箭療治図〔華佗の医術で肘の切開手術を受ける関羽〕』(1853年)。

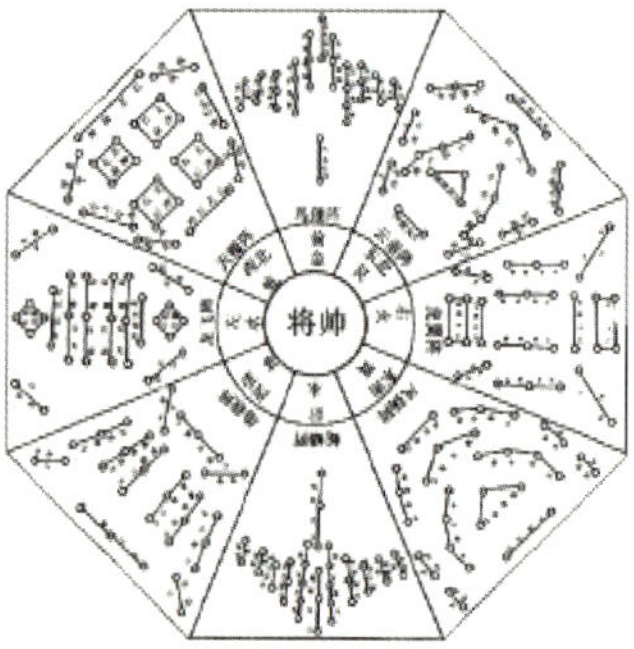

武侯八陣図、図の中から一つの囲碁によく似た布陣を見いだすことができる。

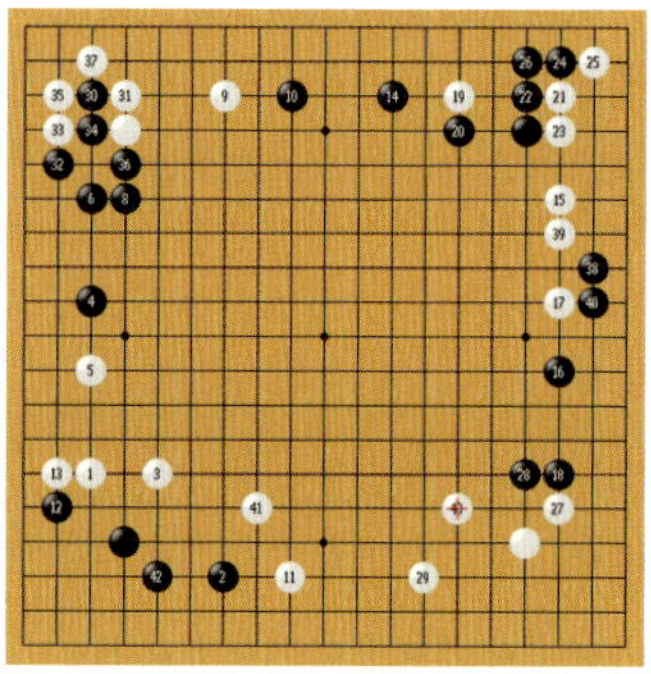

『忘憂清楽集』の孫策が呂範を招いて囲碁を打った時の局面（白７は黒32の右）。ある人はこれが中国現存最古の棋譜であると考えている。

いの大勝利を得たのである。大軍が国境を圧しても、謝安は胸に成算があった。これは囲碁の理の中から悟ることのできた勝利の確信のある道である。彼のあの深く隠して表さず、危険に臨んでも恐れず、静を以て動を制すという指揮官の風格は、まさに囲碁の中から修養鍛錬されたのである。これは元代の葉顒《よう》（一二〇〇～一二六七）が詠んだ、「坐して閲す幾たびかの輸贏《しゅえい》〔勝ち負け〕、歴観す迭《ちが》いに興衰するを、古今豪傑の輩、謀略正に棋に類す」（「圍棋白日静」）のようである。

近代の我が党（中国共産党）の多くの著名な政治家や軍事家も囲碁を好み、併せて囲碁をもって軍隊に喩えることができた。陳毅将軍は囲碁の愛好者である。戦争の頃、彼は二つの袋を造り、囲碁の道具を身に着けていた。彼の囲碁は彼の戦争の方法と同じで、包囲の戦術を採ることを好み、いつも猛烈な進攻を展開し、ひとまとまりごとに取った。彼は囲碁の結果を後悔することはなく、相手にも後悔させなかった。陳毅は、碁盤は戦場であるから、真剣に対峙しなければならない。もしこれを遊びとしたならば、石をどこに置いたらよいか定まらず、石をめちゃくちゃに置くから、死ぬのは当然である。人については人品を見なければならず、囲碁を打つにも囲碁の品を見なければならないと考えていた。

四、兵・棋同理

『孫子兵法』が囲碁にこのような深い影響を与えることができるのは、その囲碁の法則と戦争の法則が多くの面で通じているからで、両者は共に中国伝統文化の肥沃な土地に根ざしているからである。

1．平等の思想

兵家は戦闘の過程ではいかなる規則の制約も受けず、規則がないことが最大の規則である。これは戦争する双方の平等の原則を集約的に体現している。この思想は囲碁の規則の中にも十分に現れている。碁石の現している平等の思想から見ると、高級になればなるほど平等の思想が現れてくる。囲碁は最も古いものではあるが、しかし最も現代的である。碁石を置く前、碁石と碁石との間にはいかなる身分・地位・価値上の差別もなく、ただ異なる位置にあることによって、異なる価値が現れてくるのである。碁を打つ際の石には区域と碁を打つ線の制限はなく、黒白の二色はただ双方を分けて戦うためにある。

2．全局の観念

中国の兵学家は部分的な利益を犠牲にして局面全体の主導権を取り、短期的な利益を犠牲にして長期的な発展を得ることを十分に強調している。孫子は言う。「塗に由らざる所有り。軍に撃たざる所有り。城に攻めざる所有り。地に争わざる所有り。君命に受けざる所有り。」（九変篇）すなわち局面全体と長期的利益をもって根拠としなければならず、局部的で一時的な得失

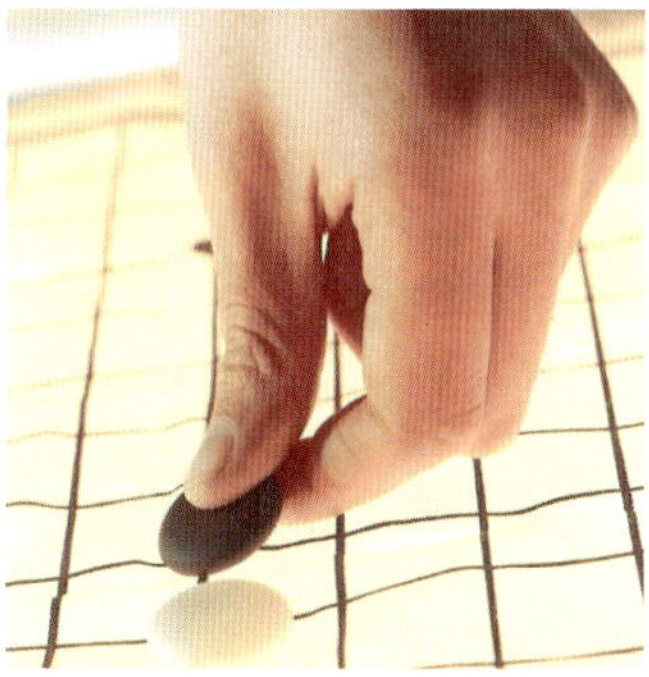

いかなる等級の区別もない黒白二つの石は、囲碁の含んでいる平等の思想を暗示している。

囲碁の全局観念（終局場面）。

にこだわることはできないのである。棋類の局面全体の観念は、囲碁の中で非常に明らかに体現されている。中国象棋やチェスは共に駒を取ることを優先とはせず、相手の将帥や帝王を殺すことを勝ちとする。相手の攻撃力のある力を消滅することが象棋の目的のただ一つであって、相手の駒全部なのではない。囲碁は勝負の中で常に石を棄て転換することを通して危険な状況をひっくり返し、敗北を勝利にすることを実現する。囲碁の思想性はそれを象棋と比べると、深い全面的目的性を更に強調しており、最大の利益を得ることをもって勝ちとするということは、戦争の本質と目的を表す上で、その他の棋類と比べて更に高い境地に到達しており、戦争の法則に非常に適合している。

３．弁証法的思想

中国古代軍事学の弁証法的思考はすでにかなり高いレベルに到達していた。例えば孫子の提出した虚実変化・奇正相生・常変結合などの命題は、みな弁証法の輝きを表している。棋類の芸術も弁証法に満ちている。呉清源[17]は、中国哲学特に『易経』と関係のある「河図」と「洛書」[18]も黒と白の弁証法的配置であって、囲碁と根源的な関係があるかもしれないと考えている。ソ連科学院遠東研究員は一九八四年一月五日号の『ソ連棋芸』上に文章を発表して言う。「チェスは易経の思想に起源している。」六十四のマスは八×八＝六十四卦に対応しており、黒と白は陰陽に対応している。具体的内容について言えば、孫子が言及した生死・棄保・得失・遅速・凶穏・攻守・大小・強弱・虚実・厚薄・主次などの一連の軍事範疇概念は、棋類芸術中のどこにでもあり、一つひとつの弁証関係はみな一編の文章を作ることができる。軍事家は囲碁をすることで弁証法的思考の鍛錬をすることができる。優勢・劣勢・勝勢・絶境、これらはみな囲碁と軍事が共有する課題であり、感情・意志・品格・特徴などの心理的素質に対するあらゆる方面からの試練なのである。

４．因と変の思想

「因変」は孫子の思想の核心である。「虚実篇」に言う。「水は地に因りて流れを制し、兵は敵に因りて勝ちを制す。……能く敵に因りて変化して勝ちを取る者、之を神と謂う。」同じ理由で、どのような棋類も中盤から終盤の場面に入ると、棋面は錯綜して複雑、変化は窮まりなくなって、いかなる固定したモデルもなくなり、どうやって勝つかは打ち手の機敏で柔軟性のある天賦の才を見なければならない。『孫子兵法』は奇正の変、奇を出だして勝ちを制すを重んじ、しかも先ず勝つべからざるをなして、敵が敗れるチャンスを待つことを強調する。これはちょうど双方の棋力が等しい時の布石のようで、自分は慎重に防ぎ守れば、すなわち引き分けにすることができる。しかし相手に手抜かり・失着・弱い手が出現した時には、相手の惜しんでいる所を奪い、その虚弱なところを攻撃して、険の中に勝を求め

古人対局図。

る。『孫子兵法』の言う「勢」とは、敵に因って設けた一種の構え、一種の変化に応じて敵を制する態勢であって、聡明な司令官はこの種の「勢」を借りて自己の力量を最大にまで発揮する。棋類には「形格勢禁」〔形勢の妨げあるいは制限を受けて、ことを行うのが難しいこと。出典は『史記』孫子呉起列伝〕という専門用語があり、これはいかにして石を棄てて勢を取り、石を使って勢を蓄え、石を棄てて局面を変えて、一種の有利な態勢を造り、相手の上下左右お互いに顧みることができず、あちこちで受け身の状態になり、我が方に打ち破られるようにするかを重視している。

訳注

(1) **村山孚**　一九二〇年〜二〇一一年。中国研究家。徳間書店出版局長、日本生産性本部出版部長などを歴任。神子侃（かみこただし）の筆名もある。

(2) **『経営思想史』**　ジョージ・Jr.著、菅谷重平訳「経営思想史」同文館出版、一九七一。

(3) **『黄帝内経』**　現存する中国最古の医学書。一時散逸したが、唐代に再びまとめられて現在の形となっている。内容は『素問』と『霊枢』の二つに分かれる。『素問』は、黄帝が岐伯《きはく》などの何人かの学者に質問しているところから『素問』と呼ばれ、内容的には理論的なことが記されている。これに対し『霊枢』は実践的とされる。

(4) **六経**　漢方医学で、古代の臨床経験から帰納された六段階の身体の兆候。陽三段階、陰三段階で、陽の軽い時から陰の重い時へと進むとされる。

(5) **経絡**　経は経脈を、絡は絡脈を表す。漢方医学では、気や血などといった生きるために必要なものの通り道として考えられている。なお、経脈とは縦の脈、絡脈とは横の脈の意味である。

(6) **三皇**　中国古代の神話伝説上の皇帝。それが誰を指すかについては様々な説がある。『史記』の三皇本紀では、三皇を伏義、女媧、神農としているが、天皇・地皇・人皇という説も並記している。

(7) **扁鵲**　生没年不詳。戦国時代の名医、鄭の人。姓は素、名は越人。その伝記は『史記』扁鵲倉公列伝にある。

(8) **五声**　病人の声の調子がどの音階に属するかを聞いて、五臓の障害を診断する方法。

(9) **桐君**　伝説上の薬学者。黄帝の臣下とされる。『桐君採薬録』という著作があったとされるが、現在伝わってはいない。

(10) **戳脚**　中国の拳術の一種。北方系統の拳術で、足の働きに重きを置く。宋代に始まり、明清の時代に盛行した。

(11) **推手**　太極拳における練功方法の一つ。攻防をお互いに行うことによる鍛錬法。本来は攻防のための基礎を養うためのものであるが、現在では競技種目として大会なども開催されている。

(12) **毛遂**　生没年未詳。戦国時代の趙の人。趙の公子平原君の客となったが、三年間知られることはなかった。秦に攻められた趙の平原君が楚に救援を求めに行く時に、従者が一人欠けているところに自ら名乗り出て従った。難航する楚王との交渉の場に飛び出し、剣と弁舌で楚王を納得させ、趙と楚の同盟を成功させた。中国では「毛遂自薦」の故事成語で知られる。

(13) **将（帥）・車・馬・士・卒（兵）**　中国将棋では、両軍の同じ働きの駒でも名称が異なる。例えば、「将」と「帥」、「砲」と「炮」、「卒」と「兵」などである。

(14) **馬融**　後漢の経学者。広く古今の経籍に通じ、多くの著述を残したが、現在伝わっているものは少ない。弟子に鄭玄がいる。

(15) **琴棋書画**　琴、囲碁、書道と絵画のことで、中国の文人が好んだ技芸。

(16) **苻堅**　三三八年〜三八五年。五胡十六国前秦の第三代皇帝。

(17) **呉清源**　一九一四年〜二〇一四年。囲碁棋士。中国福建省出身。天才棋士として名を馳せ、十四歳で来日。三段でプロ棋士となった。その後木谷実と共に新布石を創始し、現代囲碁発展の基礎を作った。

(18) **河図・洛書** 共に中国古代の伝説で、河図は伏羲氏の時に黄河から現れた龍馬の背中に描いてあった模様。洛書は禹の時代に、洛水から出た神亀の背中に書いてあった模様。伏羲も禹も伝説上の聖人である。

第六章

『孫子兵法』の世界への影響

『孫子兵法』は中国及び世界史上で最も早く最も完備した軍事戦略学の著作であり、それは中国に深い影響を与えただけでなく、国外でも広く重視されている。それが戦争の一般的法則と指導法則を深く明らかに示し、学術と実用の価値をきわめて備えていたために、早くも一千年以上も前にすでに日本に伝わり、その後また世界の多くの国家や地域に伝えられ、世界共通の思想文化遺産と精神的な財産となった。もしも製紙技術・印刷術・羅針盤と火薬の四大発明が中国が科学技術の方面で人類文明に作り出した傑出した貢献であると言うのならば、『孫子兵法』は中国が軍事・哲学・思想の領域で作り上げたもう一つの際だった貢献である。

一九五五年、ソ連（当時）の軍事理論家J・A・ラシーン教授はその『孫子兵法』のロシア語訳の序論の中で次のように指摘している。「古代中国の軍事理論家はギリシャ・ローマの軍事理論家に先立っており、そして中国古代軍事理論家の中で最も傑出しているのが孫子である。」ラシーンは、『孫子兵法』のアジアにおける影響は、ローマの軍事理論家ウェゲティウス(1)のヨーロッパにおける影響よりも遙かに大きく、しかも前者のアジアにおける生命力は更に長いと考えている。一九七三年、米国国防大学戦略研究所所長で、著名な戦略家のジョン・M・コリンズはその『大戦略』（邦訳『大戦略入門―現代アメリカの戦略構想』佐藤孝之助訳・原書房）の中で、孫子は世界上で「戦略思想を形成した最初の偉大な人物で」、「十三篇は古今東西最初の傑作であり、クラウゼヴィッツが二千二百年後に書いた『戦争論』も遠く及ばない」。「今日、戦略の相互関係と考慮すべき問題及び受けるところの制限に関して、彼以上に深く認識している者はいない。彼のほとんどの観点は、我々の現在の環境の中において依然として当時と同様な重大な意義を有している。」と考えている。我々はラシーンとコリンズの以上の評価の中から、『孫子兵法』に対する国外での歴史的地位や影響の一斑を伺うことができる。

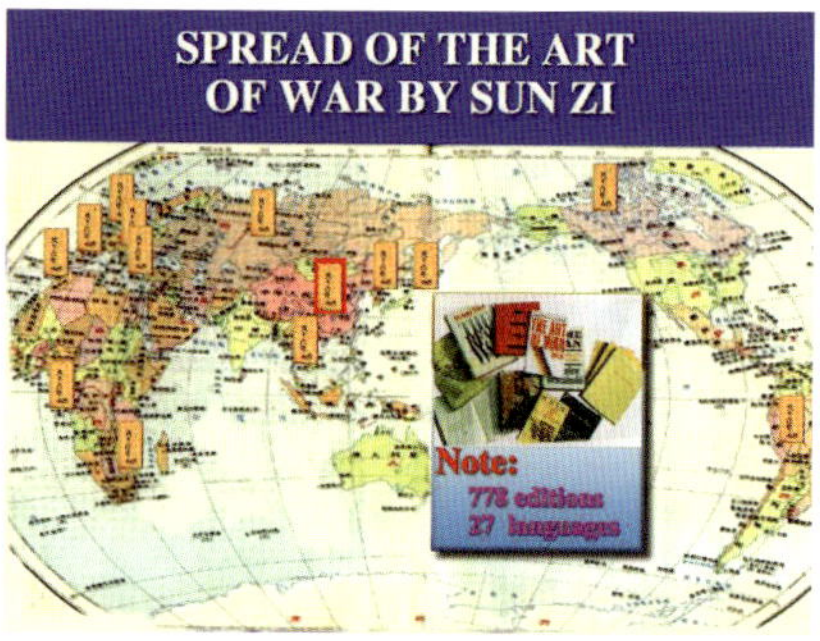

『孫子兵法』が世界各地に伝わっていることを示す図（国防大学劉春志製作）。

アジアにおける『孫子兵法』

一、日本を風靡する

今から千二百年前、『孫子兵法』は日本に伝えられた。中国と一衣帯水の隣国である日本は、『孫子兵法』の海外へ伝わったのが最も早く、伝わり方が最も広く、その利益を最も多く受けた国と言える。

『孫子兵法』が日本に伝わった時期について一般に言われているのは、奈良時代の遣唐使吉備真備が七三五年（唐の開元二三年）に帰国した時に持ち帰ったとされる。しかし、第二次世界大戦後の日本の著名な兵法史学者佐藤堅司(2)の推定では、伝わった時期はもっと早く、七世紀に朝鮮に伝わり、その後朝鮮の学者が日本に持ってきたとしている。『孫子兵法』が日本に伝わった後、長期にわたって朝廷と兵法家の「秘書」として注意深く保護され、一種の身分あるいは資格のある人だけが、戦場で敵に克って勝ちを制することを確実に保証する「秘訣」に近づくことができたのである。日本の古代や中世から一九世紀の中頃まで、『孫子兵法』は日本ではこっそりと珍蔵された時期、だんだんと公開され伝播された時期、研究発展の最盛期の三段階に分けることができる。

吉備真備が日本に戻った後、太宰府の官員に対して『孫子』九勢篇を講義した。八九一年、『日本国見在書目』(3)にはすでに六種類の異なる版本の『孫子兵法』が並んでいる。中世の後期頃から、武士団の勢力が起こり、だんだんと世襲貴族に代わって朝廷の政治を独占したので、朝廷勢力は日に日に衰えた。そこで、『孫子兵法』も皇居からだんだんと、大江匡房《まさふさ》、源義家、楠木正成などの兵家や武将の家族の手に伝わった。日本の戦国時代（一四六七～一五七三）、甲州武田源氏の後裔武田信玄〔一五二一～一五七三〕は、家伝の兵法を受け継ぎ、有名な武将となった。彼は『孫子兵法』を非常に崇拝し、『孫子兵法』の名言をもって座右の銘とした。彼の制定した突撃の軍旗の上には「軍争篇」中の「其の疾きこと風のごとく、其の徐《しずか》なること林のごとく、侵掠《しんりゃく》すること火のごとく、動かざること山のごとし〔其疾如風、其徐如林、侵掠如火、不動如山〕」の十六文字があり、その軍隊の信条となっている。今もこのもともとの旗は山梨県の塩山市〔現甲州市〕の雲峰寺に保存されている。時には彼の軍旗にはただ「孫子」の二文字だけが書かれた。武田信玄には兵書の『甲陽軍鑑』(4)が伝わっており、その内容は基本的には孫子を祖述したものである。そこで武田信玄は、日本では「日本化した孫子」と称されている。

徳川幕府の時期、『孫子兵法』はやっと本格的に日本の民間で伝わり始めた。江戸時代を作った徳川家康〔一五四二～一六一六〕は甲州流兵法の継承者で、彼は武田信玄を継承し、よく兵法を用いて統治をした人である。彼は日本の武士たちの百年来の大業を完成し、日本に長い平和をもたらした。

『孫子兵法』の日本での流布は、最初はただ漢文の本を書き写し読むことから始まったが、一六六〇年になって最初の『孫子兵法』の日本語訳が出版され、これが日本での『孫子兵法』の研究と普及を一歩大きく進めたのである。これから『孫子兵法』の各種の版本が日本で公開され、何度も書き写したり印刷されたりし、各種の注釈と研究書が大量に出現し、大小数十の武学の流派が次々と出現し、長く続く「孫子ブーム」を形成した。この時期日本で『孫子兵法』を研究しているのに五十余家があり、代表的なものに山鹿流兵学の創始者山鹿素行(5)、北条流兵学

日本の遣唐使船（模型）。

徳川幕府の初代将軍徳川家康。

の創始者北条氏長[6]などがおり、共に孫子の思想に対して深い理解をし、何部かの『孫子兵法』を研究する専著を書いている。その時代の代表的な著作としては、林羅山[7]の『孫子諺解』、北条氏長の『孫子外伝』、佐枝尹重の『孫子管蠡《れい》抄』、吉田松陰[8]の『孫子評注』などで、みな影響を及ぼしている。とりわけ山鹿素行は、日本では文武兼備、智勇両善の軍事哲学家と奉られており、彼の『孫子諺義』は初めて「十三篇」を一つのまとまった科学的な体系として詳述しており、その影響は非常に大きかった。この時期は、日本の歴史上名将の輩出した時代であり、また『孫子兵法』が日本の軍事思想に対して影響を生み出した最盛期でもあり、日本の軍事指導者の中で『孫子兵法』を模範と奉らない者はいなかった。日本古代の各種兵法は、その源流を尋ねると、『孫子兵法』ときわめて密接な関係を有していないものはない。例えば『甲陽軍鑑』、『信玄全集』、『兵法記』、『兵法秘伝』など、その主要な思想はみな『孫子兵法』から出ている。

一九世紀後期には、孫子学はほとんど日本の著名な学問となり、その後、あらゆる歴史的な時期にはみな大量の『孫子兵法』研究の成果が世に問われ、第二次世界大戦前までに、日本で出版された『孫子兵法』関係の専著は百種類以上の多きに達したのに対し、中国では五十数部であった。日本は世界中で一番『孫子兵法』を翻訳・注釈し、専著を研究出版することの多い国家であるだけではなく、その兵家・武士及び学者が、実践の中で『孫子兵法』を研究し運用することを高度に重視してもいる。「第二次世界大戦」後、日本の兵学の大家である佐藤堅司の大著『孫子の思想史的研究』は、日本の一千年以上にわたる『孫子兵法』研究に系統立った総括を行っている。

まさに『孫子兵法』が日本での伝播の歴史や伝統が長いということから、日本の学術界及び軍事将軍は『孫子兵法』に対して多くの領域からの詳細な研究を行い、数多くの流派を形成しており、孫子及びその兵法に対する評価は非常に高い。彼らは孫子を「偉大な戦争哲学家」・「兵聖」・「兵家の祖」・「東方兵学の創始者」と考えている。更にこれ以上付け加えることのできない地位にまで高め、「孔夫子は儒聖なり。孫夫子は兵聖なり。後世の儒者は孔夫子を外にして他求する能わず、兵家は孫夫子に背きて別進するを得ず。是を以て文武並立し、而して天地の道始めて全し。二聖人の功、極めて大極めて盛んと謂うべきなり！」とまで考えており、『孫子兵法』はすなわち「閎廓《こうかく》深遠〔広大で奥深く〕」、「詭譎《きけつ》〔不思議で〕奥深、窮幽極渺〔窮めて幽極めて渺《かすか》〕」であり、「科学的であり、生命力を持つ不朽の名著」、「科学的体系を具有する優秀な著作」、「六韜三略の神髄」、「武経の冠冕《べん》〔かんむり〕」、「科学的戦争理論の書」と「戦争哲学書」等々としている。

最近数十年来、日本人の『孫子兵法』に対する研究は一層深くなり、佐藤堅司のように孫子思想史の研究を展開している人もあれば、孫子と毛沢東の軍事思想を対照して研究している人

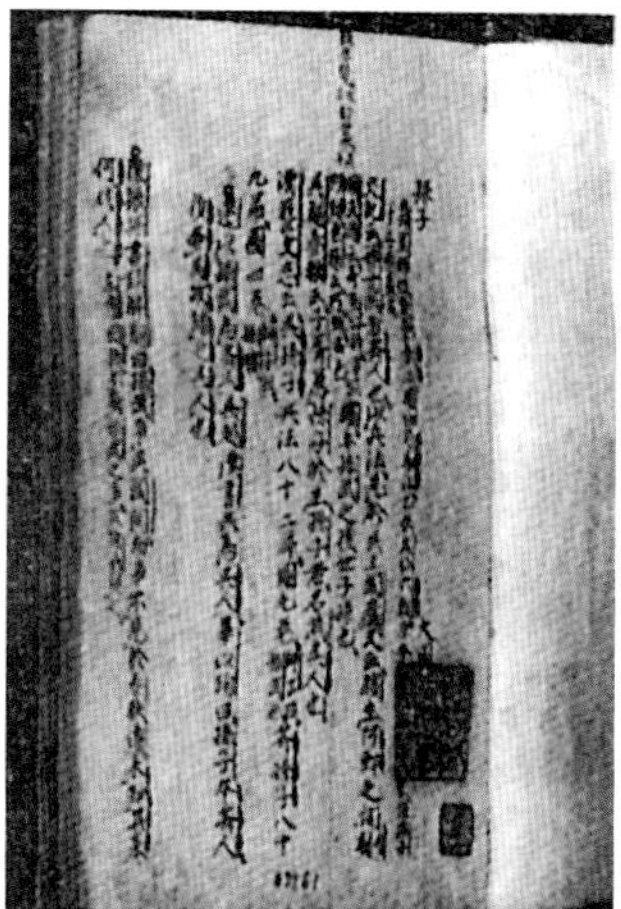

日本の太田玄齢校注『孫子』稿本。安政四年（1857年）完成。

もあり、孫子と日中戦争を関連させて研究している人もあり、服部千春のように『孫子兵法』に対して逐字逐語的な研究をし、続けて校訂・校釈を行う人もいる。これらの需要に応じるために東北大学の中国哲学研究室では一九七一年に『孫子索引』を編集した。これは中国古代兵書の最初の索引である。一九七四年、中国で『孫子兵法』と『孫臏兵法』が同時に、山東省臨沂《ぎ》県銀雀山漢墓から出土したというニュースが日本に伝わると、すぐにセンセーションを巻き起こし、日本の専門家は次々に文章を書き、大量の著作が書かれた。日本人の『孫子兵法』に対する興味の深さ、高い関心、研究に対する熱意の大きさはこれによってその一斑を伺うことができる。

『孫子兵法』が日本に伝わってから第二次世界大戦の時期まで、基本的には純粋な軍事著作として戦争の領域に用いられ、日本の著名な軍事的将軍が『孫子兵法』を活用して戦争に勝ったという例はたくさん記載されている。例えば、平安時代の有名な将軍八幡太郎源義家（一〇三九～一一〇六）はかつて大江匡房に『孫子兵法』を学んだ。後三年の役（一〇八三年）の時、彼は雁が乱れ飛ぶのを見て、「行軍篇」の中に「鳥の起つ者は伏なり」の戒めがあったのを思い出し、敵の伏兵があると判断し、戦争の計画を変えて危険を逃れた。日本古代の兵法家の大江家は孫子の正統的な伝承者と考えられており、後に甲州流兵学を形成した。孫子の思想はすでに深く日本の軍事文化伝統の中に根を下ろしていると言えるであろう。歴史上の名将武田信玄、徳川家康、織田信長、豊臣秀吉などはみな孫子の熱烈な信者であり、彼らは日本の古代に『孫子兵法』を成功裏に運用した。

服部千春著『孫子聖典』出版記念祝賀会。

明治維新の後、日本国内には西洋に学べの波が沸き起こり、軍事の世界ではクラウゼヴィッツの『戦争論』を研究したが、しかし『孫子兵法』の応用の研究は途絶えなかった。比較して言うと、日本の軍事世界での『孫子兵法』に対する研究熱は更に高くなり、陸海軍すべてが専門書を世に問うた。例えば陸軍中将落合豊三郎の『孫子例解』、海軍中将佐藤鉄太郎の『御進講録』、陸軍輜重兵大尉岡本茂の『古代東洋兵学・孫子解説』、陸軍少将大場弥平の『孫子兵法』等々である。あるものは戦史と名将の言葉の方面から研究を進め、あるものは海軍理論の方面から研究を展開し、あるものは空軍の戦略戦術の方面から論述を行い、更にあるものは近現代の戦争理論の方面から分析研究した。それぞれ主要な目的は異なるが、しかし彼らの共通の目的は、『孫子兵法』中の勝ちを制する知恵を吸収し、それを現実に役に立たせることであった。

近代では、日本の諜報員が『孫子兵法』を最大の諜報技術専門家の著作として日本語に翻訳した。一九〇四年に勃発した日露戦争中、日本の連合艦隊司令官東郷平八郎（一八四八～

一九三四〕は出発する時、いかなる日本の書籍も持たず、ただ一冊の『孫子兵法』を携えた。彼はまず用間篇―情報機構と偵察手段―を通して、ロシア・バルチック艦隊の構成・実力・詳細な航程・艦船の性能から指揮官と兵士の士気まで掌握した。次に、「虞を以て不虞を待つ者は勝つ」〔謀攻篇〕の勝ちを知るの道に基づいて、「佚を以て労を待つ」〔軍争篇〕の戦術を運用し、九十九隻の軍艦を派遣して、対馬海峡で三十八隻の軍艦からなるロシアの艦隊を阻み、優勢な兵力を集中して、一九〇五年五月ロシアの艦隊を全滅し、日露戦争の勝利を得たのである。東郷平八郎は二句の言葉をもって彼がロシア軍に勝利した道理を概括した。すなわち『孫子兵法』中の「佚を以て労を待ち、飽を以て飢を待つ」である。陸軍大将乃木希典〔一八四九～一九一二〕は戦争後、私費で出版した『孫子諺義』を友人に贈った。日露戦争は日本の軍事面での『孫子兵法』の最も成功した運用例であると言うことができ、これによって、『孫子兵法』が日本の将軍の作戦を指揮する上での地位と働きがどれほど際立っていたかが分かる。

一九四一年一二月八日、日本軍は「其の無備を攻め、其の不意に出《い》づ」〔計篇〕の手段で真珠湾の米国太平洋艦隊を奇襲した。この時期、情報収集と実際に情報を運用する計画はほとんど『孫子兵法』に基づいており、かつ成功を収めた。

しかし、事実は日本人の『孫子兵法』に対する理解は全体的に言えば、やはり不十分であったことを証明している。一九三七年、日本は全面的に対中国戦争を開始した。戦争開始後、日本は中国の華北・華東に進攻した時と、その後マレー半島にまで進攻した時、みな孫子の「兵は勝つを貴びて、久しきを貴ばず」〔作戦篇〕、「兵の情は速きを主とす」〔九地篇〕と「迂直の計」〔軍争篇〕などの作戦原則を運用し、速やかに前進しそれに合わせて「深く攻め込み大きく包囲するという奇襲の成功を得た。しかし戦略上、日本は孫子の「慎戦」〔火攻篇〕と「先ず知る」〔用間篇〕の思想に背き、中国の国情と戦争の潜在力に対して見積もりを誤った。戦線が伸び過ぎるに従って、孫子の言う「備えざる所無ければ則ち寡なからざる所無し」〔虚実篇〕のこの根本的な過ちを犯し、「長期的に留まるという失敗」を導き、陥穽に落ちて抜けられなくなったのである。

日本人は『孫子兵法』を読むという幸運に恵まれ、中国侵略の時期に孫子のいくつかの戦略戦術思想を中国の戦場に用いた。例えば所謂「総力戦」[9]、「戦いを以て戦いを養う」[10]などであるが、しかし『孫子兵法』を活学活用することで著名な戦略の

日露戦争中の日本海海戦。

日本の真珠湾奇襲　写真。

大家毛沢東の目から見れば、まったく身の程知らずであった。毛沢東の持久戦と人民戦争の戦略戦術は日本人に生き生きとした兵法の授業を学ばせたのである。

日本現代の著名な軍事評論家小山内宏（一九一六～一九七八）は、第二次世界大戦の日本の失敗について語った時に言った。当時戦争を起こしたのは、「もともと方法があると思っていた」、「神がかりを実行してさえいれば勝利を得ることができた」、「結局日本は失敗をした」、「もしあの時『孫子兵法』をまじめに学習していたら、決して軽率にあの戦争を起こしはしなかったであろう」。彼が『孫子兵法』の思想をもって日本の失敗の教訓を総括していることが分かる。

これについて、米国人のサミュエル・B・グリフィス（一九〇六～）がその『日本の軍事思想における孫子の影響について』（『孫子　戦争の技術』所収）の文章の中で更に詳しく分析している。「日本人は孫子に対して一心不乱に研究しているように見えるが、彼らの孫子理解は浅い。最も深い意義の上から言えば、彼らは敵を理解していないだけではなく、自分自身を理解していない。彼らが廟堂の中で計算しているのは客観的ではない。しかも、彼らは孟子のまことにもっともな名言、『則ち小は固より以て大に敵すべからず、寡は固より以て衆に敵すべからず、弱は固より以て強に敵すべからず。』（『孟子』梁恵王上）を忘れている。」

グリフィスは確かに日本人の痛いところに触れている。しかし、彼の分析は明白に更に重要な原因を無視している。それは

中国戦線で日本軍降伏での武装解除（1945 年 10 月 10 日）。

1945 年 9 月 2 日。日本代表が東京湾の米国軍鑑ミズーリ号上で降伏書にサインして、第二次世界大戦は終結した。

日本人の忘れた一つの中国の格言「多不義を行わば、必ず自ら斃《たお》れん」（『春秋左氏伝』隠公元年）である。

軍事領域と比べると、第二次世界大戦後、日本人は明らかに経済領域での『孫子兵法』の運用で一層成功している。

日本の学者は孫子の思想をもって戦争行為の得失を検討するだけでなく、創造的にそれを企業管理や商業経営の領域にまで用いて、日本をわずか五十年の短期間の中で一躍世界第二の経済大国にまでしてしまった。戦後日本経済の急速な発展は、有利な国際環境などの要素の他に、多くの日本の企業家が孫子の理論を運用することを重視し、孫子の理論を創造的に企業発展と商業競争に運用したことも一つの重要な要素である。まさに日本の学者村山孚の言うように、日本企業の生存と発展には二つの柱があり、一つは米国式の現代的な企業管理であり、一つは『孫子兵法』の戦略と戦術である。日本マッキンゼーの日本支社長大前研一[11]も、日本企業が欧米の企業に勝つことのできた理由は、日本が「中国の兵法を採用して企業の経営管理を指導したことが、アメリカの企業経営管理と比べて一層合理的で効果的であったからである。」と指摘している。

日本の商業界では、兵法を運用して成功している人はいたるところにいる。大橋武夫、松下幸之助から服部千春、孫正義まで、彼らは『孫子兵法』に対して深い理解と上手な運用をしており、『孫子兵法』の経済領域への世界的な応用ブームが起きる上で非常に重要な働きをしている。

二、朝鮮半島への伝播

朝鮮は『孫子兵法』が最も早く伝わった国の一つであるが、具体的に伝わった時期はすでに考証することが難しい。日本の兵学者佐藤堅司によれば、すでに六六三年には、日本にやってきた百済の兵学家木素貴子などの人は『孫子兵法』を知っていたので、その前に『孫子兵法』が朝鮮半島に伝わっていたことを証明している。『孫子兵法』が朝鮮に伝わったのは一五世紀であると言う人がいるが、これは正しくない。

『孫子兵法』が朝鮮半島に伝わって後、比較的影響力のある翻訳と研究著作が出現したことがある。『朝鮮通史』の記載によれば、一五世紀の朝鮮李朝の太宗～世祖の時期、『武経七書』の注釈本が出版され、その中には『孫子兵法』も含まれていた。一七七七年、朝鮮ではまた『新刊増注孫武子直解』を発行した。その後また『孫子髄』、『孫子直伝』などの翻訳と研究の著作が世に現れ、朝鮮国内に大きな影響を与えた。しかしその広い伝播は第二次世界大戦後の韓国である。第二次世界大戦後、朝鮮半島は南北に分かれたが、韓国の経済発展に従って、『孫子兵法』を学習し、研究しようとするブームが出現した。

服部千春が中国の著名な孫子兵法研究家郭化若将軍を訪問。

一九七二年八月、韓国で金相一の『孫子』の朝鮮語翻訳本が出版された。作者の孫子に対する学説に基づいた、比較的深い見解が現れている。一九八八年、中国青年出版社が韓国の鄭飛石編、中国の陳和章の翻訳による中国語版の『孫子兵法演義』を出版した。これは小説的な書であり、書中の内容はほとんど歴史的事実に符合してはいないが、しかし作者は孫子の謀略から始まり、春秋戦国時代の政治・外交・軍事闘争などの故事を用いて『孫子兵法』の思想を全面的に詳しく述べており、現代企業が経営や競争をする時の参考を提供している。そのようなわけで、これは非常に新しさのある本であると言える。この本はその後、台湾や香港でも中国語版が発行された。

一九九〇年、北京で開かれた第二回孫子兵法国際研究討論会では、韓国国防研究院の金岩山が大会に「孫子兵法の現代的意義——有限戦争の理論と実践に関して」の論文を提出した。文中では孫子の有限戦争論に対して比較的深い分析を行っており、新しい国際情勢下での人々の戦争及び戦争の目的の認識を反映した、現実と緊密に結びつき、『孫子兵法』の真の価値を掘り起こした文章である。

韓国ソウル大学の李大功教授は、孫子の「伐謀」と「伐交」の思想を運用して、当面の南北双方の交渉策略を論証し、韓国現行の戦略に対して理論的根拠を与えている。

このほか、林一峰と姜午鶴の『孫子兵法』の訳本は共に独自の見解を有しており、常に専門家に引用されている。

三、マレーシアへの伝播

マレーシアは、伝播した『孫子兵法』の学習が比較的活発なもう一つのアジアの国家である。

その国の学者鄭良樹は孫子研究での著作が非常に多い。一九七四年彼は『孫子斠補』の著作を出版しているが、これは

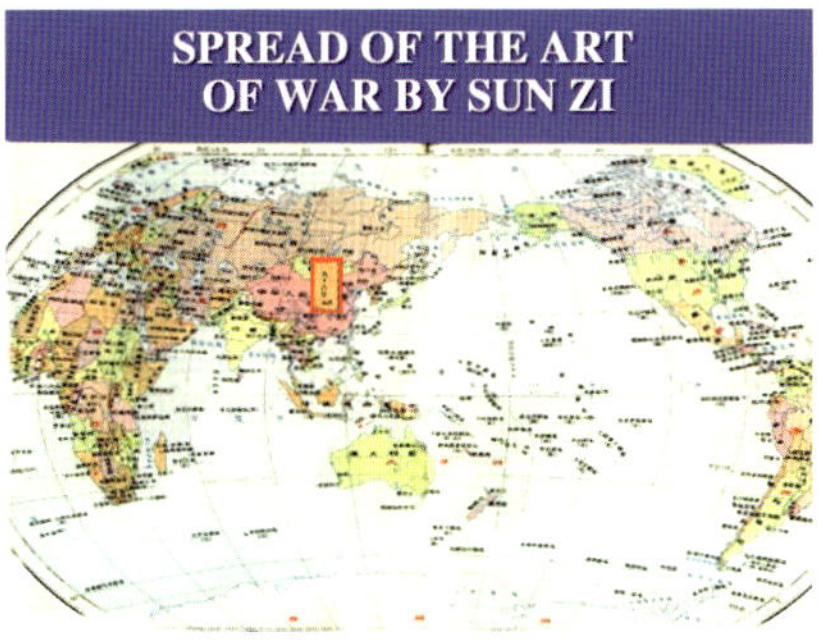

孫子の兵法は最も早く東アジアの朝鮮と日本に伝わった。(国防大学劉春志製作)

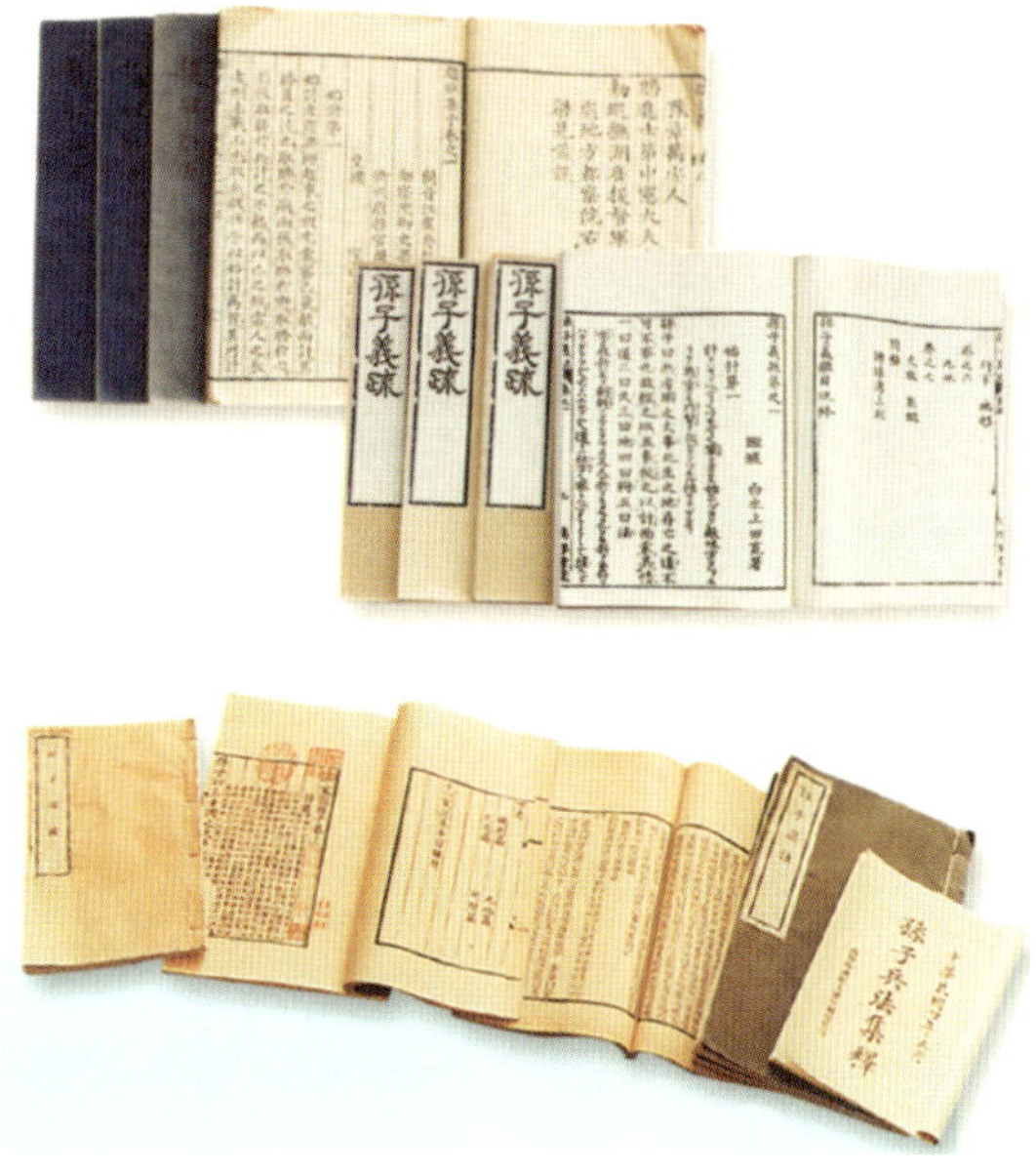

中国国内の数冊の異なる版本の『孫子兵法』。『孫子兵法』の多くの注のついたテキストの中には、緻密な軍事理論と見解を読むことができる。

孫子書を著す（油絵）●『孫子兵法』は十三篇、5000余字。2500年以上、それは広大で精通した謀略の知恵と透徹して深奥な哲理をもって、世の中の人々の崇拝を受け、「兵学の聖典」を称賛されてきた。孫子の知恵と心血の結晶である。

彼が漢文で著述し、それを手書きし写真製版で出版したものである。書中に按語〔作者の意見〕と注釈を加え、かつ経史などの古書籍を多く引用しており、書中の独特の見解は彼の孫子の思想に対する深い悟りと理解を反映している。一九八二年、中華書局はまた彼の『竹簡帛書論文集』を出版しているが、その中では「銀雀山出土〈孫子〉佚文を論ず」と「〝孫子〟の作成時代を論ず」などの文章は独自の解釈や見地がたくさんある。一九九二年、第三回孫子兵法国際研究討論会が山東省の臨沂《りんぎ》市で開催された時、鄭良樹は大会に「孫子軍事思想の継承と新解釈」の学術論文を提出した。その文章は、戦争と政治、戦争と自然環境、戦争と司令官の関係及び戦略戦術などの四つの方面から孫子の思想に対して深く掘り下げた検討を行っている。

マレーシアの前首相マハティールが首相になった時、『孫子兵法』が彼に対して影響していることを述べたことがある。彼が一生で最も重要視している二冊の書物のうちの一つが『孫子兵法』である。

一九八六年、葉新田〔ヤップ・シン・ティェン〕がマレーシア語で翻訳した『孫子兵法』を出版したが、これはマレーシアの読者にとっては一大事件であり、マレーシア文化の発展を推進し、マレーシア語を用いて『孫子兵法』を研究する上で十分に重要な意義を有していた。

一九九一年一〇月、かつてシンガポールで商業を営んでいた呂羅拔〔ロバート・ルー〕は、『孫子兵法』を系統的に研究し応用するために、同志を組織してクアラルンプールで孫子兵法学会設立の準備をした。一九九二年四月、マレーシア孫子兵法学会が正式に成立し、呂羅拔を会長に選出した。これは東南アジアで最初の『孫子兵法』の研究に従事する民間団体である。五月、学会は第一回の『孫子兵法』読書指導会を開催した。引き続き呂羅拔は毎週孫子兵法及び応用の講座を開催し、現在まで五百回になろうとしており、現地の人々の熱烈な歓迎を受けている。一〇月には雑誌『兵法世界』の創刊号を出版した。創刊号は山東省恵民市の孫武の塑像を表紙とし、中国孫子兵法研究会の郭化若・呉如嵩などの祝辞を載せ、マレーシア孫子兵法学会の活動報告を詳細に報道し、新たな学術的見解を有した研究論文を載せているが、『孫子兵法』の現在社会での生産や経営の方面での働きを特に重視している。この組織を通して、

『孫子兵法』はマレーシアやシンガポールなどの東南アジアの国家や地域で広く伝播している。

四、その他のアジアの国家への伝播

一九八〇年、インドのH・C・カール中佐は英語版の『インド軍史』を出版し、書中で『孫子兵法』の視点から一九七一年に勃発した印パ戦争に対して分析と総括を行った。一九七〇年代初期の印パ戦争の中で、インド軍は「迂を以て直と為す」の戦術を見事に用い、長途敵を急撃し、奥深くまで機動的に行動し、遠回りして分かれて、パキスタンの軍隊を包囲し、戦争の勝利を勝ち取って、パキスタンの分解に成功し、バングラデシュを成立させた。これはある面で『孫子兵法』がインド軍の中に伝わり運用されている状況を反映している。

『孫子兵法』を読むマレーシア孫子兵法学会会長呂羅抜氏。

作戦計画を話し合っているインド軍の将校。

タイ語版の『孫子兵法』はティアンチャイ・イアムウォーラメートによって翻訳され、一九七七年、タイのバンコクで出版され、一九八五年には再版されて、タイ国各界から非常に歓迎されている。

ビルマ語の『孫子兵法』全訳本は、一九五六年に出版された。ベトナム語の『孫子兵法』の翻訳書は、ベトナムの学者によって翻訳された。彼は「ベトナム学術思想の源流と演変」の文章中で、『孫子兵法』思想の要旨を詳述している。

『孫子兵法』ヘブライ語の訳本は、一九七三年イスラエルの首都エルサレムで出版された。訳者と出版社とは不詳である。

一九九二年、中国軍事出版社が『孫子校釈』を出版したが、書中のアラビア語『孫子兵法』の訳本はパレスチナの人デ・アブー・ギャラード博士のチェックによる。

ヨーロッパにおける『孫子兵法』

地理的距離と文化的差異により、『孫子兵法』がヨーロッパに伝わって、今まで二百年あまりに過ぎないが、フランスに伝わったのが最も早い。

一七七二年、中国に来て宣教したフランスの神父ジャン・ジョゼフ・マリ・アミオ（一七一八～一七九三）が『孫子兵法』をフランス語に翻訳して、パリで出版した。書名は『孫子の戦争芸術――古い戦争の論述集編』である。これによってヨーロッパの文字による『孫子兵法』の伝播の先陣が切られた。それ以来、『孫子兵法』はフランス及びヨーロッパのその他の地域でだんだんと広まっていった。現在に至るまで、フランスでは依然としてこの書を用いており、何度も再版されているが、修改は行われていない。

　アミオの訳本には非常に大きな欠陥があると言うべきである。なぜならば、彼が行ったのは注解であって翻訳ではなく、原文に忠実ではない。しかも自分の理解を通して改変を行い、多くの自己の見解を付け加えて孫子の原文と混ざっており、一つの似ても似つかない翻訳の著作となっているからである。しかしその最大の貢献は、『孫子兵法』十三篇の戦争哲学及びその最も重要な部分をヨーロッパに紹介したことであり、『孫子兵法』の西伝に創業の功績を立てたことである。

　関連する資料に基づくと、米国の学者グリフィスはナポレオン一世（一七六九～一八二一）はアミオの『孫子兵法』フランス語訳本を読んだ可能性があると考えている。ナポレオンは当時一人の士官学校の学生で、もし十年前以内に二つの版が発行されて一大センセーションを巻き起こした『孫子兵法』の訳本を読んでいないとしたら、それこそ非常におかしい。ナポレオンがフランス軍を率いてヨーロッパを席巻した時、戦術方面で孫子の理論を数多く具体的に実行している。特に作戦行動の迅速さという点では、他人の予測できないものであった。後にある人がナポレオンが失敗してセントヘレナ島へ流された時に初めて『孫子兵法』を読み、「もし私が昔この兵法を読んでいたら、失敗するはずはなかった」と言ったというのは、史料の根拠に乏しい。

　しかし、フランス人は比較的早く『孫子兵法』に触れたけれども、運用の面では明らかに不足している。グリフィスが分析指摘しているように、フランスの軍事理論は孫子のそれほどの影響を受けていない。「もし彼らが中国文化を研究する勤勉さと学問好きな精神の中で、ちょっと孫子の学説に力を注げば、過去二十年間の中でフランスの軍隊が遭遇した軍事的崩壊は避けることができたかもしれない。」

　『孫子兵法』がヨーロッパの別の文字で翻訳されたものはロシアで現れた。一八六〇年、ロシア人のスレズネフスキーはアミオのフランス語の翻訳本をロシア語に転訳した。書名は『中国将軍孫子の部将に対する訓示』で、併せて簡略に『孫子兵法』に対する評論を行っている。彼は言う。「孫子は司令官の活動のあらゆる主要な特徴を理解することができ、彼は作戦技術の中で不変と多変の状況を区分することができた。時間は数世紀過ぎ去ったけれども、しかし、彼が我々のために創造した軍事

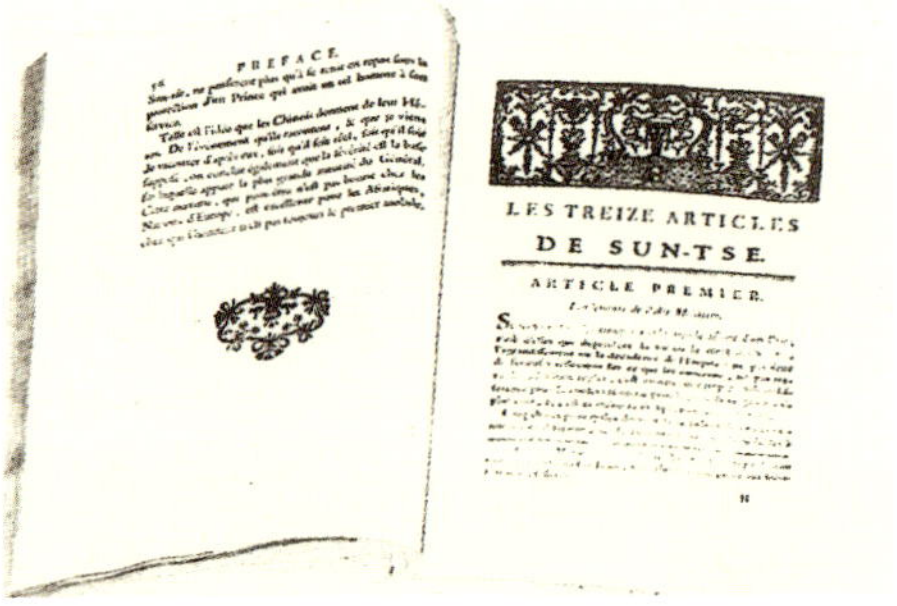

ジャン・ジョゼフ・マリ・アミオ訳のフランス語版『孫子十三篇』。1772年、パリで出版。

1940年6月、ドイツ軍がパリを占領。

原理は今に至っても依然として軍事理論の貴重な宝であると我々は考える。したがって、現在もしある司令官が孫子の兵法を運用すれば、世界上で最も天才的な司令官でも彼に及ばないであろう。」近代ロシアの学者A・M・コテネフはその著書『中国軍人魂』の中で言う。「孫子は確かに世界で第一流の軍事家とすることができる。」一九四三年、旧ソ連のヴォロシーロフ統合参謀大学の軍事学術歴史教室は、英語の『孫子兵法』をロシア語に翻訳したが、これが最初のロシア語の全訳文である。七年後、ソビエト科学院の東方学研究所はニコライ・コンラド、アカデミー会員の『孫子兵法の翻訳と研究』を出版した。この書はすべてで五つの部分に分かれ、前言と翻訳以外に、更に注解・注釈及び原文の文字の科学的分析があり、あたかも一種の古代中国軍事辞典である。作者は本の中で「孫子の学説」を題として、孫子学説の世界観の基礎、『孫子兵法』と『易経』の関係、『孫子兵法』出版の歴史的背景及び作者と年代の問題に対して、自分の考えを発表している。この本はソ連の学術界において「ソ連の軍事歴史科学に対する貴重な貢献」と考えられている。一九五五年、ソ連軍のE・N・シドレンコ中佐は『孫子兵法』の原文をロシア語の翻訳本とした。この本には翻訳者の前言、ソ連の著名な軍事理論家ラシーン少将の長編の序論、十三篇の訳文、各篇には更に注釈があり、本の最後には更に付録として春秋時代の戦争の概況と孫武の簡単な伝記がある。この書物は以前のソ連と東ヨーロッパに広い影響を及ぼした。ある人は、ソ連はまさに孫子学説を実践したヨーロッパで唯一の国家であると言っている。

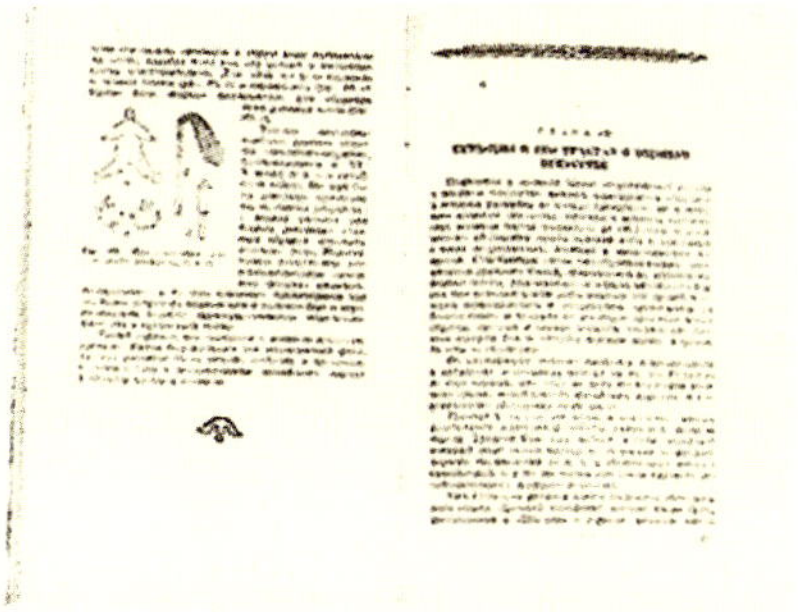
ロシア語版の論文中に収められた『孫子兵法』の論文。

　ヨーロッパ地域で言えば、英国が『孫子兵法』に対する研究が最も深く、したがって影響も最も大きい。『孫子兵法』が英国に伝わったのは一九〇五年、当時日本で語学の勉強をしていた英国王室騎兵カルスロップ大尉が『孫子』十三篇を英語に翻訳して東京で出版し、本国に持ち帰った。彼は稚拙な日本語の『孫子兵法』によって翻訳した上に、彼自身中国語の素養に欠けていたため、彼の翻訳本には多くの問題が存在していた。一九一〇年、英国の著名な漢学者ライオネル・ジャイルズ〔一八七五～一九五八〕は中国語『孫子兵法』の原文に基づいて直接翻訳し、全く新しい英訳本を出版し、書名を『孫子兵法——世界最古の軍事著作』〔The Art of War: The Oldest Military Treatise in the World〕とした。これは当時の海外で最も優れた翻訳本で、売れ行きも良かった。第二次世界大戦中に、更に三種の英訳本が相次いで英国読者の前に現れた。英国の戦略思想家で、間接的アプローチの提出者リデル・ハート〔一八九五～一九七〇〕は一九二九年一冊の軍事名著を出版した。一九五四年に改めて出版した時に書名を『戦略論』と定め、書中に二十一条の軍事家の語録を引用したが、その中の一

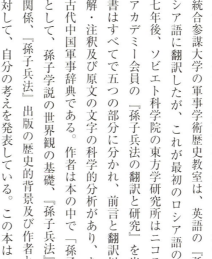

英国の戦略学家リデル・ハートの軍事名著『戦略論』。

ドイツ皇帝ウイルヘルム二世。

チェコ語の『孫子兵法』。

～一五条までがすべて『孫子兵法』からであった。『孫子兵法』の「上兵は謀を伐つ」〔謀攻篇〕、「戦わずして人の兵を屈す」〔謀攻篇〕などの研究認識に基づいて、彼はクラウゼヴィッツの暴力的戦略を放棄し、改めて孫子の知謀を持って勝ちを得る新戦略を用いるように主張した。彼の「間接路線」理論は孫子の「迂を以て直と為す」の思想に基づいている。

『孫子兵法』の最初のドイツ語訳の本は一九一〇年ベルリンで出版された。書名は『兵法書――中国の古典的戦争論』で、翻訳者はブルーノ・ナヴァラである。翻訳者は序言の中で言う。「孫子という書は、きっとヨーロッパの作者及びその科学的著述に参考となるものを提供するであろう。」この著作は印刷量が少なかったかもしれない。注意すべきことは、現在ますます多くのドイツの研究者が『孫子兵法』の思想を商業や人文科学の領域に運用し始め、喜ぶべき成果を得ていることである。

このほか、イタリア・ギリシャ・オランダ・ベルギー・スイス・ポーランド・チェコなどヨーロッパの国家で、『孫子兵法』がフランス・ロシア・英国・ドイツなどのように長くかつ広汎ではないが、しかし相当な深さと広さで伝播している。

アメリカ大陸における『孫子兵法』

『孫子兵法』がアメリカ大陸で伝播と影響したのは、主にアメリカ合衆国である。聞くところによればアメリカ合衆国大統領のルーズベルト[12]は『孫子兵法』を読むのが大好きで、第二次世界大戦中、彼は常に『孫子兵法』の原理を用いて戦争の実践を指導していた。彼のこの行動は米国の軍事界に深い影響を与えた。しかし米国で本当に『孫子兵法』に対する研究が展開したのは第二次世界大戦以後のことである。『孫子兵法』の軍事的応用研究方面では、米国は遅れたものが先のものを追い越したと言ってよい。

第二次世界大戦末期と戦後に、米国の軍事出版界はジャイルズの『孫子兵法』の英訳本を続けて出版し、米国軍事界の『孫子兵法』に対する重視と研究を促した。米国人自身の『孫子兵法』の訳本は一九六三年に出版された。米国の退役准将グリフィスは、清朝の学者孫星衍たちが校勘した『孫子十家会注』に基づいて、『孫子兵法』の逐字逐語的な翻訳を新しく行い、英国オクスフォード大学から出版した〔邦題『孫子　戦争の技術』日経BPクラシックス〕。この本はジャイルズの訳本の多くの不足部分を補っている。グリフィスは『孫子兵法』の作者・版本・本の成立背景・孫子の戦争観などの問題について自己の観点を提出している。英国の著名な戦略学家リデル・ハートは自らこの作品の序文を書き、そこで次のように指摘している。「『孫子兵法』は世界で最も早く作られた軍事の名著であり、その内容は広く、論述の詳しくて深いことは、後世その右に出るものはない。『戦争論』と比べても、孫子の文章は一層透徹しており、一層深く、永遠に人々に新鮮な感覚を与える。」リデル・ハートは『孫子兵法』が二度の大戦の時期に西洋に伝播できなかったことに対して、深く残念に思っている。「もし『孫子兵法』が当時に伝わり、『戦争論』中に孫子の思想の成分が混じり、そのことによって人びとが戦争への理解を間違えてなければ、二〇世紀の二度の大戦が人類の文明に与えた巨大な破壊は大幅に避けられたであろう。」残念なことに、『孫子兵法』の全訳本がヨーロッパに出現した時には、軍事界はすでにクラウゼヴィッツを信仰する極端な分子によって完全に左右されており、この中国の聖哲の声が共鳴を引き起こすことは難しかった。軍人であろうが政治家であろうが、「夫れ兵久しくして国の利なる者は、未だ之有らざるなり。」〔作戦篇〕という彼の警告を理解できるものはなかった。」

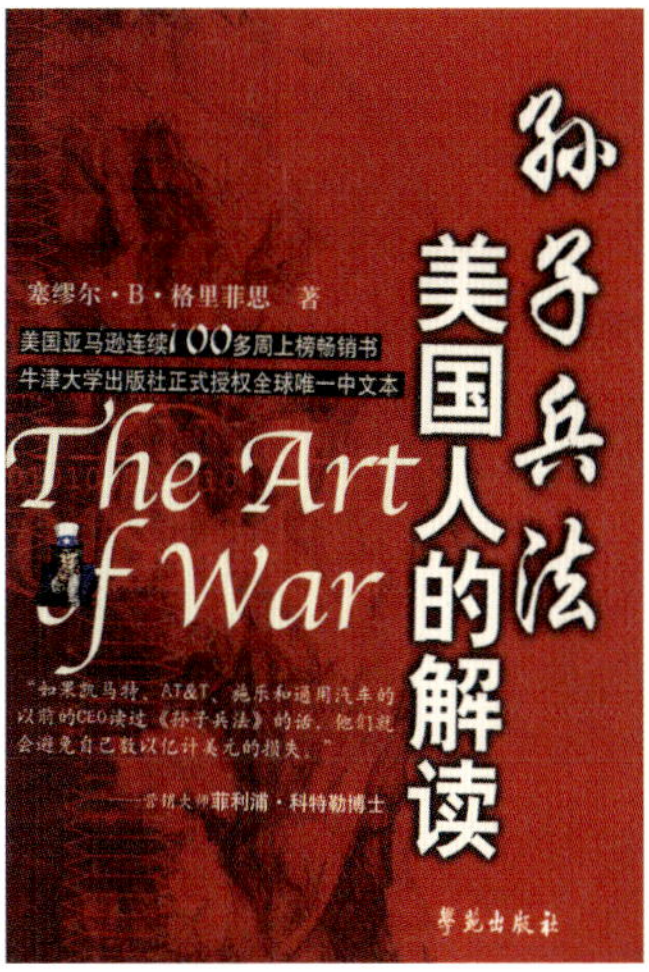

サミュエル・B・グリフィスが1963年に改めて出版した英語版『孫子兵法』が、中国語に翻訳され、学苑出版社から出版発行された。

　グリフィスの英訳本とリデル・ハートの序文は、『孫子兵法』の西洋での影響を倍増し、西洋人とりわけ米国軍事界の人士の『孫子兵法』に対する学習と研究の重視を強力に促進した。その書はその年ユネスコが編集した『中国代表作翻訳叢書』中にも入っており、ここ四十年来の権威ある『孫子』英訳本であって、西洋の知名人や軍事大学に引用され、採用されている。

　米国人は最初から『孫子兵法』の理論研究と当時の軍事闘争のホットスポットを緊密に結合し、概括して論じた。米国では前後三回の孫子を学び実際に用いるというブームが起きた。

　最初のブームは、米国の軍事と政治の各界が『孫子兵法』を運用してベトナム戦争の失敗に対する原因の分析をしたことに始まる。この時のブームは、米国の戦略決定層で戦略決定方面での研究に多くの利益を与えた。米国の学者コリンズは『大戦論』の中で『孫子兵法』に対して真剣な研究を行い、彼は次のようなことに気がついた。「今日戦略の相互関係や考慮すべき問題及びその受ける制限に対して彼（孫子）よりも深く認識している者はいない。」[14] 米国の多くの政界の要人、例えばニクソ[13]ンやブレジンスキーなども次々と『孫子兵法』を読んで時局を

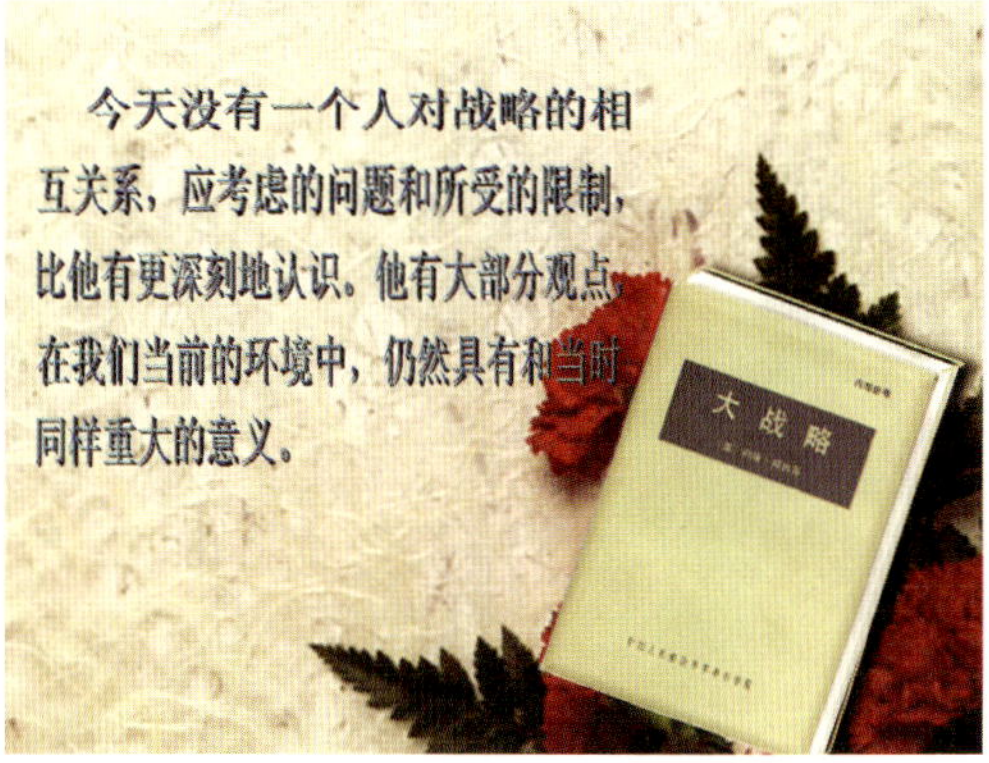

ジョン・M・コリンズ『大戦略』（中国語版）。

指導した。当時の米国軍駐ベトナム司令官ウェストモーランド大将は『孫子兵法』を真剣に精読した後に認識した。「グリフィスの『孫子兵法』英訳本は米国の指導者たちにベトナムの革命戦争を理解することを促した。これはその他のいかなる書籍も及ぶことのできないことである。」彼らはそれぞれ孫子の観点を引用し、ベトナム戦争の教訓を総括して、米国の「孫子人気」を速やかに高め、それによって戦略決定層に最初の『孫子兵法』研究ブームを巻き起こしたのである。

二番目のブームは、一九八二年に米国軍が「エアランド・バトル〔Airland Battle〕」と「作戦綱要」を制定したことによる。二件の文書は、『孫子兵法』作戦篇中の「兵は勝つを貴びて、久しきを貴ばず」と計篇中の「其の無備を攻め、其の不備に出づ」を何度も直接引用して、名言警句としている。このたびのブームは、米国の作戦理論研究界に孫子の思想をもって作戦を指導させ、明らかな効果を得た。一九八六年、米国国防大学校長ローレンス中将が中国国防大学に来て「エアランド・バトル」の講演をした時に、その理論の依拠したものは孫子の「奇正の変」〔勢篇〕と「実を避けて虚を撃つ」〔虚実篇〕の思想であると明らかに指摘した。一九九一年の湾岸戦争では、米国の『孫子兵法』研究の第二次ブームが極点に達した。

ベトナム戦での米国軍傷病兵。

第三番目のブームは、二〇〇一年の「九・一一事件」に始まり、研究の重点が現代の情報の領域に移った。「九・一一」以後、米国国防総省〔ペンタゴン〕では「戦略情報オフィス」を設立したが、その任務の一つが偽情報の製造と散布である。これは米国が孫子の「詭道」の思想を非常に重要視し、軍事的詭詐を重視し、世論戦・心理戦を重視していることを表している。これによって、米国の「孫子人気」は時代の発展に従って高度科学技術情報戦の研究領域に移ってきはじめていることが分かる。

これだけではなく、『孫子兵法』は経営理論の先駆として更に米国経済界の高度な注目を浴びている。著名な経営学者であるジョージは『経営思想史』の中で経営者に誡めている。「あなたは経営の人材になりたいですか？必ず『孫子兵法』を読まなければなりません。」現代米国の著名な経済学者は、孫子の古代管理思想の精髄を彼の書いた『企業管理』の中に入れ、「古代中国人は経営思想に対しても輝かしい貢献をしている。その中で最も人に知られているのは紀元前五〇〇年に書かれた『孫子兵法』である。これは有史以来最も古い軍事著作であるが、その中に示されている多くの原理は、今に至るまでもなお論破されておらず、今でも実用の価値がある」と考えている。

一九八七年、ニューヨークのスターリング出版社は中国軍事科学院副院長陶漢章将軍の書いた『孫子兵法概論』の英訳本を出版した。それは一九八五年に解放軍出版社が出版した中国語の原作を原典としたもので、主な内容は、作者がその戦場での指揮経験と教室での授業での資料とに基づき、『孫子十三篇』に対して解釈と論述を行ったもので、中国軍内人士の著作の訳本が国外で出版されるのは稀なことなので、二年間に五万冊が売れ、八〇年代米国軍事理論のベストセラーの一つと称されている。

米国人の『孫子兵法』研究は、その始まりは比較的遅かったが、しかし遅れたものが先を追い越し、とりわけ実用性を重んじた。一九七〇年代後期から八〇年代、米国の『孫子兵法』に対する研究運用はすでにかなり普遍的で深くなっており、その領域も軍事から政治・経済・外交・文化・体育の諸方面にまで及び、しかも理論研究だけでなく、更に応用実践の面でもみな際だった成果を得ている。同時に米国の「孫子ブーム」は民間にも現れ、軍及び専門の研究機構以外に、米国の民間にすでに百近い『孫子兵法』研究の学会や協会あるいはクラブがあって頻繁に活動している。ある人がアマゾンのネットで評論を発表して言う。「もし人の一生で本を一冊だけ読めるというのであれば、それは『孫子兵法』でなければならない。」二〇〇六年から、米中交流基金会と米国メリーランド大学は米国で最初の孫子兵法国際学術研究討論会を開催しようと積極的に計画している。

『孫子兵法』のいくつかの比較的優れた英訳本は、英国・米国で広く読まれているだけではなく、その他のアメリカ大陸の英語使用国家に広く伝播している。例えばカナダでは、一九八九年、カナダの学者M・W・ルーク・チエンと中国人学者で南開大学の陳炳富教授が共著で英文版の『孫子兵法と経営』を出版発行した。この書は『孫子』の英文の翻訳と『孫子』の経営思想の一般的な応用の二つの部分に分かれている。これは中国と外国の学者が共同で『孫子兵法』の経営思想を詳細に研究した英文著作である。十数年来、中国孫子兵法研究会はすでに七回の孫子兵法国際研究討論会を成功裏に挙行しており、カナダの学者が何度も会に臨み学術交流に参加している。

予想しなかったことは、『孫子兵法』はアメリカ大陸のいくつかの国家の犯罪組織の「虎の巻」となっていることである。ブラジル最大の犯罪組織「首都第一司令部」のボスがこの兵書を常に身につけている他にも、米国で四十年横行している「アー

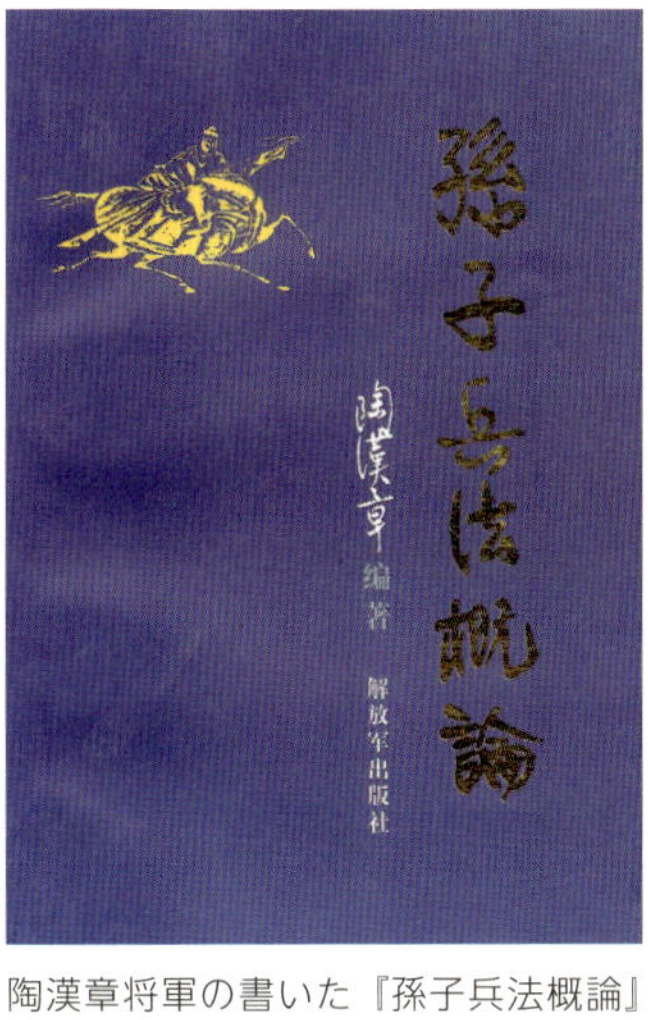

陶漢章将軍の書いた『孫子兵法概論』（中国語版）。

リアンブラザーフッド」の成員も『孫子兵法』を熟読しており、しかも自分たちで暗号通信を行っており、その目標は「最もすごい犯罪集団」になることである。

西洋の反省

『孫子兵法』が西洋に伝わってから第二次世界大戦の前まで、西洋の高位の政策決定者は、ヨーロッパの伝統的な戦争理念により、武力を使用することを偏重し、軍事技術を重視しており、その上東洋と西洋の言語の違いや西洋の東洋に対する差別などの原因により、『孫子兵法』の西洋の高層軍事政策決定者に対する影響は非常に小さかった。しかし第二次世界大戦以後、戦争が世界の様相を非常に大きく変え、科学技術の迅速な発展、核兵器・ミサイル・ジェット戦闘機など新型武器の出現は、伝統的な戦争形態及びルールを大きく改変し、ある程度人びとの固有な思考パターンを改めもした。新しい状況の下で、西洋の伝統的な軍事理論はすでに日進月歩で変化している世界に適応できなくなっていた。そこで西洋の軍事家と戦略学家は、改めて世界をじっくりと見、新しい理論を用いて全く新しい戦略モデルを構築しようとつとめたので、そこから一つの反省ブームが沸き起こったのである。この反省ブームは、大きくは『孫子兵法』を学習し、解読し、応用することから始まった。この時に『孫子兵法』と西洋の軍事思想が融合し始めたのであり、西洋の高層政策決定者たちが孫子の思想を運用して、その軍事理論と戦争行為及び戦略方針に対して深刻な反省を開始したことによって、新しい戦略思想が生み出されたのである。

『孫子兵法』はとりわけ米国の軍事戦略調整に重大な影響を与えた。米国戦略の変遷を総合して見ると、一七七〇年代に建国して以来、二〇世紀初頭までの百三十年の間は、基本的にヨーロッパ伝統の軍事理論を踏襲しており、その戦略指導思想は主にヨーロッパ列強の闘争に巻き込まれることを避け、海洋という天然の要害と周囲に強敵がいないという有利な地理的環境を利用して、北米大陸で領土を拡張し、版図を拡大することに力を注ぐということであった。第二次世界大戦後、米国は超大国の姿で国際舞台の上に現れた。世界の覇権を追求するために、歴代政権はますます軍戦略を重視し、新しい戦略の修訂と形成の過程の中で、新理論を打ちたてることと謀略を運用することを一層重視した。その期間に発生した朝鮮戦争とベトナム戦争は、ある意味で言えば孫子を代表とする謀略で勝ちを得る東洋の戦争理論と西洋の力で勝ちを得る軍事理論との勝負であった。勝負の結果は明白に二つの理論の上下を分け、米国人に二千五百年前の孫子というこの偉大な戦略の哲人の放った新しい輝きを改めて見つめさせたのである。一九六〇年代以降、『孫子兵法』が米国で広く流布するにつれて、孫子の軍事思想の米国の軍事戦略に対する影響はますます大きくなっている。

米国海軍グリフィス准将は、一九四五年海軍陸戦隊連絡官の身分で中国に来た。中国で兵役に就いていた時に、彼は一冊の『遊撃戦』と名づけられた書物を手に入れると、彼はすぐに英語に翻訳し、『毛沢東遊撃戦を論ず』という書名で出版した。グリフィスは毛沢東の戦略は孫子の影響を深く受けていると考え、彼は米国の武装部隊が二〇世紀遊撃戦の始祖毛沢東の戦略を研究することを通して、遊撃戦に対処する正しい方針を制定することを希望した。しかしこの考え方は、五〇年代では米国の軍政当局には重要視されなかった。

　一九六一年、米国はベトナム戦争に巻き込まれ、ベトナム人は「遊撃戦術」を用いて戦ったので、米国人はなす術を知らなかった。米国は一つひとつの作戦行動では勝利したが、しかし、戦争全体では敗北してしまった。国内外の激しい非難の声の中で、米国軍政界の指導者はこの戦争に対する反省を行わざるを得なかった。伝えられるところによれば、駐ベトナム米国軍総司令官ウェストモーランドは任から離れた後、偶然に『孫子兵法』を目にし、その中に現れている戦争の知恵に喜んで心服した。その中の「兵は勝つを貴び、久しきを貴ばず」の原則は、彼を深く啓発し、彼は強硬な主戦派から講和派に変わり、至るところで孫子の「兵久しくして国の利なる者は、未だ之有らざるなり」を宣伝し、急いでベトナムから撤兵するように極力主張した。

戦争の失敗を反省する米国のベトナム戦争司令官ウェストモーランド〔1914～2005〕。

　一九六二年五月、グリフィスは海軍軍事学院で「アジア共産党革命の遊撃戦」の題で講演した。彼は『孫子兵法』が毛沢東の軍事思想の基礎であり、毛沢東軍事思想が「遊撃戦略」の基礎であると考えた。事の始末をつけるのは、やはりその原因を作った人でなければならない。ただ『孫子兵法』を読むことで初めてベトナム問題を解決できる。彼のこの努力はすぐに大きな反響を呼び起こした。

　一九六九年、ニクソンが大統領になると、思い切りよくベトナムから身を引き全力でソ連に対処した。ベトナム戦争終結以後、米国の各界は引き続きこの局地戦失敗の教訓を総括した。コリンズは『大戦略』の書の中で言う。『孫子は「上兵は謀を伐つ」と言う。ベトナム戦争の状況の下では、「謀」とはすなわち革命戦略を指す。米国は孫子のこの賢明な忠告を無視し、愚かにも戦闘に突入した。米国は自分たちの能力を過大に評価し、敵の能力を過小に見積もった。我々は武装兵力を使用することに熱を入れたが、支払った代価はますます大きく、結果として、すぐに決定的な働きを持たないすなわち戦場での軍事的勝利を生み出したが、局面は完全にコントロールを失った。』これが、大戦略方面からこの戦争に対して行った、米国の戦略決定失敗の重要ポイントをみごとに言い当てた重要分析である。

　ニクソンは一九八〇年に出版した『本当の戦争』〔邦訳『リアル・ウォー　第三次世界大戦は始まっている』国弘正雄訳、文藝春秋、一九八四年〕の中で言う。米国はベトナム戦争の中で戦略的な過ちを犯し、軍事的にエスカレートすることに熱中して深い泥沼にはまり込んだ。しかし米国の世論は遠方の全く進展のない持久戦を決して支持はしなかった。一九八六年、ニクソンは孫子の視点に従って戦争の教訓を総括し指摘したが、まさに二千五百年前の中国の戦略家孫子が「夫れ兵久しくして国

> **《孙子兵法》是毛泽东战略理论和中国军队战术理论的源泉。**
>
> [美]格里菲思 《孙子——第一位军事哲学家》

米国の学者グリフィスの『孫子兵法』と毛沢東軍事思想の関係についての評論。
＜図中訳＞
○『孫子兵法』は毛沢東戦略理論と中国軍隊戦術理論の源泉である。
〔米〕グリフィス『孫子―最初の軍事哲学家』。

利なる者は、未だ之有らざるなり」、「故に兵は勝ちを貴ぶも、久しきを貴ばず」と言った通りであった。米国がベトナム戦争で勝利の見込みがなかったのはまさに孫子の言葉が予言した通りであった。

一九八三年、『孫子兵法』が大好きな著名な作家ジェームズ・クラベル〔一九二四～一九九四〕はジャイルズ版本を用いて、また『孫子兵法』の英・独・スペイン語の普及版を出版した。この本は学術的な意義は小さいが、通俗性が強いので、西洋では広く普及した。クラベルは序言の中で『孫子兵法』に対して非常に高い評価をしている。「二千五百年前、孫子はこの中国歴史上素晴らしく非凡な著作を書いた。もし我々近代の軍政指導者がこの天才の著作を研究していたならば、ベトナム戦争はあのような戦争にはならなかっただろうし、朝鮮戦争は失敗するはずはなく（当時我々は勝たないことは失敗だとしていた）、ピッグス湾上陸〔一九六一年四月キューバに侵攻〕は発生したはずもなく、イランの人質問題でも体面を失う事件は出現するはずもなく、大英帝国も解体するはずはなく、二つの世界大戦も避けられたかもしれない。少なくともあのように戦争が進行するはずはなかったということは肯定できる、と私は心から感じる。私は『孫子兵法』が自由世界のあらゆる現役の士官や兵士、あらゆる政治家と公務員、あらゆる高校生や大学生の必読の材料となることを希望する。もし私が総司令官、大統領あるいは総理になったならば、私は更に一歩進まなければならない。私は法律の形式で定めよう。あらゆる将校、特にすべての将軍に対して毎年二回の『孫子兵法』十三篇の試験を行う。一回は口頭試問、一回は筆記試験で、合格点は九五点である。いかなる将軍でももし試験で不合格ならば、すぐに自動的に免職になり、上訴を許さず、その他の軍官〔将校と士官〕は一律に格下げして用いる。私は『孫子兵法』が我々の生存に極めて重要であり、それは我々の必要とする保護を提供し、我々の子供たちが平和ですくすくと育つのを見守ってくれる、と強く考えている。」一九八九年、クラベルは山東省恵民県で行われた最初の孫子兵法国際研究討論会に出席した。彼のテーマは、孫子の要旨は「止戦」と「平和」であるということで、かつ二千五百年前の『孫子兵法』が今日に至ってもなお光り輝いていると称賛した。

一九八四年四月二四日の『ノーボスチ』はサクストンの「古い原理が中国の対外関係上で勝利を得るのを助けた」という文

章を掲載した。作者は米国のレーガン[15]大統領が中国に行ったのは、「中国人が『孫子兵法』を用いて米国を操った」のであり、「戦わずして人の兵を屈す」の原則を運用して勝ち取った勝利であると言う。彼は更に「用兵の害を知るを尽くさざる者は、則ち用兵の利を尽くすこと能わざるなり」（作戦篇）の語を引用して、レーガンの中東と中央アメリカ政策を批判している。

欧米の学者が中国第六回孫子兵法国際研究討論会に出席し、一群の力作を発表し、兵学方面の多くの新しい視点を提出した。

米国と西洋すべての、ベトナム戦争の失敗の教訓を総括して沸き起こった「孫子ブーム」は、当然古いものを現在に役立たせることである。彼らは未来の戦争の主な形態は局地戦であり、欧米を朝鮮戦争やベトナム戦争のような苦しい立場に陥らせないようにするためには、軍事理論上での一大転換が必須であると考えた。米国軍事戦略の変遷過程を見渡すと、『孫子兵法』の影響がますます大きくなっていることに気がつく。一九六〇年代の初め、ケネディ[16]の「柔軟反応戦略（Flexible Response）」が登場した時は、ちょうどグリフィスの『孫子兵法』の翻訳本が米国で伝播していた時なので、孫子の「戦わずして人の兵を屈す」の思想の影を見いだすことができる。六〇年代末、ニクソン政府が孫子の戦略思想を手本として、「現実に武力で敵を威嚇する（戦争を）抑止する」戦略」をもって「柔軟反応戦略」に換えた。一九七八年、米国の有名なシンクタンクであるスタンフォード研究所研究センター主任フォスターと京都産業大学教授三好修（一九一六～一九九四）は『孫子』謀攻編の「上兵は謀を伐つ」の思想に基づいて、米ソ均衡を改変することを主旨とする新戦略を米国国防部と国務省に提出した。その当時は「孫子の核戦略」と称したが、その実質は強大な核威嚇力を保持して、相手に軽々しく兵力を用いないようにさせて、「戦わずして勝つ」の理想的境地を実現しようというものであった。一九八二年、レーガン政府は対ソ核戦略の方針を改定する時、この理論を採用した。二一世紀初め、ブッシュジュニア政権の打ち出した「先に発して人を制す」（『漢書』項籍列伝）の戦略は、「威嚇」理論の基礎の上に打ち立てられている。「威嚇」理論は最小の代価と最少の時間で戦略戦術の目標を実現するのが軍事謀略の最高境地であると考えている。この思想は孫子の「全勝」の思想を理論の基礎にしていると言うことができる。孫子の「不戦」観は、米国の戦略に巨大で深遠な影響を生み出したのである。

第二次世界大戦後の米国では、『孫子兵法』に対する研究・学習・運用上で全力を尽くしているということが見いだせ

ハイアール米国会社社長兼最高執行責任者デビッド・パークスがハイアール本部が彼にプレゼントした特別の贈り物――『孫子兵法』を広げている。パークスは、『孫子兵法』から多くの裨益を受けたと言う。

る。米国人はこれらの研究成果を実践に運用している。例えば一九八三年一〇月のグレナダ侵攻では、米軍は「東に声して西を撃つ」（『兵法三十六計』）の戦術を運用し、わずか一〇日で勝利を得た。一九九一年の湾岸戦争では、米国は孫子の「先ず勝ちて而る後に戦いを求む」（形篇）と「謀を伐つ」、「交わりを伐つ」の戦略を運用して、戦う前に自らを実力と道義の上で敵を圧倒した。具体的な戦術では、また「東に声して西を撃つ」、「〝奇〟〝正〟相生ず」（勢篇）、「実を避けて虚を撃つ」などを運用して敵に勝った。一九九九年、米国をはじめとする北大西洋条約機構（NATO）は「鎰を以て銖を称《はか》る」（形篇）の、力量では絶対的な優勢をもってコソボ紛争を発動し、ユーゴスラビア軍を打ち破った。しかし、同時に固有の大国思想が災いをなしているということと、価値観念と思考パターンが異なるということにより、米国人は過去に対する反省と新戦略との調整の上でまだたくさんの問題があるということも見ておかなければならない。例えば、米国はアフガンとイラクで反テロリズム戦争が長引いていてまだ解決しておらず、孫子の「兵久しくして国の利なる者は、未だ之有らざるなり」の大きなタブーを犯している。過去を反省し、未来を展望する上では、米国人はまだ長い道のりを歩かなければならない。

軍事学校の教材として

一九六一年、英国第二次世界大戦の名将モントゴメリー（一八八七〜一九七六）元帥が招待に応じて中国を訪問し、毛沢東と会見した時、『孫子兵法』を世界各国の軍事学院の必修教材にしようと提案し、この考えは毛沢東に高く評価された。

実際上は、すでに一九二一年に米国陸軍軍事学院は『孫子兵法』を一九二一〜二二年度の講義内容に入れており、授業のレジュメはペンシルベニア州カーライル米国陸軍戦略大学図書館に現存している。一九八三年、当校はまた『軍事戦略』の書を編集出版し、軍事学院が使用する重要な参考教材とした。その書の第二章は『孫子兵法』のダイジェストで、表題は「軍事戦略の変転―孫子の知恵」であり、孫子十三篇中の八つの部分を十項に分けて精選している。それは次の通りである。

一、兵法の「善の善なる者」、「謀攻篇」より。
二、用兵の「善の善なる者」、「形篇」より。
三、用兵の法、「謀攻篇」より。
四、戦略を論ず、「九変篇」より。
五、詭道、「計篇」より。

六、進攻の方法、「勢篇」より。
七、動機を論ず、「軍争篇」より。
八、長久の作戦を論ず、「作戦篇」より。
九、将に五危有り、「九変篇」より。
十、大公無私を論ず、「地形篇」より。

　現在、『孫子兵法』はすでにますます多くの国外の軍事大学で教材となっている。米国の著名な大学の中で、およそ戦略学や軍事課程を教えているところでは、『孫子兵法』を必修科としていないところはない。孫子の著作は米国軍人特に士官や将校の必読書の一つである。米軍は基本的に毎年軍官に読書書目を推薦しなければならないが、『孫子兵法』はほとんどいつも必読書の中に入っている。米国の国防大学、ウエストポイント陸軍士官学校、海空軍指揮学院と陸軍軍事学院が関連する課程を設置する中で、指定する参考図書の中にも例外なく『孫子兵法』が含まれている。米軍の最高学府—国防大学は更に『孫子兵法』を将軍の専攻科目に入れ、クラウゼヴィッツの『戦争論』の前に置いている。米国の『孫子と現代戦争』の著者マーク・マクニーリィは言う。「『孫子兵法』は米国高級軍事大学の必修書目で、それはすでに米国陸軍と海兵隊の作戦指導思想の中に貫かれるまでになっている。」

モントゴメリー〔1887～1976〕と会見する毛沢東。

米国将軍たちのゆりかご——ウエストポイント陸軍士官学校。

　『孫子兵法』が米国軍事学校受講生の必修課程となったのは一九七〇年代から始まっている。著名なウエストポイント陸軍士官学校は、一九四六年になってやっと最初の『孫子兵法』を図書館の蔵書とした。ウエストポイント陸軍士官学校が『孫子兵法』を教学参考図書に入れてから、『孫子兵法』は米国軍事大学及びいくつかの著名な大学の中でだんだんと普及するようになった。米国のウエストポイント陸軍士官学校、アナポリス海軍兵学校、コロラド空軍士官学校、国防指揮幕僚大学などの著名な軍事大学は、みな『孫子兵法』を学生の必読教材と必修科とした。米国国防大学中の国家戦争学院、空軍大学の空軍戦争大学、海軍戦争大学、海兵隊戦争大学などの大学は、『孫子兵法』を必修科に入れただけでなく、更に核心課程とした。米国武装部隊参謀学院の第一号出版物『米軍連合参謀軍官指南』は、『孫子兵法』を古典的軍事文献閲読書目に入れた。米軍将校たちの文章には常に『孫子兵法』中の視点や語句が引用され、それを誇りとしている。二〇〇五年七月、ウエストポイント陸軍士官学校の教員と学生四人が臨沂市の銀雀山竹簡漢墓博物館を視察参観し、そろって孫子の故郷山東省を旅行することができたことは、収穫が多かったと述べた。

　一九八二年版の米国陸軍野戦条例『作戦綱要』は図書目録中に、『孫子兵法』とクラウゼヴィッツの『戦争論』、リデル・ハートの『戦略論　間接的アプローチ』〔原書房　一九七一年〕、サクソン元帥の『軍事技術の夢想』、アルダン・デュピの『古今作戦研究』を並べている。一九八九年、米国海兵隊司令アルフレッド・グレイ大将は『孫子兵法』を陸戦隊軍官の必読書の一番目とすることを決定した。グレイは訓令の中で指摘している。「孫子の作戦思想は、今日でも二千五百年以前と同様に用いることができ、現在実施している機動戦の基礎である。」この前に、米軍のその他の軍種の首脳も似たような訓令を発したことがある。米軍は更にもっぱら大量の孫子名言を集めて、各レベルの軍官と軍事学校の学生の閲読に供している。

一八八八年、ロシア軍総参謀部は『孫子兵法』を紹介する文章を書き始めた。第二次世界大戦中、ヴォロシーロフ機甲軍大学の提案により、ソ連は『孫子兵法』をロシア語に翻訳し、軍事史教学と研究の重要な内容とした。

『孫子兵法』はウエストポイント陸軍士官学校軍官の必修課程である。写真はウエストポイント陸軍士官学校の卒業式。

英国の王立陸軍士官学校は、『孫子兵法』を戦略学と軍事理論の第一の必読書とした。その他、英国警察署の壁には多くの『孫子兵法』の警句が書かれており、警察当局は警察官にまじめに学習するように促している。

第二次世界大戦後、『孫子兵法』は日本の海上自衛隊幹部学校と防衛大学校に改めて重視されるようになった。元日本帝国海軍大学校の徳永栄（一八九一～一九七四）中将に『孫子の真実』の著作があった。海上自衛隊幹部学校では、『孫子兵法』は必読書である。

その他、『孫子兵法』はルーマニアの軍事科学の領域にも入っており、軍事高等学院やブカレスト軍事科学院の必修課程になっていることなどもある。

古い『孫子兵法』が、今日のようにその独特の戦略思想と価値によって、世界中で燦然と異彩を放ったことはいまだなかったと言うことができる。

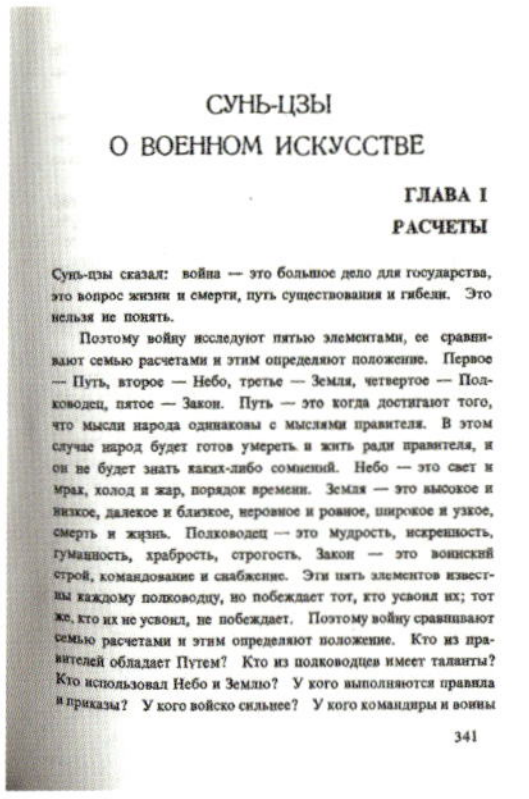

СУНЬ-ЦЗЫ
О ВОЕННОМ ИСКУССТВЕ

ГЛАВА I
РАСЧЕТЫ

Сунь-цзы сказал: война — это большое дело для государства, это вопрос жизни и смерти, путь существования и гибели. Это нельзя не понять.

Поэтому войну исследуют пятью элементами, ее сравнивают семью расчетами и этим определяют положение. Первое — Путь, второе — Небо, третье — Земля, четвертое — Полководец, пятое — Закон. Путь — это когда достигают того, что мысли народа одинаковы с мыслями правителя. В этом случае народ будет готов умереть и жить ради правителя, и он не будет знать каких-либо сомнений. Небо — это свет и мрак, холод и жар, порядок времени. Земля — это высокое и низкое, далекое и близкое, неровное и ровное, широкое и узкое, смерть и жизнь. Полководец — это мудрость, искренность, гуманность, храбрость, строгость. Закон — это воинский строй, командование и снабжение. Эти пять элементов известны каждому полководцу, но побеждает тот, кто усвоил их; тот же, кто их не усвоил, не побеждает. Поэтому войну сравнивают семью расчетами и этим определяют положение. Кто из правителей обладает Путем? Кто из полководцев имеет таланты? Кто использовал Небо и Землю? У кого выполняются правила и приказы? У кого войско сильнее? У кого командиры и воины

341

ロシア語版『孫子兵法』。

孫子の「核戦略」

一九四五年八月、米国は実験に成功したばかりの二個の原子爆弾を広島と長崎に投下し、人類に核時代の到来を示した。戦後、米国を代表とする西側諸国はその絶対的な核の優勢を借りて、「大規模報復」と「相互確証破壊」を戦略原則と戦略目的とした。このような思想の指導の下で、米国の軍事戦略はかつては都市を攻撃することに重点を置いていた。しかし更に多くの国家が核兵器を所有するに従い、ますます多くの有識者に、核兵器の巨大な破壊効果は一つの両刃の剣であって、一旦核戦争が勃発すれば、勝利者は存在しないと認識させるようになった。七〇年代以後、米国の有識者は米国の戦略思想が『孫子兵法』の教えに悖ると非難し、併せてただ『孫子兵法』の戦略原則を根拠とし、米国現行のこのような「的なくして矢を放つ」、「共に傷つき敗れる」という「都市を攻める」戦略を手直しすることではじめて米ソ対抗の中で優勢を得、主導的立場を取れると考えた。

このような形勢に臨んで、米国をはじめとする西側の国家は孫子の「戦わずして人の兵を屈す」の「全勝」の思想を採用し、だんだんと自己の核戦略を調整して、威嚇と抑止の目的を達成した。これがすなわち「謀を伐ち」、「交を伐つ」の「孫子の核戦略」である。

英国の戦略理論家リデル・ハートはグリフィスの英訳本『孫子兵法』のために書いた序文で述べている。「人類をお互いに殺し合い、人間性を絶滅させる核兵器の研究開発が成功した後には、『孫子兵法』というこの書物を更に新しくかつ完全に翻訳する必要がある。」彼は率先して、孫子の「戦わずして人の兵を屈す」の輝かしい思想を現代の核戦略の中に運用することを提案して言う。「最も完璧な戦略、すなわちはなはだしい戦闘を経ることなくして達することのできる戦略は─所謂戦わずして人の兵を屈するは、善の善なる者なりである。」彼は、ただ『孫子兵法』だけが米国戦略体系の「崩壊的危機」を救うことができると考えた。

しかし、真に理論上から「孫子の核戦略」に対して功績を挙げたのは、やはり米国人のフォスターと日本人の三好修である。

米国スタンフォード研究所の主任のフォスターが最初に提起し、かつ日本の京都産業大学三好修教授と共同して、『孫子兵法』を研究し運用した対ソ連新戦略、三好修はこれを「孫子の核戦略」と呼んだ。三好修はその書いた論文と著作の中で、この新戦略の内容を明らかにしている。フォスターは『生存を確保する』の文の中で主張している。米国は「生存」と「安全」を確保することを戦略の指導思想として、「なにが我々の生死存亡に関係する国家利益であるか」を明確にし、それを「ソ連帝国の解体を西側同盟国の戦略目的とする。」をもってすべきである。三好修は言う。米国の「確証破壊」の戦略は都市を攻撃することを第一地位に置く。しかしソ連のあらゆる大都市の人口は総人口の八・五%を占めるに過ぎず、もしすべてを死傷したとしても、軍事能力さえあれば、依然として米国に致命的な反撃を与えることができる。孫子から見れば、これは最も低劣で、万やむを得ずしてやっと採用することのできる戦略である。そこで米国の旧戦略は、欠陥を克服して新しい戦略に変化しなければならない。彼らは、西側が「純暴力」の桎梏の中から抜けだし、軍事領域を越え、ソ連との対抗手段を政治・経済・外交・

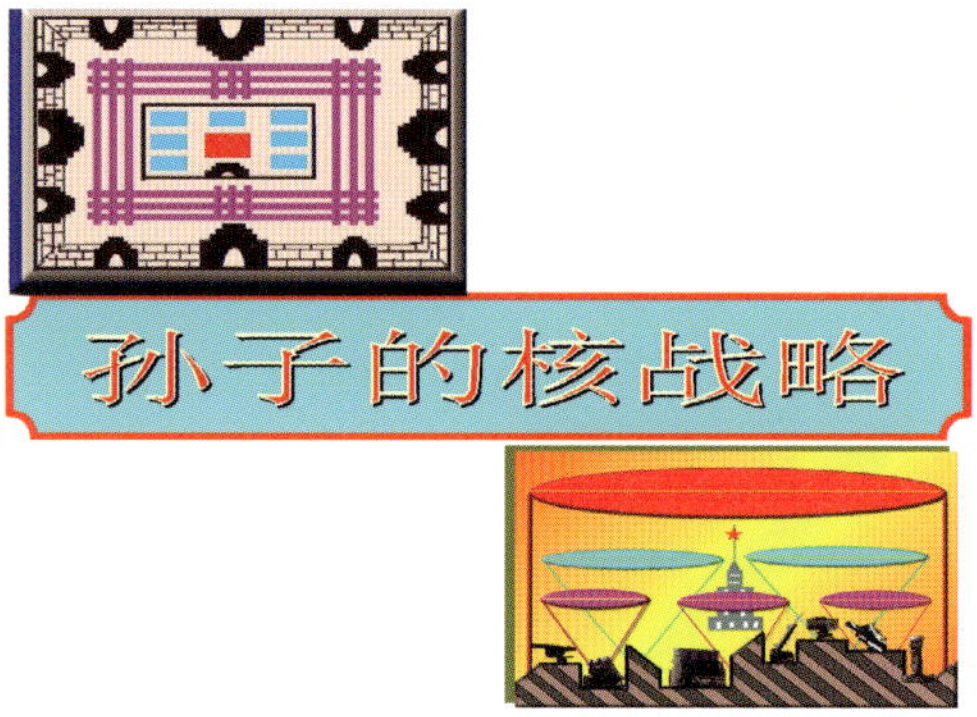

劉春志がデザインした孫子の核戦略の見取り図。図左上方の四角部分は中国春秋時代の都市の防御図。右下の下の四角部分はモスクワ市街地の防御図。

1945 年 7 月 16 日、世界で最初の原子爆弾が米国ニューメキシコ州アラモゴードの砂漠地帯で爆発に成功した。その威力は TNT 火薬 2 万トンに相当した。

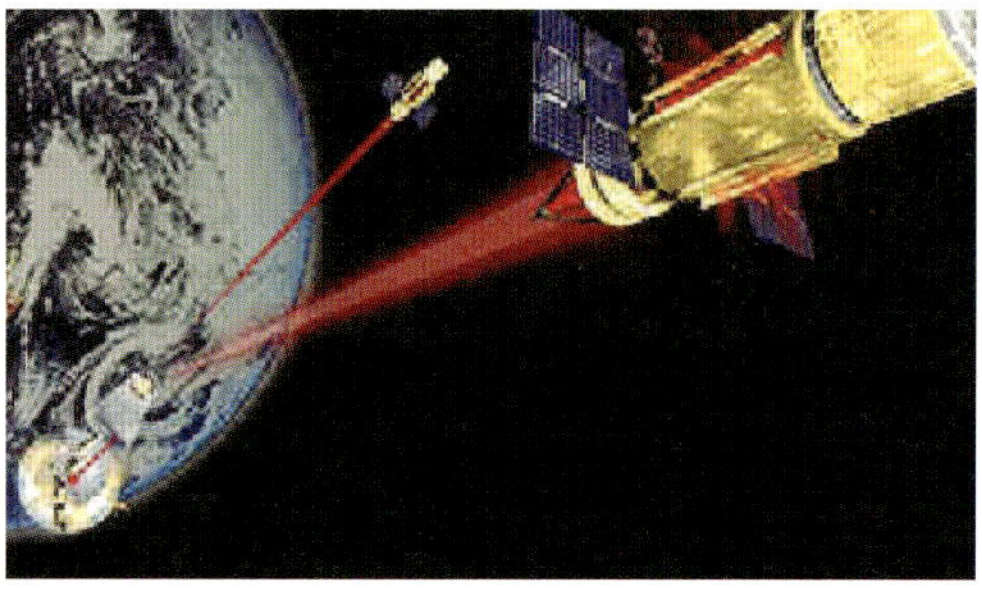

レーガン時代の米国「スターウォーズ計画」の想像図。

1945 年 8 月 6 日、この B-29 戦略爆撃機が原子爆弾「リトルボーイ」を広島に投下した。

広島被爆後の建物〔原爆ドーム〕。

文化などの領域に広げて、戦わずして勝つことを主張した。三好修はその著作の中で繰り返し孫子「謀攻篇」中の「戦わずして人の兵を屈するは、善の善なる者なり」、「故に上兵は謀を伐つ。其の次は交を伐つ。其の次は兵を伐つ。其の下は城を攻む」、「必ず全うするを以て天下に争う」を引用している。彼はこれらの孫子の軍事視点は非常に奥深く、核戦争の実質に触れており、現実的な意義を備えていると考えている。核戦争は人類に巨大な災難をもたらすはずであり、当然全力を尽くして避けなければならない。現在の最も理想的な戦略は、やはり孫子の提出した視点、戦わないで敵に勝ち、代価を払わずに天下を取ることである。

その他、ブレジンスキーは『籌を帷幄の中に運《めぐら》す』の書中でも、「上兵は謀を伐つ」、「戦わずして人の兵を屈す」を米国の対ソ連戦略の総方針とし、ソ連に対して長期的であるが効率的な軍事的競争角逐を展開することを主張した。

これらの思想の指導の下で、米国は一九八二年に対ソ連の軍事戦略を改めて修訂し、「相互確証破壊」という戦略から「相互確証生存」に変えた。一九八三年三月二三日、米国のレーガン大統領はテレビ演説で、二十年来の「相互確証破壊」戦略を正式に放棄して、「戦略防御計画（すなわち「スターウォーズ計画」）を実行することを発表した。これは空間弾道弾防御システムを打ち立て、空間武器を戦略武器の重要な構成部分とし、「核の力のレベルを下げる」ということである。「スターウォーズ計画」は、伝統的な核をもって攻撃するという特色、人類文明を破壊することを賭けるという戦略観を改めたが、その実質は攻守兼備の多層的戦略システムを発展させて、「お互いに生存することを保証する」という前提の下で、「戦わずして勝つ」という抑止作用を起こしやすくするものであった。この戦略は高度な科学技術の基礎の上に打ち立てられ、長距離エネルギーの宇宙空間武器を発展させ、地球を超えて、大気圏外で大陸間弾道弾を攻撃や破壊することができるが、時間的には次の世紀にまでまたがるはずなので、「二一世紀兵法」と呼ばれた。この戦略は孫子の「不戦」の全勝思想を体現しているので、これによってまた「孫子の核戦略」とも呼ばれた。

米国のニクソン大統領は孫子の軍事思想を非常に高く評価していた。彼はその個人の著作『本当の戦争』の中で、何度も『孫子兵法』の視点を引用して戦争謀略を研究分析している。

米国の光学偵察衛星。

一九八八年、彼は『一九九九年　戦争なき勝利』〔読売新聞社外報部訳、読売新聞社、一九八九年〕を出版し、あっさり孫子の「戦わずして人の兵を屈す」の名言を借りて書名としている。彼は孫子の謀略原則を全書の大綱とし、「凡そ戦いは、正を以て合い、奇を以て勝つ」〔勢篇〕の語を非常に高く評価している。現在米国は是非とも最初に「正を以て合す」、すなわち自己の軍事的力と西側同盟国の力を合わせて、ソ連の軍事力に対抗し、自己の失敗を防ぎ、ソ連の前進を阻止しなければならない。第二歩は「奇を以て勝つ」で、多くの方面の更に複雑で更に微妙で緊迫した措置を採用して、「戦わずして勝つ」の目的に達することであるとニクソンは指摘している。この方面では、ニクソンは精神的要素の重要さを非常に強調し、信仰・理想・価値観の作り上げた民族的イメージが「一人当たりの国民総生産というこの統計数字よりも更に重要である」と考えている。なぜならば、「最終的に歴史に対して決定的な作用を及ぼすのは思想であって、武器ではない」からである。

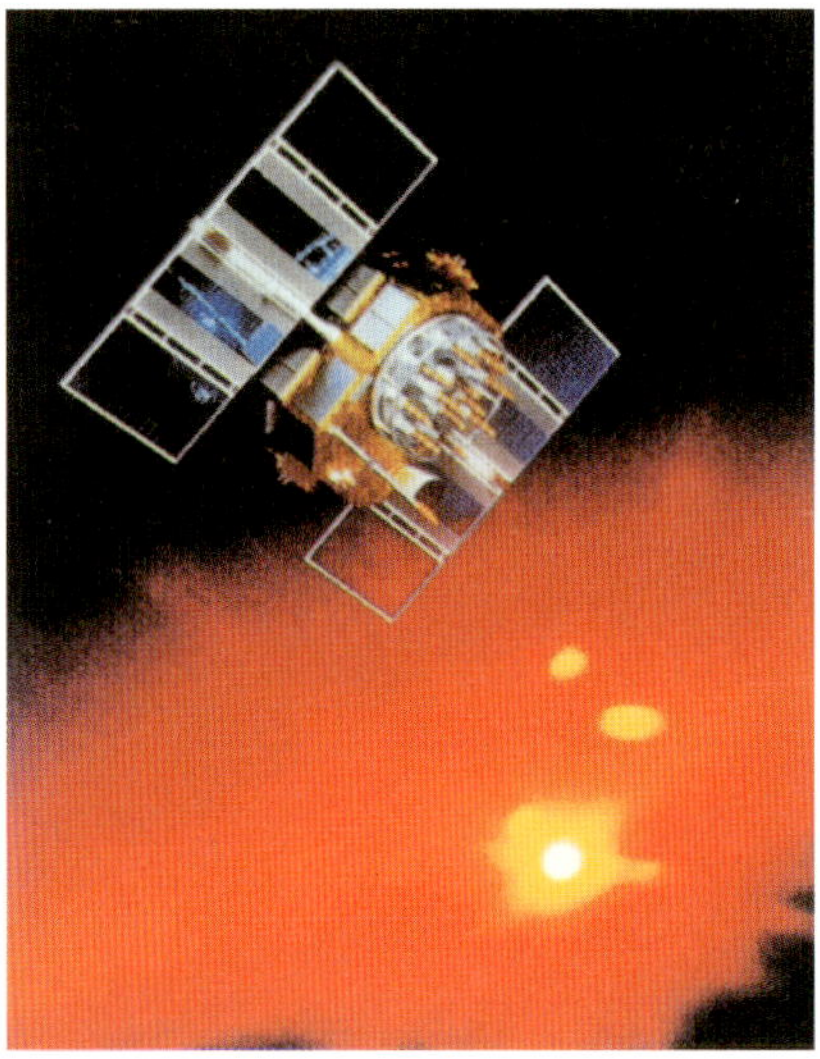
米国 GPS（全地球測位システム）衛星。

ニクソンの『一九九九年　戦争なき勝利』は米国の戦略理論の変化に重要な方向づけを行った。それは『孫子兵法』の視点に対する解明を通して、米国が八〇年代に行った「孫子の核戦略」のために理論的準備を行っており、この書も一代の名著となっている。

米国のブッシュ大統領も孫子の「不戦」の思想を更に一歩運用して、ソ連に対して「超越抑制戦略」を推進した。これもすなわち軍事領域を超えて、競争と攻撃を深く政治・経済・外交・文化・意識形態・宗教信仰・社会制度などの各方面まで含めたのである。その結果、外部からソ連の解体を促進し、効果は顕著で、もともと定めた「戦わずして勝つ」の戦略目標を基本的に実現した。

孫子の戦略思想が現代の核戦争に適合して輝きを見せることができるのは、『孫子兵法』が示す古今に通用する戦略原則によるのである。

核戦略の原則は「抑止」であり、「戦わずして人の兵を屈す」

ニクソン著『本当の戦争』表紙。

米国抑止戦略指導下のピースキーパー大陸間弾道ミサイル。

である。「抑止」は手段であり、「人の兵を屈す」が目的であるが、両者は共に強大な国家の総合力をその後ろ盾としなければならない。

孫子は言う。「勝兵は鎰を以て銖を称るがごとし」、自己の力は絶対的に優勢でなければならない。同時に更に力を使用する決心が必要である。「人をして己に備えしむ」〔虚実篇〕、「敵の司命と為る」〔虚実篇〕。一旦行動すれば、相手に耐えることのできない悪い結果を与える。このような抑止力であってはじめて本当に信じられるのであり、はじめて「戦わずして人の兵を屈」して、最終的に「勝を全うす」の目的に達することができるのである。

湾岸戦争中の「中国人」

一九九一年の湾岸戦争の期間、米国「ロサンゼルスタイムス(Los Angels Times)」(二月一八日)上の一編の報道で次のように言っている。一九九〇年八月より、九十頁の英訳『孫子兵法』がすでにサウジアラビアの砂漠に運ばれ、若い海軍陸戦隊隊員の閲読に供されている。報道は更に言う。陸戦隊の指揮官ケリー将軍はすでに当時この書物をその年度の閲読書に入れており、すべての陸戦隊隊員はみな読まなければならないのである。あるユーモアのある米国人記者は、戦雲立ちこめた湾岸の戦場からのニュースで言う。「中国はここに一兵一卒も進駐させていないが、しかしある一人の神秘的な中国人が前線に臨んで、作戦行動を操っている。彼はすなわち二千五百年前の孫子である。」実際上、湾岸戦争の期間、米軍の実施した軍事行動計画が成功したのは、かなり大きく孫子の謀略思想と関連している。すなわち勝利の要因に孫子思想のきらめきが輝いているのである。

一九九〇年八月、イラクはクウェートを併合し、湾岸地域固有で微妙な力の平衡を破壊し、西側世界特に米国のエネルギーを危機一髪の状況にした。自己のグローバル戦略と中東の巨大な利益を保護するために、米国は一戦するしかなく、湾岸戦争を起こしたのである。米国人は孫子の「人を致すも人に致されず」〔虚実篇〕、「先ず勝ちて而る後に戦いを求む」、「彼を知り己を知らば、百戦して殆うからず」〔謀攻篇〕、「詭道」〔計篇〕、「奇正」〔勢篇〕などの思想を十分に貫徹して、巨大な成功を収めた。

まず、戦争前の準備では、米国は軍事・政治・外交・経済などの手段を利用して、イラクに巨大な圧力を加えた。湾岸危機が出現すると、米国は真っ先に湾岸地域に強力な軍隊を派遣し、それに同盟軍を加えると、総兵力は七十三万に達した。武器装備の数量の上では、主戦の戦車四千輛、装甲車三千輛、戦闘機二千機、航空母艦十隻を含む軍艦が二百五十隻で、イラクに対して「鎰を以て銖を称る」の絶対的優勢を形成した。数十万の大軍を砂漠での作戦という特殊な環境に適応させるために、米

国連安全保障理事会でイラク問題を討議。

イラク戦争中バグダッドをパトロールする米兵。

軍は何度も多種類の形と規模の演習を組織し、孫子の「慎戦」の原則を具体的に行った。イラクがクウェートに侵入して三日目には、米国は中東に六百機以上の飛行機を配置し、一週間以内には、三隻の航空母艦が湾岸に赴き、相手に対して威嚇恫喝し、気勢を上げて相手に圧力をかけた。続けて米国の半数以上の海軍戦闘艦、七十％の海軍陸戦隊、三分の二の陸軍重装備部隊が湾岸に集結し、総兵力は五十三万人に達した。米軍の「砂漠の盾」作戦行動開始後、米軍の威力を示すために、彼らは五回にわたる大規模な上陸及び防空作戦の演習を続けて実施し、先に気勢をあげて相手を圧倒するという形勢を作った。米国は非常に大きなレベルで、孫子の言う「其の来たらざるを恃むこと無く、吾の以て待つ有ることを恃むなり」〔九変篇〕を行ったのである。

孫子は言う。「上兵は謀を伐つ。其の次は交わりを伐つ」。米国はイラクがクウェートに侵入したという不義の行動をつかんで、大いに世論を起こし、政治上と外交上とから国際的な支持を求め、英国・フランス・日本・ドイツ・ソ連などの大国と強調一致した。またクウェートを「解放する」のスローガンをもってアラブ連盟を瓦解し、エジプト・シリア・サウジアラビアなど八ヶ国を反イラク陣営に引き込んだ。続けて国際連合に「六七八」号決議案を提出して、イラクがクウェートから撤兵する最終期限を決め、併せてその構成国に武力を使用できるようにさせて、イラクに対して圧力をかけた。このようにして自己を「天に替わって道を行う」正義の軍隊とし、サダム〔サダム・フセイン。一九三七年～二〇〇六年。イラク共和国大統領〕を孤立させ、イラクを非難の的としたのである。

「彼を知り己を知らば、百戦して殆うからず」は戦争の基本原則である。湾岸戦争は一つの軍事対抗であり、また高い科学技術の電子戦でもあった。「上智を以て間と為す」〔用間篇〕、米国は二十四個の偵察衛星を有しており、七個のスパイ衛星が湾岸の上空にあって画像偵察・レーダー偵察と電子偵察の交差したネットワークを形成していた。戦争が暴発する前に、米国はすでにイラクのすべての状況を掌を指すように知っており、すべての予定した攻撃目標についても確かめてみると誤りはなかった。これに対し、イラクは偵察衛星もなければ、先進的な偵察装備もなく、ただ西側のニュースを媒介として状況を手に入れることができるだけであった。これが米国に偽情報をまき散らして敵を惑わせるのに利用された。開戦の二十四時間前、米国はイラクの軍事通信と防空レーダーシステムに対して連続的で全面的な電子妨害を開始し、その知覚能力を破壊した。これがイラクの開戦での敗北と最終的な惨敗を導いたのである。

一九九一年一月一七日早朝二時三〇分、米軍のＦ－一一七Ａ

ステルス爆撃機のレーザー誘導爆弾がイラクの通信ビルに精確に命中し、湾岸戦争の幕が切って落とされた。この後、イラク軍の七十五％の地上指揮システムが破壊され、二十六個の地上指揮機構がはなはだしい破壊に遭い、それによってイラク軍の通信連絡は中断、指揮系統は麻痺し、イラク軍の戦闘機が飛び立てなくなり、ミサイルはしばしば阻まれ、米軍が制空権を掌握した。これらはみな米軍の「用間」の結果である。連続三十八日間にわたる空からの爆撃で、米軍は合わせて三千五百機の飛行機を出動して、飛行したのは延べ十一万回、投下した爆弾は二十万トン、イラクの大部分の戦争施設を破壊し、イラクに抵抗能力を失わせて、この後の「砂漠の剣」作戦の障害を排除した。これは米軍の「三軍には気を奪うべく、将軍には心を奪うべし」〔軍争篇〕の作戦原理を具体的に実現した。

　米陸軍の様々な種類による合成部隊は長年来、平時は重装備あるいは軽装備の部隊編成と訓練を行い、戦時には任務の要求に応じて臨時に編成をするという方法を採用している。しかしこの二種類の部隊は、運用上では地形と気象条件の制約を受ける。ローレンス中将は次のように考えている。「もし適した地形に同時にこの二種類の使用する時には、重装備部隊は牽制部隊とすることができる。すなわち孫子の言う「正兵」である。そして軽装備部隊は機動部隊とすることができる。すなわち孫子の言う「奇兵」である。」米軍のもう一つの基本的な各種部隊の合成部隊は、地上部隊と戦術空軍の統一使用である。陸空共同作戦中、空中の力はすなわち「奇兵」であり、地上部隊がすなわち「正兵」であって、奇正相互に依存し、同時に併せて用い、有効に組み合わせることによって、奇を出して勝ちを制すの効果を得ることができる。湾岸戦争中、米国は『孫子兵法』の「正を以て合い、奇を以て勝つ」の思想を巧妙に運用し、合理的に兵力を配置し、地上進攻作戦中奇を出して勝ちを制すの効果を確実に収めた。

　湾岸戦争中、多国籍部隊は一連の有効な欺瞞処置を採った。空戦の開始時刻と地上作戦の主要な攻撃方向については、共に非常に隠秘をし突然であった。空襲開始前、米空軍は毎週常に大量の飛行機と給油機を出動して空中で頻繁に活動しており、イラク軍をこの現象にだんだんと慣れっこにさせた。多国籍部隊が本当に空域に侵入して大規模な空中攻撃を実施した時に、イラク軍は気がついたが、ただ時すでに遅しであった。イラクに対して地上侵攻を開始する時、イラク軍を麻痺させるために、統合参謀本部議長コリン・パウエル[17]に具体的に「左フック戦略」と称された軍事行動を米国は採用した。すなわち孫子の「実を避けて虚を撃つ」の戦術で、「強なれば而ち之を避け」〔計篇〕、「攻むれば而ち必ず取る者は、其の守らざる所を攻むればなり」〔虚実篇〕である。米軍はまず主攻撃集団を南側の国境地帯に配置

湾岸戦争中の米軍の進攻。

湾岸戦争中の米軍戦闘機。

湾岸戦争中の米軍の「左フック戦略」軍事行動。

し、米軍がここで正面から進攻するという仮の姿を作った。その次に、米国海軍陸戦部隊の兵士がペルシャ湾でしばしば大規模な上陸演習を行って、クエート沿岸から上陸するという姿勢を示し、イラク軍のその他に対する注意力をそらした。その後、米国軍はイラク軍の防御の緊密な東側と南側の戦線を避け、西側のイラク軍の防御の最も手薄なイラクとサウジアラビアの内陸国境から戦闘を始め、長駆してイラクの奥まで侵入し、すぐにイラク軍四十二師団五十四・五万人の戦略的包囲を完成して、彼らの後方との連絡を絶ちきった。イラク軍はその西南部での防御が空だったので、連合軍は無人の境に攻め入ったようなもので、イラク軍はあっという間に瓦解した。その他、米軍の第七軍と第一八空挺部隊がクエートの南の元の集結地から数百kmに移動した後も、米軍はなお元の地点で無線電信の信号を発し続け、米軍がまだ元の地点にいるという偽の姿を作った。このような「東に声し西を撃つ」〔「兵法三十六計」〕の戦術は、まさに孫子の「兵とは詭道なり」〔計篇〕の原則を体現している。

　四十二日続いた湾岸戦争の中で、前三回の空中戦の段階は三十八日を占め、多国籍部隊は空中の優勢を十分に発揮した。地上作戦の段階百時間、機動部隊は東に声して西を撃ち、その無備を攻め、その不意に出づる機動戦で、多国籍部隊に最終的に極めて少ない代価で戦争の勝利を得させた。米国国防省の報告『湾岸戦争』では全く包み隠すことなく述べている。『これをまとめれば、多国籍軍は孫子の所謂「上兵は謀を伐つ」の戦略思想を成功裏に実践したのである。』

　そこで、ある意味の上から、「中国人」が米軍のために湾岸戦争を勝ち取ったと言うのである。

訳注

(1) **ウェゲティウス**　フラウィウス・ウェゲティウス・レナトゥス。四世紀頃のローマ帝国の軍事学者。『軍事論』の著書がある。

(2) **佐藤堅司**　一八八九年～一九六四年。「孫子の思想史的研究」の著書がある。

(3) **『日本国見在書目』**　藤原佐世《ふじわらのすけよ》によって書かれた日本最古の漢籍目録である。一巻。八九一年（寛平三年）頃に成立。「見在」とは現存するという意味で、当時日本にあった漢籍の目録である。

(4) **『甲陽軍鑑』**　甲斐国の戦国大名である武田氏の戦略・戦術を記した軍学書。武田家の遺臣小幡景憲が『甲陽軍鑑』を教典とした甲州流軍学を創始し、江戸時代には広く読まれた。

(5) **山鹿素行**　一六二二年～一六八五年。江戸時代の儒学者、軍学者。山鹿流兵法及び古学派の祖。林羅山の下で朱子学を学び、その後小幡景憲、北条氏長の下で軍学を学んだ。朱子学を批判したため、赤穂藩へお預けの身となり、そこで赤穂藩士の教育を行った。赤穂藩国家老の大石良雄も門弟の一人である。ただし、歌舞伎や芝居の「忠臣蔵」に山鹿流陣太鼓というのが出てくるが、あれは創作である。

(6) **北条氏長**　一六〇九年～一六七〇年。江戸時代の軍学者。北条流兵法の祖。後北条氏の一族で、甲州流兵学者小幡景憲に兵学を学び、幕府に仕えた。

(7) **林羅山**　一五八三年～一六五七年。江戸時代初期の朱子学者。徳川家の家康・秀忠・家光・家綱の将軍四代に仕え、初期の江戸幕府の様々な制度、儀礼などを定めた。

(8) **吉田松陰**　一八三〇年～一八五九年。思想家、教育者、山鹿流兵学師範。松下村塾で、幕末明治に活躍した多くの人材を育てた。

(9) **総力戦**　軍事力だけではなく、経済力や文化的な面まですべて含んだ国力を総動員して戦争を遂行することを言う。これは第一次世界大戦以後に生じた戦争の形態である。

(10) **戦いを以て戦いを養う**　これは現代になって作られた言葉である。毛沢東の言葉に基づく。

(11) **大前研一**　一九四三年～。日本の経営コンサルタント、起業家。

(12) **ルーズベルト**　フランクリン・デラノ・ルーズベルト。一八八二年～一九四五年。アメリカ合衆国第三十二代大統領（一九三三～一九四五）。

(13) **ニクソン**　リチャード・ミルハウス・ニクソン。一九一三年～一九九四年。アメリカ合衆国第三十七代大統領。

(14) **ブレジンスキー**　ズビグネフ・カジミエシュ・ブレジンスキー。一九二八年～。米国の政治学者。カーター政権時の国家安全保障問題担当大統領補佐官を務めた。

(15) **レーガン**　ロナルド・ウィルソン・レーガン。一九一一年～二〇〇四年。アメリカ合衆国第四十代大統領。俳優から政治家に転じ、カリフォルニア州知事を歴任した。経済政策では、「レーガノミックス」に代表される大幅減税と積極的財政政策を実施した。外交面では、「レーガン・ドクトリン」を標榜し、ソ連の解体やベルリンの壁崩壊などを導き、冷戦の平和的な終結に大きく貢献した。

(16) **ケネディ**　ジョン・フィッツジェラルド・ケネディ。一九一七年～一九六三年。アメリカ合衆国第三十五代大統領。任期中にダラスで暗殺された。

(17) **コリン・パウエル**　コリン・ルーサー・パウエル。一九三七年～。ア

メリカ合衆国の政治家、元軍人（退
役陸軍大将）。国務長官も務めた。

おわりに

『図説孫子』最初の企画から今日まで、すでに二年になろうとしている。二〇〇六年春、当山東友誼出版社劉奎勝氏が来て出版の約束をした時、我々は喜んで『図説孫子』の編著の任務を引き受けた。編著中の艱難辛苦は、本当に一言では言い表せない。この書が出版されるに当たって、ホッとしたという感じがあるが、しかし心の中では不安がますます激しくなっている。これはまさに小学生が作文を提出して先生の批評を待っているようなものであり、『図説孫子』を評価してくれる先生は、当然学会の専門家と多くの読者である。

『図説孫子』は孫子研究著作の一つの試みである。新しさは「図説」の二文字にあり、難しさも「図説」の二文字にある。図説の内容は、孫子のその人、そのこと、その書である。本書編纂の主旨は、図を主とし、文字を図に配合して展開することにあり、挿絵が多くて文章が優れており、学術性と読みやすさを兼ね備えていることである。図の選択は資料写真と歴史絵画を主体として、歴史的重厚感を際立たせている。高度に哲理化している学術著作に、図説の形式で詳しく説明するのは、その難しさは想像しても分かるであろう。

幸いなことに、我々は学界の多くの先輩と同僚の教えと援助を得ることができ、また多くの指導者と同志の支持を得た。それがこの本が完成することのできた重要な原因である。

まず、我々が感謝しなければならないのは、中国孫子研究会副会長で首席専門家呉如嵩先生である。先生は本書の企画と著作の過程中にご指導くださっただけでなく、本の完成後には自ら序文も書いてくださった。その行間には後学を引き立てる情にあふれている。先生のお褒めと勉励の言葉に対して、我々は恐れいっているが、しかしこれは我々が今後努力して孫子研究を行う上での大きな原動力になっている。軍事科学院戦争理論と戦略研究部の劉慶研究員は、図や写真を収集する方面で無私の援助をしてくださった。濱州学院院長紀洪波先生はこの書物の編纂に非常に関心を持ち、何度も自ら様子を尋ね、併せて編集構成員の時間保障などの面で大きな支持をしてくださった。濱州学院図書館館長張金路先生は資料調べの方面で便宜を図ってくださった。山東友誼出版社の副総編集丁建元先生はこの書の改訂に貴重な意見を提出してくださった。編集責任者の劉奎勝先生はこの書の出版に苦労を厭わず、何度も奔走し、編纂事業を指導し、併せてこの書の改訂に困難な具体的な仕事をしてくださった。李静先生もこの書の著作のために一部の資料と図や写真を収集してくださった。この場で我々は併せて心から感謝申し上げる。

多くのオリジナル著作者が、我々がその作品を使用することを許してくださったことに感謝する。ただこの書が選んだ図や写真は、その来源が複雑で、一部の図や写真はオリジナル著作者と連絡を取ることができなかった。ここで深くお詫び申し上げると共に、これらの図や写真の作者が直接あるいは出版社を通して我々と連絡を取っていただきたい。我々は出版の規則に応じた報酬を支払うつもりである。

著作者のレベルに限度があり、かつ時間に迫られたため、この書の中にはあれこれ欠点や足りないところもあろう。専門家の批正をいただきたい。また多くの読者がご批評・ご意見をしてくださることを歓迎する。

二〇〇八年四月二十二日

『図説孫子』編集グループ

訳者あとがき

この『図説孫子』は、昨年出版した『図説孔子』に続くものである。お読みになった読者の皆さんはどのように感じたであろうか。あるいは今日本で出版されている「孫子」関係の書物ともちょっと違うなと感じられたかも知れない。それが、この本の一つの特徴でもある。

現在、日本で孫子関係の書籍の出版は非常に多い。その多くはビジネス書のコーナーに並んでいる。つまり、「孫子の兵法」はビジネスの世界の虎の巻として読まれていると言える。この書にも、ビジネスと孫子の関係も述べられているが、そうなった歴史に中心がある。私もこの本ではじめて、ビジネスと「孫子」を結びつけたのは日本人であり、「孫子」研究も、日本では中国に劣らず盛んであったということを知った。またこの書物は、軍事やビジネスだけでなく、医学・薬学や囲碁・将棋など様々な分野における孫子の影響を記している。その意味では、やはり翻訳する意味のある文章と言えるであろう。

ただし、この書物には、いくつかの問題もある。

まず第一章であるが、著者は孫武が斉の貴族田氏の子孫であり、出生の地は現在の山東省の恵民《けいみん》県であることを強調している。しかし残念ながら、その根拠はない。『史記』などでは、孫武は斉の人とあり、斉は現在の山東省であるが、斉のどこの人かと書いた古い文献はない。筆者は『新唐書』や『元和姓纂』をその根拠とするが、それらは、孫武の一千数百年後に書かれたもので、その根拠はない。したがって、孫武については、今まで通り「孫武は斉の人であるが、それ以外については不明」としておくしかないであろう。

では、この本はなぜ孫子の生地が山東省恵民県と強調するのか。その理由は、筆者の一人が恵民県の孫子研究院の元副院長ということにありそうである。現在、我が地こそは孫子の故郷と名乗りをあげているのは三ヶ所あり、山東省の東営《とうえい》市の広《こう》饒《じょう》と浜州《ひんしゅう》市の博興《はくこう》と恵民県で、「このうち、もっとも顕彰に力を入れているのは、広饒と恵民。」（『諸子百家』湯浅邦弘著、中公新書）ということである。実は孫子の故郷を自称するのは恵民県だけではない。筆者はそこで自分たちの恵民県が孫子の故郷であるということを強調しているのである。それを知ってこの本を読めば、また面白いであろう。

この書籍は三人の共同執筆である。普通中国人の学者は自分たちの専門の分野の文章を暗記し、それをそらで引用するが、原典で確認することは少ないようである。その結果二、三の問題が生じている。一つは覚え間違い。これには文字の間違いや、語順の入れ替わり、または文章に出入りが起きる。もう一つは、三人の暗記した原典の違いという問題で、これを最終的には誰かが統一する作業を行っていないようである。この翻訳では、原典に当たれるものはできるだけ原典に当たって、文字の異同を確かめ、文章を訂正した。

三人の共同執筆で統一が取れていないという点では、例えば第二章で、「兵法三十六法」を孫子の思想ではないとしながら、第六章では説明もなく「兵法三十六法」の中の「声東撃西」を孫子の兵法としているような例もある。

また、我々が「孫子の兵法」という場合は、普通『孫子』の原文にある言葉を根拠とする。しかし、この本では『孫子』原文にない言葉も「孫子の兵法」としている。その中には「兵は神速を貴ぶ」が、九地篇の「兵の情は速きを主とするなり」に基づくように、影響関係が明白なものあるが、そうでないものも多い。

以上いくつかの問題点をあげたが、この書物の長所はその分かりやすさと面白さにある。今回もお二人（女性）に分からないところの教えを請うたが、軍事的なことや兵法にはほとんど興味を持たないお二人とも、この本の内容については非常に面白いと述べておられた。

以上のような点を踏まえながら、この本を中国人の一般的な孫子理解及び中国人の思考方法を理解する一つの手がかりとして読んでいただければよいと考えている。

さて、私が初めてこの書物に目を通していた時のことである。私の目があるところで止まった。以下ではそれについて書くことにしたい。

私の目が止まったのは、二〇五頁の「東北大学中国哲学研究室では一九七一年に『孫子索引』を編集した。これは中国古代兵書の最初の索引である。」の部分である。

監修者の浅野と私は、昭和四十二年に同時に東北大学文学部に入学した。教養部では、語学（二人とも第二外国語はドイツ語）でも一緒になることはなく、全くお互いの存在を知らなかった。私が浅野に初めて会ったのは、大学の二年（当時は教養課程が二年間）の後半、三年次にどの研究室に属するかを考えるため、希望する専門の先生方の研究室を訪問するという行事の時であった。私はもともと日本史を勉強するつもりで大学に入ったが、志望を変更して、高校の漢文で習った韓非子の研究をしてみようと、中国哲学研究室の金谷治教授の部屋を訪ねることとした。当日、金谷教授の研究室に入ると、痩せぎすで精悍な感じの先客が一人、研究室の長いソファに坐って、金谷教授と話をしていた。これが浅野であった。

さて、なぜ浅野がそこに坐っていたのか。浅野の言によると次のような事情であったらしい。浅野はその日は金谷教授の部屋に行くつもりは毛頭なく、国史と西洋史の研究室を訪ねるつもりでいた。当時、東北大学の教養部は今と同じく仙台市川内にあったが、文学部は仙台市片平丁にあった。したがって、教養部の学生にとっては文学部の建物は道不案内であった。当日浅野は国史と西洋史の部屋を探し出せず、建物の中で道に迷い、暗い渡り廊下を通って次の建物に移った時、急に脇の暗がりから人が出てきて、「君は中哲だな」と聞いた。ビックリした浅野が言葉に詰まっていると、その人は浅野の右手首の上部をギュッとつかみ、反対側の部屋の扉を開けて、「先生。今年の学生は一名です。」と叫んで、彼をその部屋に引っ張り込んだのだそうである。浅野を金谷研究室に引っ張り込んだのは、当時中国哲学の助手であったＫ氏（故人、元国立大学学長）である。Ｋ氏が浅野を引っ張り込んだのには訳がある。当時は（現在も同じであるが）中国哲学を勉強しようという学生の数は少なく、一名か二名であった。学生が来るかどうか心配だったＫ氏は、研究室の前で見張っていたらしい。そんなわけで浅野が金谷先生から抹茶の接待を受けながら話をしているところに、私が入っていったのである。ちなみに、金谷先生は研究室で常にお湯を沸かして、お客や学生が来るとよく抹茶でもてなしておられた。結局その後二名の学生が来て、K氏の心配とは裏腹に、中国哲学研究室が一学年四名という、研究室始まって以来の大人数になったのであるが。

ところで、心ならずも金谷研究室に引っ張り込まれた、あの気の強い浅野がなぜ本来行くつもりだった西洋史の研究室に行かなかったのか。その本当の理由を、私はいまだに聞いてはいない。したがって、以下は私の推測である。

浅野には小さい頃からの趣味が二つある。その一つは化石掘りである。珍しい化石を見つけて、新聞に写真入りで紹介されたこともある。東北大学の漢文学の教授が珍しい化石を見つけたという一風変わった記事であった。もう一つの趣味が、今流に言えば「軍事オタク」になろう。洋の東西の軍事理論については、すでに彼はかなりの知識を持っていた。おそらく彼が西洋史の研究室に行こうとしたのも、クラウゼヴィッツやモルトケの戦争理論あるいは当時のヨーロッパの情勢の研究をするつもりだったのであろう。また彼はすでに『甲陽軍鑑』をかなり読み込んでいた。『甲陽軍鑑』は甲州流軍学の書物で、当然『孫子』のことについても知識は持っていたはずである。さて、西洋史の研究室に行こうと思っていた浅野が引っ張り込まれたのは、金谷治研究室。金谷治教授は岩波文庫『孫子』の著者、この方面での日本での第一人者で、当然浅野は金谷教授の名前は知っていたはずである。浅野はそこになにか縁（運命？）のようなものを感じたのかもしれない。

この浅野の卒論は『孫子曲解』であった。浅野はこの論文を、今は見ることのできなくなったガリ版（謄写版）で書き、冊子にして提出した。私がもらったのは、彼の手元と叔母さんの次の三冊目であった。この『孫子曲解』は、その後の彼の『孫子』（講談社学術文庫）の大元になっている。

さて、修士課程に進学して間もなく、浅野が用事があると言って、私を呼び出した。聞いてみると、「今、金谷先生の研究室に呼ばれて行くと、先生が『浅野君。君、せっかく孫子をやったのだから、一字索引を作ってみないかね？』とおっしゃるのだけれど、手伝わないか？」という話であった。

ここで、一字索引とは何かを説明しておく必要があろう。普通我々は、漢字・ひらがなそしてアルファベットもすべて同じく文字だと理解している。しかし、実際はそうではない。例えば、漢字の「花」は、ひらがなでは「はな」であり、英語では「flower」である。かりにある文学作品中で「はな」の「は」、あるいは「flower」の「f」だけで引く索引を作ったとしてそれは役に立つであろうか。考えれば分かる通り、「は」も「f」の様々な言葉の中に使われており、それでは意味をなさない。ところが、「花」はそれが可能なのである。つまり、漢字は文字であると共に単語なのでもある。

このような漢字の特性を利用して、中国の有名な古典についてはかなり前から一字索引が作られてきた。ある文字の使用を調べたい時には、この索引を用いればその文字はどのあたりにあるか、どれだけ使われているか、簡単に調べることができる。有名なものとしては哈佛《ハーバード》燕京《えんきん》学社の引得（「引得」は「index」の音訳）のシリーズがあり、その中の『春秋経伝引得』は、『図説孔子』の時も、今回も非常に役に立った。その他にも私の手元だけでも『論語』・『孟子』をはじめ、『老子』・『荘子』・『墨子』・『韓非子』など様々な一字索引がある。

金谷先生が一字索引を作れと言った理由は、中国の学者は自分で古典を暗記して、それを自由に引用するが、我々にとってはそれは無理である。また、いろいろな本を読まなければならない後世の人間にとっても無理な話である。したがって、有名な書物にはできるだけ一字索引があったほうが後世の学者の利便になるという考えからであった。

そこで我々は索引作成の作業に入った。まず、底本を金谷先生の岩波文庫（以下「金谷本」と称する）とし、句読も金谷本に従うこととした（漢文には本来句読点はない）。金谷本を選んだ理由は、自分たちの先生の著書であるという他に、もう一つ理由があった。それは本文の校訂がきちんと行われていることである。中国の古典は、伝承の過程で書物同士の間での文字の異同が生じる。金谷本は、仙台藩に伝わった桜田本を始め、諸本の違いを記している。索引を作る以上、諸本の文字の違いがあっても使えるもの、これが金谷本を底本にした根本の理由であった。

さて、まず岩波文庫を七、八冊購入した。次にB四判の紙を十六分の一の大きさに切った紙をたくさん作った上で具体的な作業に入った。例えば『孫子』第一章計篇には「兵者国之大事」という句がある。この場合、まず切った紙六枚を使用する。購入した『孫子』の該当の部分を六冊から切り取り、それぞれの紙の中央付近に貼り付ける。次にその中の一枚では「兵」の文字を赤ペンで囲み、右の上の空白の部分に黒ペンを使いやや大きな字で「兵」と書く。最後に左下の部分には、「1-1」と書き込む。「1-1」の最初の「1」は第一章計篇の意味で、後ろの「1」は金谷本の段落分けでの第一段落の意味である。こうやって、次は「者」の部分、更に「国」、「之」、「大」、「事」と同じ作業をして、この部分については完成。この作業を十三篇すべてについて行うと、すべての文字のカードを作ったことになる。次にはそのカードを同じ文字ごとに集める作業、それが終わると集めた文字ごとに篇と段落の数字をもとに並べ直し、同じ段落の部分があれば、更に出現順に並べ直す作業をした。このような作業は、人の出入りの多い大学の研究室ではできない。当時我々はある進学塾で手伝いをしていたので、塾長に頼んで塾が使われていない時間に塾の事務所でこれらの作業を行った。

以上の作業が終わったことを金谷先生に報告すると、「これから先原稿を書くのは、二人でやるよりはみんなで手分けしたほうが早い。」ということで、当時中国哲学の研究室に在籍していた助手をはじめ、諸兄姉の手であっという間に原稿が完成、文字索引などを作って大学生協で印刷製本して出版したのが『孫子索引』である。金谷先生の序文の日付が一九七一年一〇月になっているところから考えると、我々の作業は三〜四ヶ月ぐらいであっただろう。何部印刷したかは記憶にないが、一部送料共で四百七十円であった。浅野の記憶によるとアメリカの議会図書館からも注文が来たそうである。

一字索引は工具書に分類される一つの道具である。したがって、これを作っても学問研究の業績にはならない。現在のようにコンピュータが普及した時代では、もはやこのようなものは忘れられていくかもしれない。しかし、我々がこの索引を作った頃、コンピュータは四、五階建ての電子計算機センターに鎮座し、その性能も我々の机の上にあるパソコンとは比べられないほど低いものであった。もちろん、今のようにコンピュータが個人の机の上にあるということは想像もできなかった。我々は安い文庫本を切り貼りして索引を作った。それも『孫子』十三篇という短いものである。我々以前の人は、かなり長い作品をみな手書きでカードを取ったはずである。その苦労は大変なものであったと想像される。あるいは我々はこのようにして索引を作った最後の年代の人間になるのかもしれない。このような工具書は、普段その存在が知られることもない。それが、珍しくもこの書物で紹介され、それを私が翻訳することになったことに不思議な縁を感じる。我々が作ったこの索引を紹介されたのを契機として、昔の学問の世界の一端を記録させてもらうこととした次第である。

さて、この書物は前回の『図説孔子』と同様に、科学出版社東京の柳文子氏と国書刊行会の永島成郎氏が日本での出版について監修者の浅野に尋ねたことから始まる。浅野の指名によって、続けて私が翻訳をすることとなった。

翻訳については、やはり難しいところがたくさんあり、前回同様に徳山素琴さんと周長蘭さんのお二人にいろいろと教えていただいた。お二人ともお忙しい中、多くの時間を取って教えてくださったことに心より御礼を申し上げたい。もちろん翻訳の間違いはお二人の言葉を十分に理解できなかった私にある。また硬くて分かりにくい私の文章は、科学出版社東京の細井克臣さんにお世話になり、分かりやすくしていただいた。細井さんに厚く御礼申し上げる。

最後に、この書物を出版する機会を与えてくださった、科学出版社東京の向安全社長、柳文子さんと畏友浅野裕一氏に心から御礼を申し上げる。

平成二十八年七月

三浦吉明

付記　浅野の『甲陽軍艦』に関する著作として、本年七月浅野裕一・浅野史拡共著『「甲陽軍艦」の悲劇—闇に葬られた信玄の兵書』（ぷねうま舎）が刊行された。

計　篇	図説（章）
「兵とは国の大事なり。死生の道、存亡の道は、察せざるべからざるなり。」	2・3・5
「五事」	3・5
「之を校《くら》ぶるに計を以てす」	3
「民をして上と意を同じゅうせしむ」	2・5
「其の情を索《もと》む」	3
「兵衆は孰れか強き。士卒は孰れか練《なら》いたる」	2
「吾此を以て勝負を知る」	3
「計利として以て聴かるれば、乃ち之が勢を為して、以て其の外を佐《たす》く」	3
「勢とは利に因りて権を制するなり」	3
「兵とは詭道なり」	1・4・5・6
「利なれば而ち之を誘う」	5
「形を示して敵を誘う」〔計篇では「利而誘之」とある〕	5
「強なれば而《すなわ》ち之を避け、怒なれば而ち之を撓《みだ》す」	4・6
「其の無備を攻め、其の不意に出《い》づ」	2・3・4・6
「此れ兵家の勝ちにして、先には伝うべからざるなり」	3・5
「未だ戦わざるに廟算して勝つ」	2
「詭道十二法」〔形篇の内容から〕	3
「七計」〔形篇の内容から〕	3・5
作戦篇	
「夫れ兵久しくして国の利なる者は、未だ之有らざるなり」	6
「用兵の害を知るを尽くさざる者は、則ち用兵の利を尽くすこと能わざるなり」	6
「丘牛大車」	2
「敵に勝ちて強を益す」	2
「兵は勝つを貴びて、久しきを貴ばず」	2・3・6
「兵を知るの将」	3
謀攻篇	
「国を全うするを上と為す」	3
「戦わずして人の兵を屈するは、善の善なる者なり」	2・3・4・5・6
「故に上兵は謀を伐つ。其の次は交を伐つ。其の次は兵を伐つ。其の下は城を攻む。攻城の法は已むを得ずと為す」	1・3・4・5・6
「必ず全うするを以て天下に争う」	6

	図説（章）
「勝ちを知るに五有り」	3
「上下の欲を同じゅうする者は勝つ」	5
「虞を以て不虞を待つ者は勝つ」	6
「彼を知り己を知らば、百戦して殆うからず。彼を知らずして己を知らば、一勝一負す。彼を知らず己を知らざれば、戦う毎に必ず殆し」	2・3・4・5・6
形　篇	
「先ず勝つべからざるを為して、以て敵の勝つべきを待つ」	5
「勝つべからざるは己に在り」	4
「勝ちは知るべきも為すべからざるなり」	3・4
「守るは則ち足らざればなり、攻むるは則ち余り有ればなり」	5
「自ら保ちて勝ちを全とうす」	3・4・5・6
「勝ち易《やす》きに勝つ」	2
「先ず勝ちて而る後に戦いを求む」	4・6
「道を修めて法を保つ」	5
「兵法は、一に曰わく度《たく》、二に曰わく量、三に曰わく数、四に曰わく称、五に曰わく勝《しょう》」	3
「勝兵は鎰を以て銖を称るがごとく、敗兵は銖を以て鎰を称るがごとし」	3・6
勢　篇	
「分散」（「分数」の誤り）	5
「形名」	5
「虚実」	5
「凡そ戦いは、正を以て合い、奇を以て勝つ」	6
「奇正の変は、勝げて窮わむべからざるなり」	5・6
「奇正の相生ずるは、循環の端無きがごとし」	4・6
「水の疾《はや》くして石を漂わすに至る者は、勢力なり」	3
「鷙鳥の疾き、毀折に至る者は、節なり」	3・5
「其の勢は険にして、其の節は短なり」	2・5
「乱は治より生じ、怯は勇より生じ、弱は強より生ず」	3
「之を勢に求め、人に責《もと》めず」	3
「勢を造り勢に任す」（「故能択人而任勢」）	1
「形を積みて勢を造る」（形篇と勢篇の内容から）	2
虚実篇	
「人を致すも人に致されず」	4・5・6
「攻むれば而ち必ず取る者は、其の守らざる所を攻むればなり」	6
「敵の司命と為る」	6
「其の必ず救う所を攻む」	1・2・4
「備えざる所無ければ則ち寡なからざる所無し」	6

「人をして己に備えしむ」	6
「勝ちは為すべきなり」	3
「之を策《はか》り」	5
「之を作《おこ》し」	5
「之に形《あらわ》し」	5
「之に角《ふ》る」	5
「兵を形《あらわ》すの極みは、無形に至る」	3・5
「戦い勝つや復《くりかえ》さず」	2
「夫れ兵の形は水を象《かたど》る。水の形は、高きを避けて下《ひく》きに趣く。兵の形は、実を避けて虚を撃つ。水は地に因りて流れを制し、兵は敵に因りて勝ちを制す」	1・2・3・4・5・6
「水は地に因りて流れを制し、兵は敵に因りて勝ちを制す。故に兵に常勢無く、水に常形無し。能く敵に因りて変化して勝ちを取る者、之を神と謂う」	3・4・5
軍争篇	
「迂を以て直と為し、患《うれ》いを以て利と為す」	1・2・3・5・6
「之を誘うに利を以てし、人に後れて発するも、人に先んじて至る」	5
「迂直の計」	6
「軍争は利たり、軍争は危たり」	3
「〔五十里にして利を争うときは〕則ち上将軍を蹶《たお》す」	4
「兵は詐を以て立つ」	2・4・5
「其の疾《はや》きこと風のごとく、その徐《しず》かなること林のごとく、侵掠《しんりゃく》すること火のごとく、動かざること山のごとく、知り難きこと陰《かげ》のごとし」	2・3・6
「三軍には気を奪うべく、将軍には心を奪うべし」	5・6
「其の鋭気を避けて、其の惰帰を撃つ」	2・4
「佚《いつ》を以て労を待ち、飽を以て飢を待つ」	2・4・6
「帰師には遏《とど》むること勿かれ」	3
「囲師には必ず闕く」	3・5
「窮寇には迫ること勿かれ」	3・5
九変篇	
「途《みち》に由《よ》らざる所有り、軍に撃たざる所有り、城に攻めざる所有り、地に争わざる所有り、君命に受けざる所有り」	1・3・5
「九変の利に通ず」	2
「智者の慮は、必ず利害を雑《まじ》う」	2・3
「兵を用うるの法は、其の来たらざるを恃むこと無く、吾が以て待つこと有るを恃むなり。其の攻めざるを恃むこと無く、吾が攻むべからざる所有るを恃むなり」	3・5・6
「五危」	2
「必死」	2
「必生」	2
「忿速」	2

	図説（章）
「廉潔」	2
「愛民」	2
「軍を覆し将を殺す」	3
行軍篇	
「半ば済《わた》らしめて之を撃つ」	1・4
「鳥の起つ者は伏なり」	6
「之に令するに文を以てし、之を斉《ととの》うるに武を以てす」	2・4・5
「衆と相い得る」	2
「三十二の敵を相《み》るの法」	3・5
地形篇	
「夫《そ》れ地形とは、兵者の助なり」	4・5
「進みて名を求めず、退きて罪を避けず、唯だ民を是れ保ちて、而かも利の主に合う」	3・5
「卒を視ること嬰児のごとし」	5
「卒を見ること愛子がごとし」	5
「動きて迷わず、挙げて窮せず」	3
「彼を知り己を知らば、勝は乃ち殆からず。天を知り地を知らば、勝は乃ち全かるべし」（一本には「勝は乃ち窮まらず。」とある）	2・3・4
「六形」	3
九地篇	
「死地ならば戦う」	3
「利に合わば而《すなわ》ち動き、利に合わざれば而ち止む」	5
「兵の情は速きを主とす」	2・6
「兵を運らして計謀し、測るべからざるを為す」	5
「常山の蛇」	3
「静かにして以て幽《ふか》く、正しくして以て治まる」	3・5
「群羊を駆するがごとく、駆られて往き、駆られて来たるも、之《ゆ》く所を知ること莫し」	5
「九地」	3
「無法の賞を施し、無政の令を懸く」	3
「之を亡地に投じて然る後に存《ながら》え、之を死地に陥れて然る後に生く」	3・4・5
「敵に并せて向かうさきを一にす」	4
「是の故に始めは処女のごとく、敵人戸を開くや、後は脱兎のごとくにして、敵は拒《ふせ》ぐに及ばず」	3・5
火攻篇	
「火攻に五有り」	3
「凡そ軍は必ず五火の変有るを知る」	3
「利に非ざれば動かず、得るに非ざれば用いず、危うきに非ざれば戦わず」	3・5

「主は怒りを以て師を興こすべからず、将は慍《いきどお》りを以て戦いを致すべからず、利に合わば而《すなわ》ち動き、利に合わざれば而ち止む。……故に明主は之を慎み、良将は之を警《いまし》む。此れ国を安んじ軍を全うするの道なり」	2・3
「慎戦」（「明君慎之」より）	5・6
用間篇	
「先知」	6
「用間に五有り」	3
「上智を以て間と為す」	6
「必ず大功を成す」	5

参考文献（現在入手しやすい書籍のみを挙げる。）

金谷治訳『新訂　孫子』岩波文庫、岩波書店、二〇〇〇
浅野裕一著『孫子』講談社学術文庫、講談社、一九九七
天野静雄著『孫子　呉子』新釈漢文大系、明治書院、一九七二
町田三郎訳『孫子』中公文庫、中央公論新社、二〇〇一
郭化若訳注、立間祥介監訳、韓昇・谷口真一訳『孫子訳注』、東方書店、一九八九
守屋洋訳『孫子の兵法』知的生き方文庫、三笠書房、一九八四
村山　孚著『孫子・呉子（改訂版）』中国の思想、徳間書店、一九九六
杉之尾宜生編著『「現代語訳」孫子』、日本経済新聞出版社、二〇一四
武岡淳彦著『新釈孫子』ＰＨＰ文庫、ＰＨＰ研究所、二〇〇〇
兵頭二十八訳『新訳　孫子――「戦いの覚悟」を決めたときに読む最初の古典』ＰＨＰ文庫、ＰＨＰ研究所、二〇一五
中島悟史著『曹操注解　孫子の兵法（新装版）』朝日文庫、朝日新聞出版、二〇一四
田所義行著『孫子』中国古典新書、明徳出版社、一九八七
守屋淳監訳・注解、白井真紀訳『アミオ訳　孫子（漢文・和訳完全対照版）』ちくま学芸文庫、筑摩書房、二〇一六
浅野裕一著『「孫子」を読む』講談社現代新書、講談社、一九九三
天野静雄著、三浦吉明編、『孫子　呉子　新版』新書漢文大系、明治書院、二〇〇二

[わ]

[た]

[さ]

事項索引

孫子

索引

人名索引

〔孫子（武）は省略した〕

主編・副主編・監修者・翻訳者略歴

主編　趙海軍（ちょう　かいぐん）

1965年12月生まれ。河北省万全県の人。1999年軍事学博士の学位取得。軍事科学院戦略研究部中国歴代戦略研究室副研究員を経て、現在は濱州学院孫子研究院副院長、教授。中国孫子兵法研究会理事、山東孫子研究会常務理事。著書に『孫子学通論』、『書剣飄逸――中国の兵家と兵学』などがある。主な編書に『中国軍事名著選粋』などがある。また、『中国軍事科学』、『孫子研究』などの刊行物に学術論文30余編を発表している。

副主編　孫遠方（そん　えんぽう）

1962年9月生まれ。山東省梁山県の人。濱州学院歴史系主任を経て、現在は濱州学院孫子研究院院長、教授。山東師範大学修士課程指導者。中国范仲淹学会理事、山東孫子研究会常務理事。長期にわたって中国史と孫子兵学研究に力を注ぎ、『東岳論叢』、『軍事歴史研究』、『孫子研究』などの刊行物に20余編の学術論文を発表している。主な編著として、『孫子兵法概論』、『中外孫子兵学博士・修士論文備要』、『三十六計解析』などがある。

副主編　孫兵（そん　へい）

1964年6月生まれ。山東省威海市の人。山東省恵民県孫子文化研究院副院長を経て、現在は濱州孫子研究会秘書処学術部主任、中国孫子兵法研究会理事、山東国際孫子兵法研究交流センター副秘書長、山東孫子研究会理事。長期にわたって孫子文化および軍事歴史研究に従事し、発表した学術論文10余編、主編および編集に参加した著作5部がある。

監修者　浅野裕一（あさの　ゆういち）

1946年（昭和21年）仙台市生まれ。東北大学大学院文学研究科博士課程満期退学。専門は中国古代哲学。島根大学を経て、東北大学で教鞭をとる。1947年（平成22年）3月に定年退任し、現在は、東北大学名誉教授。著者に『孔子神話――宗教としての儒教の形成』（岩波書店、1997年）、『孫子』（講談社学術文庫、1997年）、『墨子』（講談社学術文庫、1998年）、『儒教　ルサンチマンの宗教』（平凡社新書、1999年）、『諸子百家』（講談社、2000年）、『古代中学の言語哲学』（岩波書店、2003年）、『古代中国の文明観――儒家・墨家・道家の論争』（岩波新書、2005年）ほか多数。共著および編著に『竹簡が語る古代中国思想――上博楚簡研究』（編著、汲古書院、2005年）、『古代思想史と郭店楚簡』（編著、汲古書院、2005年）、『出土文献から見た古史と儒教経典』（共著、汲古書院、2012年）、『図説孔子――生涯と思想』（監修、科学出版社東京、2014年）、『『甲陽軍鑑』の悲劇』（共著、ねぷうま舎、2016年）ほか。

翻訳者　三浦吉明（みうら　よしあき）

1948年（昭和23年）仙台市生まれ。東北大学大学院文学研究科修了。専門は中国古代哲学。都立千歳、小石川、新宿、鷺宮高校の国語教諭を経て、2014年（平成26年）3月東京都立日比谷高等学校を退職。元神奈川大学非常勤講師（中国語）。通訳案内業資格（中国語）所持。現在、翻訳業。著書に『自分を磨き人を動かす』（明治書院、1998年）、共編に『新書漢文大系3　孫子・呉子』（天野鎮雄と共編、明治書院、2002年）、訳書に『図説孔子――生涯と思想』（科学出版社東京、2014年）。論文に「管子幼官篇についての一考察――皇帝王覇の順序と兵法思想を中心に」（1992年）東方学第83輯、「『舞姫』の太田豊太郎の母の死をめぐって（一）（二）（三）」（平成16・17・27年）鷗外第75・76・96号（森鷗外記念会）ほか多数がある。

図《ず》説《せつ》孫《そん》子《し》 思《し》想《そう》と実《じっ》践《せん》

2016 年 12 月 20 日　初版第 1 刷発行

主　編　趙海軍
副主編　孫遠方・孫兵
監修者　浅野裕一
翻訳者　三浦吉明
発行者　向安全
発行所　科学出版社東京株式会社
〒 113-0034　東京都文京区湯島 2-9-10　石川ビル 1 階
TEL 03-6803-2978　FAX 03-6803-2928
http://www.sptokyo.co.jp
発売所　株式会社国書刊行会
〒 174-0056　東京都板橋区志村 1-13-15
TEL 03-5970-7421　FAX 03-5970-7427
http://www.kokusho.co.jp
装丁・組版　越郷拓也
印刷・製本　株式会社シナノ パブリッシング プレス

ISBN 978-4-336-06117-1　C0023